Technikgestaltung zwischen
Wunsch und Wirklichkeit

Springer-Verlag Berlin Heidelberg GmbH

Armin Grunwald (Hrsg.)

Technikgestaltung zwischen Wunsch und Wirklichkeit

Herausgeber
Armin Grunwald
Forschungszentrum Karlsruhe
Institut für Technikfolgenabschätzung
Systemanalyse (ITAS)
Postfach 36 40
76021 Karlsruhe
grunwald@itas.fzk.de

Bibliografische Information Der Deutschen Bibliothek
Die Deutsche Bibliothek verzeichnet diese Publikation in der Deutschen Nationalbibliografie; detaillierte bibliografische Daten sind im Internet über <http://dnb.ddb.de> abrufbar.

ISBN 978-3-642-62460-5 ISBN 978-3-642-55473-5 (eBook)
DOI 10.1007/978-3-642-55473-5

http://www.springer.de

Ursprünglich erschienen bei Springer-Verlag Berlin Heidelberg New York 2003
Softcover reprint of the hardcover 1st edition 2003

Umschlaggestaltung: KünkelLopka Werbeagentur, Heidelberg
Redaktion: Heike Krebs, Darmstadt
Satz: Reproduktionsfertige Vorlagen des Autors
Gedruckt auf säurefreiem Papier 33/3142SR - 5 4 3 2 1 0

Geleitwort

Wissenschaft und Technik prägen die moderne Welt, und ihr Einfluss auf Mensch und Gesellschaft wächst weiter. Forschungseinrichtungen, die sich mit zukünftiger Technik beschäftigen wie die Technische Universität Darmstadt und das Forschungszentrum Karlsruhe, haben daher eine große Bedeutung für die Zukunft – und damit auch eine große Verantwortung.

Diese Verantwortung erstreckt sich einerseits darauf, dass wissenschaftlich-technisches Wissen bereitgestellt wird, um den zukünftigen Herausforderungen – etwa in Bezug auf eine nachhaltige Entwicklung oder in Bezug auf die Sicherung des Wohlstandes in einer alternden Gesellschaft und durch Ausbildung hoch qualifizierten Nachwuchses – erfolgreich begegnen zu können. Andererseits umfasst diese Verantwortung auch die interdisziplinäre Beschäftigung mit der Frage, welche mittelbaren Folgen Wissenschaft und Technik für die Gesellschaft haben. Ethik der Technik und Technikfolgenabschätzung sind Ausdruck dieser Verantwortung.

Mit der Alcatel SEL Stiftungsprofessur für interdisziplinäre Studien besteht an der TU Darmstadt ein hervorragend geeignetes Instrument, dieser Verantwortung gerecht zu werden. Der Träger dieser Stiftungsprofessur im Sommersemester 2002, Prof. Dr. Armin Grunwald vom Institut für Technikfolgenabschätzung und Systemanalyse des Forschungszentrums Karlsruhe, hat das Thema der gesellschaftlichen Technikgestaltung in den Mittelpunkt seiner Anwesenheit an der TU Darmstadt gestellt. Aus der Abschlussveranstaltung dieser Zeit ist das vorliegende Buch entstanden. Wir wünschen dem Buch und den darin enthaltenen Ideen eine weite Verbreitung und eine positive Aufnahme in der wissenschaftlichen und gesellschaftlichen Diskussion. Darüber hinaus hoffen wir, dass die während der Zeit dieser Stiftungsprofessur begonnene Kooperation im Bereich der Technikfolgenabschätzung und der interdisziplinären Technikforschung zwischen unseren Einrichtungen Bestand haben und weitere Früchte tragen wird.

Der Alcatel SEL Stiftung sei ganz herzlich gedankt für die Bereitstellung der Mittel für diese Stiftungsprofessur und für die damit verbundene Unterstützung des vorliegenden Buches.

Darmstadt/Karlsruhe, im März 2003

Prof. Dr.-Ing. Johann-Dietrich Wörner,
Präsident der Technischen Universität Darmstadt

Prof. Dr. Manfred Popp,
Vorsitzender des Vorstands des Forschungszentrums Karlsruhe GmbH

Vorwort des Herausgebers

Technikfolgenabschätzung und Technikgestaltung gehören zusammen. Technikfolgenabschätzung ist nur sinnvoll, wenn das erarbeitete Folgenwissen und ihre Bewertungen in Meinungsbildungs- und Entscheidungsprozesse, also in Elemente der Zukunftsgestaltung eingehen können. Angesichts der gegenwärtigen verwirrenden Situation einerseits vieler gestaltungsskeptischer Stimmen, vor allem aus Politik- und Sozialwissenschaften, aber auch aus der Wirtschaft, andererseits aber wachsender Erwartungen an die Technikgestaltung, vor allem im Hinblick auf Nachhaltigkeit, stellt es für Technikfolgenabschätzung eine Verpflichtung dar, sich mit den Möglichkeiten und Grenzen von Technikgestaltung zu befassen.

Als ich Ende des Jahres 2001 von der Berufung auf die SEL-Stiftungsprofessur für interdisziplinäre Studien an der Technischen Universität Darmstadt erfuhr, bedurfte es keiner langen Überlegung, genau diese Fragen in den Mittelpunkt meiner Zeit an der TUD zu stellen. Die Vorlesung „Möglichkeiten und Grenzen gesellschaftlicher Technikgestaltung" war direkt den theoretischen Grundlagen und den wissenschaftlichen Annäherungen an dieses Feld gewidmet. Im Forschungskolloquium wurden konkrete interdisziplinäre Projekte aus der TUD vorgestellt und lebhaft diskutiert, in denen Beiträge zur Gestaltung von Technik für die zukünftige Gesellschaft geleistet werden.

Als Abschlussveranstaltung meiner Zeit als SEL-Stiftungsprofessor an der TUD fand am 24./25. Oktober 2002 in Darmstadt die Tagung „Technikgestaltung zwischen Wunsch und Wirklichkeit. Interdisziplinäre Annäherungen" statt. Diese Tagung stellt den Kern der Kontroversen zur Möglichkeit von Technikgestaltung in die Mitte der Diskussion: handelt es sich um Wunschdenken, oder, und in welcher Weise, kann der Begriff der Technikgestaltung konstruktiv mit Inhalt gefüllt werden? In Form von zehn Vorträgen mit Diskussion und einer Podiumsdiskussion wurde diese Frage intensiv zwischen den etwa 70 Teilnehmern und den Referenten diskutiert. Auf diese Tagung geht das vorliegende Buch zurück.

Das Erscheinen des Buches bietet Anlass, mit Dankbarkeit an meine Darmstädter Zeit zurückzudenken. Dank sei zunächst der SEL-Stiftung für die Gastprofessur, in deren Rahmen das intensive Sommersemester 2002, die Abschlusstagung und damit die Realisierung dieses Buchprojektes fiel. Dank gebührt weiterhin der Technischen Universität Darmstadt für die effektive und angenehme administrative Unterstützung, vor allem durch Frau Sundermann und Frau Effer. Dem Zentrum für Interdisziplinäre Technikforschung (ZIT) möchte ich ganz herzlich danken für die organisatorische Unterstützung vor Ort. Vorlesung, Kolloquium und Abschlusstagung wären ohne die tatkräftige Mitarbeit von Herrn Dr. Gerhard Stärk, Geschäftsführer des ZIT, und seinen Mitarbeitern, besonders Frau Beate Koch, nicht denkbar gewesen. Die redaktionelle Betreuung des vorliegenden Buches lag bei Frau Heike Krebs in den allerbesten Händen.

Besonderen Dank möchte ich allen sagen, mit denen ich während meiner Darmstädter Zeit intensive wissenschaftliche Diskussionen führen konnte. Stellvertretend für die Teilnehmer der Vorlesung, des Forschungskolloquiums und der Abschlusstagung möchte ich Herrn Rainer Finckh, Herrn Dr. Jan C. Schmidt und Herrn Dr. Gerhard Stärk vom ZIT, Herrn Dr. Wolfgang Liebert und Herrn Prof. Wolfgang Bender von IANUS und Herrn Prof. Peter Euler nennen. Es war für mich eine intensive Zeit des Lehrens und Lernens, und ich wünsche mir und erwarte dies auch, dass die während der Zeit der Stiftungsprofessur begonnene Kooperation weitergeführt werden kann.

Karlsruhe, im März 2003

Armin Grunwald

Inhaltsverzeichnis

III. Fallbeispiele der Technikgestaltung

IV. Technikgestaltung für nachhaltige Entwicklung

Technikgestaltung – eine Einführung in die Thematik

Armin Grunwald

1 Zum Thema

Der Begriff der *Technikgestaltung* fand in den neunziger Jahren des vorigen Jahrhunderts Eingang in die wissenschaftliche Diskussion über das Verhältnis von Gesellschaft und Technik. Die gestalterisch-aktive Sicht auf Technik erscheint im Nachhinein fast anachronistisch in einer Zeit, in der die offen gestaltungsskeptischen Ideen von Niklas Luhmann große Zustimmung fanden. Ausgehend von dem niederländischen CTA (Constructive Technology Assessment, Schot 1992) und den ebenfalls niederländischen Ausgangsüberlegungen zu SCOT (Social Construction of Technology, Bijker et al. 1987) waren die Bücher „Shaping Technology – Building Society" (Bijker u. Law 1994) und „Managing Technology in Society" (Rip et al. 1995) bahnbrechende Publikationen in dieser Richtung. In Deutschland wurde parallel dazu die Technikgeneseforschung entwickelt (Dierkes 1997). In den letzten Jahren stehen die Felder Informationsgesellschaft, Lebenswissenschaften und Nachhaltigkeit im Mittelpunkt von Überlegungen zur Technikgestaltung.

Im Begriff der Technikgestaltung drückt sich die Erwartung aus, dass die Gesellschaft (wer auch immer das ist) Technik nach Maßgabe von Zielen und Werten aktiv und bewusst gestalten kann und nicht einer Eigendynamik der Technik oder einer „blinden Evolution" ausgeliefert ist. Es ist die Annahme, dass der Lauf der Technik sich nach menschlichen Zielsetzungen zu richten habe statt dass Mensch und Gesellschaft sich an eine eigendynamisch ablaufende Technik anzupassen hätten. Ausgangspunkt ist häufig ein gewaltiger Bedarf an Technikgestaltung in gesellschaftlicher Hinsicht. Die Nebenfolgenproblematik von Technik in Bezug auf Umwelt und Gesellschaft, die Risiken von Technik, die immer weitere Hinausschiebung der Grenzen des Technischen, z.B. auch im Hinblick auf die technischen Eingriffe in den Menschen und seine Entwicklung, schließlich die Nachhaltigkeitsdiskussion zeigen deutlich, dass seitens der Gesellschaft ein Bedarf an Technikgestaltung unzweifelhaft vorhanden ist.

Daraus folgt aber noch nicht, dass dieser Bedarf auch erfüllt werden kann. Die skeptischen Worte von Luhmann, bezogen auf die Möglichkeiten der Steuerung gesellschaftlicher Prozesse über Ethik, lassen sich auf die Möglichkeit der Technikgestaltung übertragen: „Jedenfalls reicht der politische Bedarf allein nicht aus und ebenso wenig der gute Wille derjenigen, die sich darum bemühen" (Luhmann 1990, S 42). Aus dem Bedarf folgt nicht die Möglichkeit zu seiner Befriedigung: aus dem Wunsch nicht die Wirklichkeit, um an den Titel dieses Buches zu erinnern. Es ist eine alte Streitfrage, ob und inwieweit die Technikentwicklung gesellschaftlich gestaltbar ist oder nicht vielmehr einer immanenten Eigendynamik folgt (technologischer Determinismus). Die technische Entwicklung könnte schließlich auch bloße Evolution ohne einen Gestalter und ohne Gestaltungsmöglichkeiten sein. Das vorliegende Buch ist der Frage gewidmet, wie die skeptischen Einschätzungen der Möglichkeit von und die Anforderungen an eine Technikgestaltung überein zu bringen sind oder wie zwischen ihnen zu entscheiden ist.

Um diese Frage zu präzisieren und einer Beantwortung näher zu bringen, bedarf es einer differenzierten Herangehensweise. Hierzu dient eine sprachpragmatische Betrachtung des Gestaltungsbegriffs. Gestaltung bedarf semantisch mindestens der folgenden, sich aus einer Theorie zweckrationalen Handelns (Grunwald 2000) ergebenden Elemente (die in diesem Buch an verschiedenen Stellen wieder aufgenommen werden):

1. *Subjekt*: Gestaltung als ein (aktives) Handeln bedarf handlungstheoretisch individueller oder kollektiver *Gestalter*, die Akteursdimension ist unverzichtbar;
2. *Objekt*: es muss einen *Gegenstandsbereich* des Gestaltens geben, einen Bereich, in dem etwas gestaltet werden kann;
3. *Intentionen*: Gestaltungsvorgänge sind handlungstheoretisch nicht ohne Gestaltungsabsichten vorstellbar: gestaltende Akteure verfolgen Ziele und Intentionen. Erst Intentionen erlauben, (durch einen Vergleich der Intentionen ex ante mit den realen Folgen ex post) Erfolg oder Misserfolg von Gestaltungen festzustellen;
4. *Mittel*: es müssen gestalterische Einflussmöglichkeiten, Maßnahmen und Instrumente vorhanden sein, die als Mittel zur Erreichung der Ziele eingesetzt werden können;
5. *Gelingenszuversicht*: Niemand würde etwas zu gestalten versuchen, wenn es nicht eine Aussicht darauf gäbe, die gesetzten Ziele wenigstens teilweise zu erreichen.

Mit dieser Differenzierung lassen sich verschiedene Fragen zur Möglichkeit von Technikgestaltung formulieren. Beispielsweise, wer die relevanten Akteure in der Technik sind, welche Ziele mit Technikgestaltung verfolgt werden (sollen), welche Mittel es zur Beeinflussung der Technikentwicklung gibt – und dann die Hauptfrage, welche selbstverständlich mit den genannten eng zusammen hängt: wie ist es mit der *Gelingenszuversicht* bestellt, z.B. im Hinblick auf Technikgestaltung für eine nachhaltige Entwicklung (Grunwald 2002b)?

Politik- und sozialwissenschaftliche Forschung haben gezeigt, dass sich hinsichtlich der Verfügbarkeit des notwendigen Wissens, hinsichtlich einer einvernehmlichen Bewertungsbasis und hinsichtlich der praktischen Umsetzung ganz erhebliche Probleme stellen (Dierkes et al. 1992; Grimmer et al. 1992). Danach scheint ein „Gestaltungsoptimismus“ nicht angebracht – trotz des erwähnten Bedarfes an Technikgestaltung. Der entgegen gesetzte „Gestaltungspessimismus“ hat seine Grenze darin, dass in der Praxis Gestaltungsprozesse stattfinden: in den technischen Labors, in der Gesetzgebung, in den Vorstandsetagen der Industrie oder auch beim Kauf technischer Geräte. Diese Spannung zwischen Gestaltungsoptimismus und -pessimismus, zwischen Wunsch und Wirklichkeit in der Technikgestaltung, ist Thema des vorliegenden Buches.

2 Das Beispiel der Informationsgesellschaft

Das Feld der Informationsgesellschaft ist einer der viel diskutierten Gegenstandsbereiche für die Technikgestaltung der Informations- und Kommunikationstechnologie. Um das Thema „Technikgestaltung zwischen Wunsch und Wirklichkeit" zu illustrieren, sei für diesen Bereich anhand einiger aktueller Entwicklungen und Fragestellungen zunächst verdeutlicht, wo und in welcher Weise ein Gestaltungsbedarf besteht.

Die Dynamik der Entwicklung hin zu einer Informationsgesellschaft zeigt sich zurzeit vor allem in der strukturellen Veränderung der Arbeit, der Globalisierung von Unternehmen und Märkten und dem Entstehen veränderter Lebenswelten. Das Zeitmanagement der Gesellschaft wird verändert, hierarchische Organisationsformen werden aufgelöst oder erodieren und bislang bestehende Grenzen werden aufgehoben. Kommunikations- und Mediensysteme verschmelzen, Kommunikation und Wettbewerb werden zunehmend global, Privatsphäre und Arbeitswelt nähern sich an, z.B. durch Telearbeit. Umrisse neuer Strukturen zeichnen sich zwar ab; ihre Konturen sind aber noch undeutlich (Banse et al. 2002).

In der öffentlichen und politischen Wortwahl wird dabei oft der Eindruck eines technologischen Determinismus erweckt. Der Slogan, die Gesellschaft „fit für die Informationsgesellschaft zu machen", meint eine vorbereitende Anpassung an die neuen Gegebenheiten, die als nicht oder kaum beeinfluss- oder gar gestaltbar angesehen werden. In der Tat scheint der Zug in Richtung auf die Informationsgesellschaft abgefahren zu sein. In Frage steht heute nicht, ob wir die Informationsgesellschaft wollen oder nicht. Zu glauben, dass auf dieser Ebene gesellschaftliche Entscheidungsfreiheit bestünde, wäre ein naiver Gestaltungsoptimismus. Hier besteht keine Wahlmöglichkeit und damit keine Gestaltungsfreiheit mehr. Die technische Entwicklung, angetrieben in diesem Feld vor allem durch ökonomische Kräfte, geht ihren Weg weiter zu immer höherer Speicherkapazität auf immer kleinerem Raum, zu immer höherer Datenübertragungsgeschwindigkeit und zu einer Öffnung bislang getrennter Bereiche füreinander durch neue Schnittstellen. Es scheint nur übrig zu bleiben, die selbst laufende Entwicklung der Informationsgesellschaft sorgfältig zu beobachten, um Prognosen zu erstellen, die der Gesellschaft Anpassungsmöglichkeiten zu eröffnen.

Diese skeptische Diagnose muss man nicht teilen. Trotzdem sind die genannten Einschränkungen einer Gestaltbarkeit der Informationsgesellschaft ernst zu nehmen. Sie lassen sich auf drei Kernprobleme fokussieren, die ganz generell Probleme für Ansätze der Technikgestaltung darstellen:

- *Globalisierung*: Es scheint keinen wirklich legitimierten Gestalter mehr zu geben. Welche Instanz könnte auf globaler Ebene legitime Technikentscheidungen treffen und auch durchsetzen? Beispiele sind die Regulierungsfragen im Internet und die Sicherstellung bislang national vereinbarter Urheberrechte.

- *Beschleunigung*: Die Beschleunigung der technischen Entwicklung bringt Effekte mit sich, die Gestaltungsmöglichkeiten beschränken. Vermeintliche Sachzwangargumente bekommen unter Zeitdruck eine höhere Relevanz (wie z.B. anhand der Diskussion um die Stammzellenforschung zu beobachten war). Für sorgfältiges Abwägen zwischen verschiedenen Optionen und zu einer (z.B. ethischen) Reflexion verbleibt immer weniger Zeit.
- *Pluralisierung*: In einer zunehmend pluralen und heterogenen (Welt)Gesellschaft wird es schwierig, noch so etwas wie „Gemeinwohl" bestimmen zu können. Die funktionale und moralische Ausdifferenzierung der Gesellschaften führt dazu, dass Konsense über Technik kaum zustande kommen können.

Auf der anderen Seite wird gefordert, die Informationsgesellschaft und die darin verwendete Technik nach gesellschaftlichen Zielen zu gestalten, z.B. im Hinblick auf eine „nachhaltige Informationsgesellschaft". Chancen, Herausforderungen und Risiken einer Informationsgesellschaft werden nach wie vor kontrovers diskutiert. Der offene Zugang zu Information und Wissen führt einerseits zu Hoffnungen, die ihren Ausdruck in der Vision einer informierten Zivil- und Wissensgesellschaft finden. Hier entsteht auch das Potenzial zu einer neuen Chancengleichheit z.B. für die berufliche Qualifikation über regionale oder Geschlechtergrenzen hinweg. Andererseits werden mit einer digitalisierten Ökonomie, Bildung und Gesellschaft auch Ängste verbunden, die den Schutz des Privatbereichs, die soziale Verarmung, den Datenschutz und eine neue soziale Spaltung (national und global) betreffen.

Gestaltungsbedarf gibt es also durchaus. Positive und negative Szenarien der zukünftigen Entwicklung sind denkbar. Ob die digitale Spaltung sich weiter vertieft oder überwunden werden kann, ob das Internet die Entwicklung zu einer Zivilgesellschaft unterstützt oder sich eher als neues Unterhaltungsmedium positioniert, ob die Möglichkeiten der Informations- und Kommunikationstechnologien eher im Sinne eines „empowerment" der Bürger genutzt werden oder durch einen Überwachungsstaat, ob die Arbeitswelt der Zukunft eher durch Selbstbestimmung oder durch Selbstausbeutung charakterisiert sein wird – all das sind Fragen, an denen Gestaltungsbemühungen ansetzen könnten. Auch hier gibt es also die Diskrepanz von Wunsch und Wirklichkeit.

Hier schließt sich direkt die Frage nach den *Gestaltern* an: welche Gruppen, gesellschaftlichen Teilsysteme oder Personen gestalten die Informationsgesellschaft? Welchen Einfluss haben global handelnde Unternehmen wie Microsoft, Wirtschaftsverbände, staatliche Stellen oder die Nutzer der elektronischen Technologien? Welche Möglichkeiten der Gestaltung bzw., zurückhaltender formuliert, welche Möglichkeiten der Einflussnahme stehen diesen Gruppen jeweils offen? Aussagen zur und Ansprüche an zur Technikgestaltung sind mit diesem häufig nicht so klar zu beantwortenden *Adressatenproblem* konfrontiert.

Was kann z.B. das politische System tun, um die erwähnten offenen Fragen der Informationsgesellschaft nicht sich selbst zu überlassen, sondern ihre Beantwortung im Sinne gesellschaftlich wünschenswerter Entwicklungen voranzutreiben?

Es ist die Frage, ob und inwieweit wir nicht nur *Beobachter* auf dem Weg zu der Informationsgesellschaft, sondern *Mitgestaltende* sind – und die Frage, wer dieses „wir“ ist. Und sodann ist es eine berechtigte Frage, was es denn genau eigentlich zu gestalten gilt oder wo Gestaltungsmöglichkeiten angesichts der geschilderten eigendynamischen Anteile des Weges in die Informationsgesellschaft bestehen. Geht es um Gestaltung der Informations- und Kommunikationstechnologien in einem direkten Sinne, geht es um die Gestaltung neuer Märkte, geht es um die Gestaltung von Konsummustern und Nutzungsgewohnheiten, oder geht es um die Gestaltung der normativen Rahmenbedingungen der Informationsgesellschaft (Stichworte wären hier Urheberrecht, Datenschutz, Sicherheit, privacy), nach denen sich Technikentwicklung und -nutzung richten sollten? Diese Fragen eröffnen das komplexe Feld der möglichen Gegenstandsbereiche der Technikgestaltung.

3 Technikentwicklung, Technikgestaltung, Techniksteuerung

Die Fokussierung auf die Technik*gestaltung* im Titel dieses Buches entspricht einem Programm, das der Herausgeber seit einigen Jahren verfolgt (Grunwald u. Saupe 1999, Grunwald 2000). Technikgestaltung wird dabei anderen Zugängen zum Verhältnis von Technik und Gesellschaft gegenübergestellt, vor allem der *Technikentwicklung* und der *Techniksteuerung*. Im Folgenden seien die Begriffe der Technikentwicklung und der Techniksteuerung kurz eingeführt, um in Absetzung davon den Begriff der Technikgestaltung zu erläutern.

Technik wird zu einem großen Teil in der Wirtschaft *entwickelt*. Technikentwicklung in Form der Herstellung technischer Produkte, Systeme oder Anlagen oder der Entwicklung darauf aufbauender Dienstleistungen findet vor allem in der Industrie statt. Sie wird vor allem unter betriebswirtschaftlichen Aspekten unter Markt- und Konkurrenzbedingungen betrieben. Dies geschieht unter normativen und regulativen Rahmenbedingungen (Grunwald 2000). Unter Technikentwicklung wird daher konsequenterweise die Entwicklung von Technik in Industrie und Wirtschaft verstanden, ergänzt um einen kleineren und in den letzten Jahren weiter rückläufigen Anteil staatlicher Technikentwicklung in Feldern wie Militärtechnik oder Raumfahrt. Technikentwickler im engeren Sinne sind Ingenieure, in einem weiteren Sinne auch die relevanten Gruppen von Managern aus Planung, Produktion, Vertrieb und Marketing. In ökonomischen Kategorien von Nachfrage und Angebot stellt Technikentwicklung einen Teil der Angebotsseite dar.

Techniksteuerung hingegen bezieht sich nicht auf die Ebene technischer Produkte, Systeme oder Anlagen, sondern auf die *politische Steuerung der Technikentwicklung*. Die Frage ist, ob und auf welche Weise mit politischen Mitteln die Technikentwicklung in gewünschte Richtungen gelenkt werden kann oder unerwünschte Richtungen vermieden werden können. Es handelt sich hierbei vor allem um einen politik- und teils auch sozialwissenschaftlichen Diskurs, der sich in der letzten Zeit von dem früheren staatszentrierten Ansatz weit entfernt hat (Grimmer et al. 1992). Folgende Prämissen lagen diesem Ansatz zu Grunde:

- der Staat verfüge über hinreichendes und verlässliches Wissen über Technikfolgen und über die zukünftige Nachfrage nach Technik zur Lösung gesellschaftlicher Probleme,
- der Staat habe die anerkannte Kompetenz, angesichts der Vielfalt und Heterogenität gesellschaftlicher Wertvorstellungen zu definieren, welche Technikentwicklung dem gesellschaftlichen Wohl entspreche.
- der Staat habe die Umsetzungskompetenz, um die als richtig erkannten Weichenstellungen gegenüber den anderen gesellschaftlichen Akteuren durchzusetzen.

Dieses „steuerungsoptimistische" Bild ist Vergangenheit. Der Staat wird heute eher als Moderator gesellschaftlicher Entscheidungsprozesse denn als zentrale Steuerungsinstanz angesehen. Dieser Diagnose weitgehend folgend (bis auf den Punkt, dass der Staat nicht in der Moderatorenrolle aufgeht, vgl. Grunwald 2000, Kap. 3.3.1), erscheint auch das Bild der Technik*steuerung* obsolet geworden zu sein. Aufbauend auf der Metapher vom Steuermann wirkt die Rede von Steuerung erstens verwirrend, sobald es nicht mehr *eine* steuernde Instanz, sondern derer viele gibt. Viele Steuerleute zu haben, ist aber so gut oder so schlecht, wie keinen zu haben: in beiden Fällen ist Chaos die Folge. Und zweitens arbeitet der Steuerungsbegriff immer noch mit der Differenz von Steuernden und Gesteuerten, welche sich in modernen Vorstellungen einer dezentralen Zivilgesellschaft nicht mehr so ohne weiteres aufrechterhalten lässt.

Aus diesen Gründen wird der Begriff einer dezentralen und auf viele gesellschaftliche Bereiche verteilten *Gestaltung der Technik* bevorzugt. In der modernen arbeitsteiligen Gesellschaft fallen die Beiträge verschiedener Akteure und verschiedener gesellschaftlicher Gruppen (Ingenieure, Nutzer, Manager, Politiker etc.) zur Technik auch verschieden aus. Sie tragen an verschiedenen Stellen der komplexen Entscheidungsprozesse, die zu neuen technischen Produkten oder Systemen führen, zum Aussehen des endgültigen Produkts oder Systems bei:

- Das politische System beeinflusst Technikentwicklung an mindestens vier Stellen: (1) als Nachfrager und Nutzer von Technik in großem Umfang, (2) als direkter Auftraggeber für Technik (z.B. in Bezug auf große Infrastrukturen und im Militärbereich), (3) als Förderer von Wissenschaft und Technik (Alfred Nordmann in diesem Band) und (4) als Gestalter der Rahmenbedingungen für Technikentwicklung (z.B. Steuergesetzgebung, Haftungsrecht, Sicherstellung von Datenschutz und Urheberrechten, Festlegung von Umwelt- und Sicherheitsstandards; Michael Kloepfer in diesem Band);
- Die Wirtschaft (Ingenieure, Entwickler, Management) greift in die Technikentwicklung durch konkrete Forschungs- und Entwicklungsarbeit, durch die Produktion und Vermarktung technischer Produkte, Systeme und Dienstleistungen sowie durch strategische betriebliche Entscheidungen ein (Mikael Hård in diesem Band);

- Die Konsumenten, die Käufer und Nutzer von Technik entscheiden über die Akzeptanz von Technik und technikbasierten Dienstleistungen auf dem Markt. Außerdem können sie als Teilnehmer an Dialogen in der Marktforschung an der Entwicklung zukünftiger Technologie mitwirken oder sich im Rahmen partizipativer Technikfolgenabschätzung an der politischen Gestaltung von Technik beteiligen (Andreas Knie und Yutoka Yoshinaka et al. in diesem Band).
- Engagierte Bürger, Nichtregierungsorganisationen oder Vereinigungen wie die „Kritischen Aktionäre" können im Rahmen einer „Zivilgesellschaft" ebenfalls Einfluss nehmen.

Ob es um die Ausgestaltung der Nutzungsmöglichkeiten von UMTS oder um Sicherheitsgarantien im elektronischen Handel geht, ob die Frage der Verletzlichkeit der digitalen Infrastruktur durch cyber-Terrorismus oder die Möglichkeiten der Nutzung elektronischer Kommunikation im Gesundheitswesen auf der Tagesordnung stehen, ob anthropogene Stoffströme in Bezug auf ihren Rohstoffbedarf und ihre Emissionen nachhaltiger zu gestalten sind: jeweils sind verschiedene gesellschaftliche Akteure beteiligt und haben unterschiedlichen Einfluss auf Gestaltungsfragen. Adressatenkreis und Gegenstandsbereich der Technikgestaltung (vgl. hierzu obiges Beispiel der Informationsgesellschaft) hängen also zusammen: beide sind bestimmt durch die zu bearbeitende konkrete Fragestellung. Wer in Fragen der Gestaltung der technischen Welt tätig werden soll oder werden will, hängt damit zusammen, welche Fragen gestellt werden: ob es z.B. um eine Analyse der politischen oder rechtlichen Rahmenbedingungen für Technikentwicklung, um die Analyse von möglichen Produktfolgen, um die Erforschung der Marktkontexte oder um sekundäre oder tertiäre Nebenfolgen von Technik geht.

Zentrale Elemente einer vorläufigen, die Beiträge dieses Buches nicht vorweg nehmenden Charakterisierung des Begriffs der Technikgestaltung sind danach die folgenden:

- Technikgestaltung erfolgt durch ein dezentrales Zusammenwirken vieler Akteure und Gruppen im Sinne eines polyzentrischen Gesellschaftsverständnisses und umfasst damit sowohl Technikentwicklung als auch Techniksteuerung (insofern man diesen Begriff retten will);
- Technikgestaltung steht damit vor der Notwendigkeit von kommunikativen oder machtgesteuerten Aushandlungsprozessen zwischen den jeweils Beteiligten;
- der staatliche Beitrag zur Technikgestaltung besteht keineswegs darin, dass der Staat der bessere Ingenieur sei, sondern ist charakterisiert durch eine Moderatorenrolle in Bezug auf gesellschaftlich relevante Aushandlungsprozesse und durch die Bedeutung als legitimationserzeugende Instanz für Entscheidungen (Grunwald 2000),
- Technikgestaltung erfolgt in einem Zusammenwirken von Wissen und Werten, wissenschaftlich informiert und beraten durch Technikfolgenabschätzung und Technikethik,
- Technikgestaltung in einer durch Unsicherheit und Unvollständigkeit des Wissens und Vorläufigkeit von Bewertungen charakterisierten Situation ist auf ge-

sellschaftliche Lernprozesse angewiesen (reflektiert-experimenteller Zugang zur Zukunft).

Eine Theorie der Technikgestaltung in diesem Sinne steht aus und ist auch nur als Teil einer umfassenden Gesellschaftstheorie vorstellbar. Elemente einer solchen Theorie wie z.B. eine Theorie der Technikentwicklung (Dolata 2002), ein planungstheoretischer Ansatz (Grunwald 2000, Kap. 2.4) und eine Theorie der rechtlichen Gestaltung von Technik (Michael Kloepfer in diesem Band) liegen vor und warten auf weitere Entwicklung.

4 Was wird in der Technikgestaltung gestaltet?

Die Antwort auf die Frage, was in der Technikgestaltung gestaltet werden soll, ist nicht so einfach, wie es auf den ersten Blick erscheint. Die triviale Antwort „Technikgestaltung ist Gestaltung von Technik" hilft nicht viel weiter. Worum es geht, hängt wesentlich von Annahmen über die Dynamik und die politische oder gesellschaftliche Beeinflussbarkeit sowie über die Mechanismen der technischen Entwicklung ab. Deswegen sind die Prämissen jedes Schrittes der Beantwortung genau zu benennen und entsprechend Unterscheidungen einzuführen.

Eine erste wesentliche Prämisse besteht in der Annahme über einen gestaltbaren Gegenstandsbereich. Inwieweit ist Technikentwicklung überhaupt nach gesellschaftlichen Zielvorstellungen und Werten gestaltbar oder läuft sie nicht „von selbst" ab? In einem solchen „technologischen Determinismus" (Armin Grunwald in diesem Band) kann Gestaltung nur in *aktiver Anpassung* an die Technik bestehen. Nicht die Technik selbst wäre ein gestaltbarer Gegenstandsbereich, sondern nur die Art und Weise, wie die Gesellschaft darauf regiert, z.B. durch politische Strategien. Technikfolgenprognosen sind erforderlich, um Politik und Gesellschaft bei dieser Anpassung zu unterstützen. Z.B. könnte die Gesellschaft auf Prognosen über unangenehme soziale Technikfolgen durch politische oder wirtschaftliche Kompensationsstrategien reagieren, oder sie könnte bei problematischen Prognosen über technikbedingte Umweltschäden frühzeitig über nachsorgende Reparaturmaßnahmen nachdenken. In der politischen Rhetorik, bei Naturwissenschaftlern und auch in vielen Vorstandsverlautbarungen sind häufig Formulierungen zu finden, denen ein derartiges „adaptives" Verständnis von Gestaltung zu Grunde liegt. Die zentrale Metapher für diese Haltung ist die vom technischen Fortschritt als einem fahrenden Zug, den nichts aufhalten oder in seiner Richtung beeinflussen kann, dessen Fahrt man aber prognostizieren kann, um zur richtigen Zeit am richtigen Ort zu sein.

In den neunziger Jahren wurde die Technik selbst stärker als Gegenstand der Gestaltung entdeckt. In der Technikgeneseforschung (z.B. Dierkes 1997) wurde klar, dass Technikentwicklung ein offener Prozess ist, in dem viele Entscheidungen die letztendliche Ausprägung der technischen Produkte und Systeme beeinflussen. Die Entwicklung von Technik erscheint unter diesem Blickwinkel nicht als vorgegeben und eigendynamisch, sondern an vielen Stellen in Forschung und

Entwicklung beeinflussbar. Bemühungen um eine gezielte Gestaltung von Technik, z.B. im Hinblick auf Umwelt- und Sozialverträglichkeit, folgen diesem Ansatz. Es geht dann nicht um eine Gestaltung von Anpassungsmaßnahmen, sondern um die Gestaltung von Technik selbst: die präventive Behandlung von Technikfolgenproblemen an der Wurzel, ein alter Traum der Technikfolgenabschätzung. An die Diskussion um Technikgestaltung in diesem „konstruktiven" Sinne knüpft z.B. die aktuelle Debatte um eine Gestaltung von Technik unter Nachhaltigkeitsaspekten an (Grunwald 2002). In Bezug auf die Unterscheidung eines adaptiven und eines konstruktiven Verständnisses von Technikgestaltung muss also klar gesagt werden sein, worauf man sich bezieht:

- auf die (konstruktive) *Gestaltung von Technik* gemäß vorab festgelegter Ziele und Wertvorstellungen (wie z.B. Umwelt- oder Sozialverträglichkeit),
- auf die (adaptive) *Gestaltung gesellschaftlicher Anpassungsstrategien* oder
- auf eine *Kombination* beider Positionen, welche die Gestaltungsmöglichkeiten von Technik und die Notwendigkeiten von Anpassung von Fall zu Fall einschätzt.

Im konstruktiven Verständnis von Gestaltung gilt es, eine weitere Unterscheidung zu beachten. Wenn die Technik *direkt* gestaltet werden soll, geht es um die Festlegung der Eigenschaften technischer Produkte oder Systeme, um positive Zielvorgaben für Technikentwicklung. Gegenstandsbereich der Technikgestaltung wäre in diesem Fall, wie das Wort es nahe legt, in der Tat die Technik selbst.

Auf der anderen Seite kann Technikgestaltung darin bestehen, die Technikentwicklung *indirekt* zu beeinflussen: durch eine Gestaltung der Rahmenbedingungen, unter denen konkrete Technik entsteht. Hierbei geht es eher um *negative* Zielvorgaben: durch bestimmte Rahmenbedingungen, z.B. Umwelt- oder Sicherheitsstandards, sollen bestimmte gesellschaftlich unerwünschte Entwicklungen vermieden werden (Techniksteuerung im Sinne einer „Kontextsteuerung"). Gegenstandsbereich der Technikgestaltung wäre dann nicht die Technik, sondern wären Größen, die einen *mittelbaren* Einfluss auf Technik haben: gesetzliche Vorschriften, Normen, Standardsetzung etc. (wesentliche Behauptung in Grunwald 2000 war, dass sich nur hierauf eine *gesellschaftliche* Technikgestaltung erstrecken kann). Technik wird nicht direkt in den Blick genommen, sondern nur über den *Umweg* über die Gestaltung von für Technikentwicklung relevanten externen Faktoren.

Zur Technikgestaltung gehören also sowohl Elemente der Technikentwicklung in der Wirtschaft und durch Ingenieure als auch Fragen der politischen und rechtlichen Techniksteuerung hinzu.

5 Technikfolgenabschätzung für Technikgestaltung

Technikfolgenabschätzung (TA, vgl. Grunwald 2002) – mit den zwei Seiten der *Wissensbereitstellung* durch Forschung über Technik und Technikfolgen einerseits und der *gesellschaftlichen Kommunikation* über Bewertungsfragen und Prioritätensetzungen andererseits – wurde stets als Beitrag zur Technikgestaltung verstanden. In der Anfangszeit ging es darum, den U.S.-Kongress wissenschaftlich zu beraten, um besser informierte parlamentarische Entscheidungsprozesse über Technik zu erlauben. Technikfolgen, so war das Ziel, sollten möglichst im Vorhinein bekannt sein, um Entscheidungsgrundlagen zu optimieren. Dies erfolgte und erfolgt heute noch in zwei Ausprägungen. Technikfolgenabschätzung als *Frühwarnung* soll dazu beitragen, dass durch vorsorgendes politisches Handeln die Folgen, vor denen gewarnt wurde, entweder gar nicht erst eintreten oder in ihren Auswirkungen gemildert werden konnten. *Früherkennung* soll die Gesellschaft befähigen, die verborgenen Potentiale von Technik zu erkennen und (optimal) zu nutzen. Technikfolgenabschätzung zielt darauf, durch Bereitstellung von Wissen über Technikfolgen, durch die Unterstützung von gesellschaftlichen Bewertungen dieses Wissens und durch die Erarbeitung von Handlungsstrategien die gesellschaftlichen, zumeist politischen Möglichkeiten der Technikgestaltung zu verbessern. Hierzu sind in den letzten Jahrzehnten in der Technikfolgenabschätzung eine Reihe von Erfahrungen gemacht worden:

- Technik und Gesellschaft entwickeln sich nicht isoliert voneinander, sondern sind in vielfältiger Weise miteinander verbunden. Das Verhältnis von Technik und Gesellschaft ist nicht durch eine einseitige Beeinflussung, sondern durch eine „Ko-Evolution" gekennzeichnet;
- Es gibt keine strikte Trennung von Wissen und Werten, beide sind miteinander verbunden: die Wissensproduktion hängt von getroffenen Relevanzentscheidungen ab; gesellschaftliche Werte und Normen werden durch neue Technik herausgefordert und möglicherweise verändert; Technik kann gesellschaftlich akzeptiert werden, auch wenn sie zunächst mit Werten kollidiert, wenn nämlich durch Technik gerade diese Werte verändert werden;
- Technikfolgenabschätzung ist mit den Bedingungen des Wissens unter *Unvollständigkeit* und *Unsicherheit* konfrontiert. Wir können nicht garantieren, dass wir alle Technikfolgen ex ante erfassen. Und dieses möglicherweise unvollständige Technikfolgenwissen ist ein vorläufiges Wissen, welches im Laufe der Zeit auf der Basis neuer Erkenntnisse eventuell modifiziert werden muss.
- Der Weg in die Zukunft ist daher, trotz aller Technikfolgenüberlegungen ex ante, immer auch mit *experimentellen Elementen* verbunden.

Daraus folgt, dass Technikgestaltung nicht als ein Planen (mit einem Planungsverständnis der sechziger Jahre) auf ein festgelegtes Ziel hin und mit Erfolgsgarantie erfolgen kann. Es ist aber möglich, Technikgestaltung als einen ständigen *Lernprozess* zu verstehen, in dem über Gestaltungsziele und Realisierungsoptionen diskutiert wird, in den wissenschaftliches Wissen und ethische Orientierungen eingehen, und in dem sich das Bild der zukünftigen Technik allmählich, Schritt für Schritt, herausbildet. Technikgestaltung im Sinne eines dauernden Lernprozesses operiert wesentlich mit der Möglichkeit, aus praktischen Erfahrungen zu lernen und diese Erfahrungen dann für Modifikationen der Praxis zu nutzen, nicht die Evolution sich selbst zu überlassen, sondern in einem reflektierten und wissenschaftlich informierten Prozess mitzugestalten.

Technikfolgenabschätzung ist, bezogen auf dieses Verständnis von Technikgestaltung, ein Medium des Lernens, indem die Technikentwicklung und die Entwicklung der entsprechenden gesellschaftlichen Rahmenbedingungen kritisch begleitet werden. Weit jenseits von ihrer ursprünglichen Funktion als direkter Entscheidungsvorbereitung erwachsen der Technikfolgenabschätzung weitere Aufgaben: nämlich gesellschaftliche Lernvorgänge im Hinblick auf Technik, Technisierung und Technikfolgen auf wissenschaftlicher Basis zu unterstützen und dadurch ebenfalls zu eher informellen Meinungsbildungsprozessen im Vorfeld der Entscheidungen beizutragen. Dabei werden Stichworte wie lernende Regulierung (Michael Kloepfer in diesem Band), Monitoring der Auswirkungen von Gestaltungsmaßnehmen, Bestimmung von Indikatoren für Zustände oder Veränderungen, Verfahren kollektiven Lernens, die Unterscheidung von Lernprozessen von bloßen modischen Veränderungen und die Frage der Überführung von Resultaten dieser Lernprozesse in die Praxis wesentlich. Der Beitrag der Technikfolgenabschätzung zur Technikgestaltung geht damit über die Bereitstellung eines Folgenwissens und von Bewertungsorientierungen weit hinaus und umfasst eine Erweiterung des Optionenraumes in technikrelevanten gesellschaftlichen Entscheidungen durch Lernen.

6 Zum vorliegenden Buch

Das Ziel dieses Buches besteht darin, die Möglichkeiten und Grenzen von Technikgestaltung in einer interdisziplinären Perspektive zwischen Wunsch und Wirklichkeit zu beleuchten. Schon der Begriff der Technikgestaltung selbst ist in sich nicht klar definiert. Ingenieure verstehen etwas anderes darunter als Politiker, Manager etwas anderes als Sozialwissenschaftler. Durch das Zusammenbringen von verschiedenen Disziplinen, die jeweils verschiedene Aspekte der Technikgestaltung bearbeiten, sollen gegenseitige Lerneffekte ermöglicht und die Bedingungen für interdisziplinäre Kooperation verbessert werden. Darüber hinaus soll das Ergebnis ein besseres Verständnis dessen sein, was Technikgestaltung bedeuten kann, wie Technikgestaltung historisch einzuordnen ist, ob und wie gesellschaftliche Technikgestaltung erfolgen kann und auf welche Weise und unter welchen Bedingungen eine Technikgestaltung für mehr Nachhaltigkeit möglich ist. Die Beiträge sind in vier inhaltlich charakterisierten Bereichen angeordnet.

Teil 1 Technikgestaltung – Facetten eines Begriffs

Im Begriff der Technikgestaltung kann nach ganz verschiedenen Aspekten gefragt werden: nach den Gestaltungszielen, den Gestaltungsmitteln, den Nebenfolgen, der Gestaltbarkeit von Technik, nach den einer Gestaltung im Wege stehenden Hemmnissen, nach den konzeptionellen und methodischen Problemen aktiver

Gestaltung und nach den gestaltenden Akteuren und ihrer Legitimation. In diesem ersten Teil des Buches stehen begriffliche Klärungen und die Diskussion konzeptioneller Entwürfe an, welche für das Feld der Technikgestaltung unverzichtbar sind.

Gerhard Banse stellt das technische Entwurfshandeln und seine Akteure, Ingenieure und Technikwissenschaftler, in das Zentrum seiner Betrachtung. Mit dem Entwurf als Beginn jeglicher Technikgenese werden wichtige (Vor-) Entscheidungen gefällt (z.B. hinsichtlich Funktionserfüllung, Sicherheit und Kosten), die in nachfolgenden Phasen der Technikherstellung, -auswahl, -verbreitung und -verwendung relevant sind bzw. relevant werden können (etwa hinsichtlich Nutzungsmustern oder Akzeptanz). Dabei wird die Frage der Planbarkeit von Technik angesichts vielfältiger Formen des Nichtwissens zum „heimlichen" Hauptthema.

Armin Grunwald fragt nach den Geltungsgründen, die für die sich widersprechenden Positionen des technologischen Determinismus und der These von der Gestaltbarkeit von Technik vorgebracht werden können. Er verweist darauf, dass einerseits bestimmte Konzeptualisierungen der Zukunft zugrunde liegen und dass andererseits jeweils bestimmte Modelle der Technikentwicklung der argumentativen Stützung der einen oder der anderen These dienen. Über die Thesen der Gestaltbarkeit oder der Nicht-Gestaltbarkeit könne weder empirisch noch auf der Basis der verwendeten Modelle entschieden werden. Der Begriff der Gestaltbarkeit von Technik sei vielmehr als ein Reflexionsbegriff aufzufassen, in dem sich wissenschaftliche und gesellschaftliche Fragen zum Verhältnis von Technik und Gesellschaft treffen.

Mathias Gutmann befasst sich eingehend mit dem Begriff der Technikgestaltung. Er diskutiert die Gegenüberstellung von gemachter *Form* und gewachsener *Gestalt* – nach der Technikgestaltung ein Widerspruch in sich sei –, das evolutionstheoretische und das handlungstheoretische Modell von Technikgestaltung. Die Kritik an diesen Ansätzen führt ihn – unter Rückgriff auf Cassirer – zu der Ersetzung der Rede von der „Gestaltung" durch die Rede von der „Entwicklung" von Technik. Die Entwicklung von Technik ist dann nicht nur das, *was* der Mensch aus sich macht, sondern auch die Art und Weise, in der dies geschieht.

Teil 2 Technik und Gesellschaft

Der Kern der These des technologischen Determinismus besteht nicht darin, dass Technikgestaltung quasi automatisch, ohne das Zutun von Menschen und Institutionen erfolge. Sondern bezweifelt wird, dass es hinter den vielen einzelnen, jeweils höchst unterschiedlichen Gestaltungszielen der Technikentwickler und -nutzer so etwas wie eine *gesellschaftliche* Gestaltung unter Gemeinwohlaspekten gibt bzw. geben könne. Gibt es hinter den partikularen „Gestaltern" auch eine Instanz, die unter Gemeinwohlaspekten den Gesamtprozess der Technikentwicklung und Technisierung in irgendeiner Form beeinflussen kann? Der Begriff der Technikgestaltung wird demzufolge häufig für das „*social* shaping of technology" verwendet. Dabei geht es um die Möglichkeiten, aus einer gesellschaftlichen Perspektive die Technikentwicklung in bestimmte gewünschte Richtungen lenken zu können und zu definieren, was „gewünscht" heißen soll. Im Zuge der Abkehr von einer staatlichen Techniksteuerung werden neue Konzepte gesellschaftlicher Technikgestaltung diskutiert.

Peter Janich vertritt die These, dass das Verhältnis von Technik und Kultur in der heutigen, öffentlichen Meinung durch eine Reihe fest etablierter Klischees bestimmt ist, die es aufzubrechen gelte. Sein Ziel ist es, eine philosophische Reflexion über das Verhältnis von Technik und Kultur anzustellen. Der Weg zu diesem Ziel führt von der Kultur-Förmigkeit der Technik zur Technik-Förmigkeit der Kultur. Der Begriff der Kulturhöhe erlaubt es, kulturelle Entwicklung und die Verfügbarkeit bestimmter technischer Fähigkeiten miteinander in Verbindung zu bringen.

Michael Jischa unternimmt einen Blick auf die Menschheitsgeschichte unter dem Aspekt der Technikgestaltung. Er sieht sie als Geschichte eines sich durch Technik ständig beschleunigenden Einflusses auf immer größere Räume und fernere Zeiten mit einer entsprechenden Ausweitung von Handlungsräumen. Das Wechselspiel zwischen den drei entscheidenden Faktoren Ressourcen, Leitbildern und Institutionen wird unter Betonung der Rolle der Technik skizziert. Der Fokus liegt auf Energie, deren Bereitstellung ganz maßgeblich die technische Entwicklung beeinflusst hat.

Yutaka Yoshinaka, Christian Clausen und Annegrethe Hansen stellen das Konzept des Social Shaping of Technology (SST) vor. Technikentwicklung wird als sozialer Prozess verstanden, der mit politischen Implikationen, gesellschaftlichen Gruppen, ihren Strategien und Interessen verbunden ist. Dadurch wird eine neue Perspektive auf die politische Dimension von Entscheidungen über Technik eröffnet, die mit der Einbeziehung und der Ausschließung von gesellschaftlichen Akteuren zu tun hat. Dieses Konzept wird anhand von Fallbeispielen aus Dänemark erläutert, deren Konsequenzen für Technikfolgenabschätzung diskutiert werden.

Michael Kloepfer befasst sich mit den Möglichkeiten des Rechts in der Technikgestaltung. Die rechtlich ungesteuerte Anwendung bestimmter Techniken kann zur Gefährdung oder Verletzung von Individual- und Gemeinschaftsgütern führen. Essentielle Funktion des Rechts ist daher, eine gemeinwohlverträgliche und die Interessen Dritter nicht schädigende Technikentwicklung sicherzustellen. Recht wirkt dabei gleichermaßen technikbegrenzend als auch technikermöglichend. Eine zukunftsfähige Ausgestaltung des Verhältnisses von Technik und Recht bedürfe weiterentwickelter und neuer Formen des Rechts wie kooperatives, revisibles und technikbegleitendes Recht.

Teil 3 Fallbeispiele der Technikgestaltung

In Gegenwart und Geschichte der Technik lassen sich verschiedene Hinweise auf den Umgang mit und die Möglichkeit von Technikgestaltung finden. Konkrete Fallbeispiele eignen sich zur Analyse der Bedingungen der Möglichkeit von

Technikgestaltung und zur Untersuchung der Art und Weise, wie Technikgestaltung im Einzelnen funktioniert. Auf diese Weise wird die konzeptionelle Analyse in den vorangegangenen Teilen „geerdet".

Andreas Knie stellt Ergebnisse aus einem „soziologischen Labor" vor. Am Beispiel neuer und experimenteller Mobilitätsangebote der Deutschen Bahn wird gezeigt, wie aus den Ergebnissen der Technikgeneseforschung heraus Ideen zur Technikgestaltung entstehen und in Form von Feldexperimenten überprüft und weiterentwickelt werden können. Dieses soziologische Labor ist durch sehr engen Praxisbezug und eine inhärente Interdisziplinarität gekennzeichnet. Es geht weit über das klassische Selbstverständnis der Sozialwissenschaft als rein beobachtender Disziplin zugunsten einer „Mitgestaltung" hinaus.

Mikael Hård verwendet Ergebnisse aus der technikgeschichtlichen Analyse von Erfolg- und Misserfolgsgeschichten im Automobilbereich, um Hinweise für die gegenwärtige Technikgestaltung unter Nachhaltigkeitsaspekten zu gewinnen. Seine These ist, dass Technikgestaltung nur zum Teil mit der Entwicklung von neuen Artefakten und Systemen zu tun hat; es gehe in gleichem Ausmaß darum, neuen Deutungsmustern und Nutzungsstrukturen gerecht zu werden – mit der Folge, dass Technikgestaltung nicht nur von der Politik oder der Industrie ausgehen kann, sondern dass sie Inspiration und Ideen direkt von den Nutzern und Nutzerinnen einholen muss

Alfred Nordmann weitet mit der Themenstellung „shaping the world atom by atom" die Frage der Technikgestaltung ins Unermessliche aus. Denn dieses Motto der Nanoforschung behauptet nicht nur die Gestaltung einer technischen Apparatur, sondern es soll die ganze Welt Atom um Atom, ein Atom nach dem anderen, gestaltet werden. Der Autor geht dem Ehrgeiz auf Weltgestaltung zwischen Wunsch und Wirklichkeit, Welt und Technik, Vision und Machbarkeit nach und fragt, wo er den Menschen als erkennendes und verantwortlich handelndes Subjekt verortet.

Teil 4 Technikgestaltung für nachhaltige Entwicklung

Im Zentrum der Diskussion um Technikgestaltung steht zurzeit die Frage, ob und in wieweit es möglich ist, durch gezielte Technikentwicklung die gesellschaftliche Umsteuerung hin zu mehr Nachhaltigkeit wesentlich zu unterstützen. Das Verhältnis von Technik und Nachhaltigkeit ist ambivalent. Viele Nachhaltigkeitsprobleme sind auf Technik und ihre Nutzung zurückzuführen (z.B. Erschöpfung natürlicher Ressourcen, Überlastung der Umwelt durch Emissionen). Innovative Technik bietet aber auch die Chance, als Bestandteil von Nachhaltigkeitsstrategien wesentlich zu einer nachhaltigeren Wirtschaftsweise beizutragen. In der Frage nach einer Technikgestaltung für Nachhaltigkeit kulminieren die Anforderungen an Technikgestaltung genauso wie die sich stellenden methodischen Probleme.

Hauke Fürstenwerth plädiert dafür, dass wer Technikgestaltung reflektiert, sich von der beobachtbaren Praxis der Technikentwicklung leiten lassen sollte. Technische Hilfsmittel und neue Technik seien bei der Umsetzung des Leitbildes

Nachhaltigkeit unverzichtbar. Er vertritt die These, dass es der Initiative, des Wollen und des Können von risikobereiten Individuen bedarf, ihre technische Expertise, ihr unternehmerisches Können und ihre Visionen einzusetzen, um die technischen Grundlagen für eine nachhaltige Entwicklung zu schaffen.

Joseph Huber ergänzt die heute diskutierten Nachhaltigkeits-Strategien der konsumtiven Lebensstil-*Suffizienz* und der technischen Öko-*Effizienz* um den Ansatz der ökologischen *Konsistenz* des industriellen Metabolismus. Er sieht Effizienz und Konsistenz als komplementäre Aspekte einer industriellen Ökologie an, die sich nicht durch bloße Mengenreduktion an ihre Umwelt anpassen muss, sondern sich aufgrund qualitativer Eigenschaften der metabolischen Naturintegration entfalten kann.

Armin Grunwald resümiert (in einem Beitrag, der nicht Teil der zugrunde liegenden Tagung war, der aber inhaltlich auf die dort geführten Diskussionen eingeht) die konzeptionellen und methodischen *Anforderungen*, die an eine Technikgestaltung für nachhaltige Entwicklung zu richten wären. Hierzu zählt er die Notwendigkeit der Systemperspektive und der Lebenszyklusbetrachtung, die Adaptabilität an neues Wissen, die Reflexivität und die Vermeidung möglicherweise katastrophaler Technikrisiken.

Literatur

Banse G, Grunwald A, Rader M (2002) (Hrsg) Innovations for an e-society. Challenges for Technology Assessment. Edition Sigma, Berlin

Bijker W, Law J (1994) (Hrsg) Shaping Technology Building Society. MIT Press

Bijker WE, Hughes TP, Pinch TJ (1987) (Hrsg) The Social Construction of Technological Systems. New Directions in the Sociology and History of Technological Systems. Cambridge (Mass.)/London

Dierkes M (1997) (Hrsg) Technikgenese. Befunde aus einem Forschungsprogramm. Edition Sigma, Berlin

Dierkes M, Hoffmann U, Marz L (1992) Leitbild und Technik. Zur Entstehung und Steuerung technischer Innovationen. Campus Verlag, Berlin

Dolata U (2002) Unternehmen Technik. Akteure, Interaktionsmuster und strukturelle Kontexte der Technikentwicklung: Ein Theorierahmen. Edition Sigma, Berlin

Grimmer K, Häusler J, Kuhlmann S, Simonis G (1992) (Hrsg) Politische Techniksteuerung. Leske + Budrich, Opladen

Grunwald A (2000) Technik für die Gesellschaft von morgen. Möglichkeiten und Grenzen gesellschaftlicher Technikgestaltung. Campus, Frankfurt

Grunwald A (2002a) Technikfolgenabschätzung – eine Einführung. Edition Sigma, Berlin

Grunwald A (2002b) (Hrsg) Technikgestaltung für eine nachhaltige Entwicklung. Edition Sigma, Berlin

Grunwald A, Saupe S (1999) (Hrsg) Ethik in der Technikgestaltung. Praktische Relevanz und Legitimation. Springer, Berlin

Luhmann N (1990) Paradigm lost. Über die ethische Reflexion der Moral. Suhrkamp, Frankfurt/Main

Rip A, Misa T, Schot J (1995) (Hrsg) Managing Technology in Society. London
Schot W (1992) Constructive Technology Assessment and Technology Dynamics. The Case of Clean Technologies. In: Science, Technology and Human Values 17: S 36–56

I. Technikgestaltung – Facetten eines Begriffs

Die Unterscheidung von Gestaltbarkeit und Nicht-Gestaltbarkeit der Technik

Armin Grunwald

1 Einführung

Der Begriff der Technikgestaltung ist in den neunziger Jahren des letzten Jahrhunderts in den Mittelpunkt der wissenschaftlichen und gesellschaftlichen Diskussion über Technik und Technikfolgen geraten. Die Ansätze des niederländischen Sozialkonstruktivismus (Bijker et al. 1987; Bijker u. Law 1994), der Technikgeneseforschung (Dierkes et al. 1992) sowie kulturalistischer Verständnisse des Verhältnisses von Technik und Gesellschaft (Weingart 1989) haben dazu beigetragen, Technik nicht mehr vorrangig als eine der Gesellschaft externe Größe zu betrachten, an die man sich entweder anzupassen habe oder die man nur ablehnen könne. Stattdessen geht es, sobald von Technikgestaltung die Rede ist, darum, die spezifische Ausprägung von Technik in ihren technischen und nichttechnischen Aspekten als eine *beeinflussbare Größe* zu verstehen – als Größe, auf die seitens der Gesellschaft Einfluss genommen werden *kann und soll* (die letztere normative Einstellung ist in der Tat auch ein Teil der Rede von Technikgestaltung).[1]

Gestaltungsversuche von Technik stoßen jedoch an Grenzen. Die Globalisierung der Weltwirtschaft mit ihrer eigenen Dynamik, die zunehmende Differenzierung der Gesellschaft in „Inseln" mit je verschiedenen normativen Vorstellungen, welche eine gemeinsame *gesellschaftliche* Technikgestaltung erschweren,[2] sowie die bekannte Nebenfolgenproblematik der Technik stehen einer intentionalen Gestaltung im Wege. Der aus den sechziger und siebziger Jahren stammende Gedanke eines „technologischen Determinismus" (Erläuterung und Kritik bei Ropohl 1982), nach dem die technische Entwicklung einer nicht von außen beeinflussbaren Dynamik folgt, scheint durch diese Entwicklungen eher bestätigt als widerlegt zu werden. Antwortete der Gestaltungsoptimismus der neunziger Jahre (z.B. Bijker u. Law 1994) auf diesen technologischen Determinismus früherer Jahrzehnte, so stehen heute eine Problematisierung und Relativierung des gestaltungsoptimistischen Blicks auf Technik auf der Agenda. Es darf nicht der Blick verstellt werden für systembedingte Zwänge und eigendynamische Anteile der Technikent-

---

[1] Annahmen der gesellschaftlichen Beeinflussbarkeit von Technik müssen keineswegs eine *beliebige* Steuerbarkeit implizieren.

[2] Der kürzlich verkündete, angebliche Erfolg der Zeugung eines geklonten Babys durch Mitglieder einer Sekte in den United States zeigt deutlich die Grenzen politischer Steuerungsversuche. Staatliche Verbote führen oft nur zu einem Umgehungs- oder Vermeidungstourismus.

wicklung zugunsten des trügerischen Eindrucks einer beliebigen sozialen Gestaltbarkeit der Technik: „Angetreten, den Irrtum des technologischen Determinismus zurück zu weisen, hat der Sozialkonstruktivismus den gegenteiligen Irrtum eines soziologischen Voluntarismus geboren“ (Ropohl 1999, S 296).

Besonders zu der Frage, welche Instanzen denn die Gestalter der Technik sein sollen oder sein können (vgl. die Einleitung zu diesem Band), herrscht nach wie vor Ratlosigkeit bzw. gibt es erhebliche Dissense. Die seit den achtziger Jahren gewachsene Skepsis in den Sozial- und Politikwissenschaften gegenüber den Möglichkeiten des nationalen Staates mit entsprechenden Auswirkungen auf die Einschätzungen der staatlichen Fähigkeiten zur Technikgestaltung (z.B. Grimmer et al. 1992) lenkt den Blick auf andere Akteure. So bestehen zum Beispiel in Bezug auf Technikgestaltung für nachhaltige Entwicklung unterschiedliche Einschätzungen darüber, ob nun die *Angebotsseite* (Entwicklung und Herstellung von Technik in der Wirtschaft) entsprechende Umorientierungen beim Kunden bewirken solle, oder ob die Nachfrageseite durch ein entsprechendes *Konsumverhalten* die Angebotsseite dazu bewegen müsse, nachhaltigere Produkte auf den Markt zu bringen (Stichwort Nachhaltiger Konsum).

Dieses eigentümliche Schwanken in der Beurteilung der Gestaltbarkeit von Technik zwischen Determinismus und Voluntarismus, zwischen Optimismus und Skepsis, ist Anlass, im vorliegenden Beitrag eine begriffliche Untersuchung der Prämissen beider Seiten vorzunehmen. Diese Prämissen sind zum einen geschichtsphilosophische Annahmen über die Zukunft, verbunden mit spezifischen Modellen der Technikentwicklung (Teil 2). Die Frage nach der Geltung eines technologischen Determinismus oder der These der Gestaltbarkeit von Technik (Teil 3) steht im Zentrum der Überlegungen. Empirische Entscheidungen über Gestaltbarkeit oder Nicht-Gestaltbarkeit erweisen sich als unmöglich. Vielmehr werden als Geltungsgründe Verweise auf die erwähnten Konzeptualisierungen der Zukunft und Modellannahmen über den Gang der wissenschaftlich-technischen Entwicklung identifiziert. Damit kommt diesen Thesen eine häufig übersehene hermeneutische Dimension zu – was wiederum Anlass gibt, die Begriffe der Gestaltbarkeit oder Nicht-Gestaltbarkeit von Technik als Reflexionsbegriffe zu verstehen, in denen die damit verbundenen logisch und empirisch nicht entscheidbaren Thesen interpretiert und in Bezug auf das Verhältnis von Technik und Gesellschaft reflektiert werden (Teil 4).

2 Konzeptualisierungen der Zukunft

In Technikphilosophie und Technikfolgenabschätzung (TA) wird Zukunft verschieden konzeptualisiert, mit jeweils verschiedenen Konsequenzen in der Beurteilung der Frage der Gestaltbarkeit von Technik. Im groben lassen sich im Zusammenhang mit der Gestaltbarkeitsfrage drei Konzeptualisierungen der Zukunft herauskristallisieren: die prognostische, die gestalterische und die evolutive.

2.1 Die prognostische Sicht auf Zukunft

Eine kulturgeschichtlich tief eingeprägte Sicht auf die Zukunft besteht vor allem in dem Wunsch, die Zukunft *vorab* kennen zu lernen, um nicht den Unsicherheiten und Unwägbarkeiten ausgeliefert zu sein und von ihnen überrascht zu werden, sondern Wissen über die Zukunft zu besitzen, damit man sich auf sie einstellen kann. Das Orakel von Delphi war in der Antike eine gesellschaftlich etablierte Institution, solches Zukunftswissen zu bekommen. In der Moderne fällt die Aufgabe der Generierung von Zukunftswissen hauptsächlich den Wissenschaften zu.

In dieser Perspektive wird Zukunft als – wenigstens im Prinzip und in den jeweils interessierenden Fragestellungen – *vorhersehbar* angesehen. Zukunftsforschung als Forschung über zukünftige Gegenwarten versucht, aus dem gegenwärtigen Wissen bestimmte Entwicklungen oder Parameter der Zukunft abzuleiten. Wissenschaftstheoretisch ist die bekannteste Argumentationsfigur der deduktiv-nomologische Schluss: aus einem Gesetzeswissen und dem Wissen über eine spezifische Ausgangssituation wird deduktiv auf zukünftige Entwicklungen geschlossen (Stegmüller 1983). Klassiker dieser Perspektive sind Vorhersagen in der Astronomie: aus den Gesetzen der Himmelsmechanik und der Kenntnis eines bestimmten Ausgangszustandes wie etwa der Planetenkonstellation zu einem Zeitpunkt kann mit großer Sicherheit und Genauigkeit die zukünftige Entwicklung berechnet werden. Vorhersagen geologischer Ereignisse wie Vulkanausbrüche oder Erdbeben oder die Wettervorhersage fallen ebenfalls in diese Kategorie – ergänzt allerdings um das Element von Modellierung und Simulation zur Generierung des Zukunftswissens, weil Gesetze und Anfangsbedingungen nicht genau genug bekannt sind.

In Bezug auf Technik heißt dies zu versuchen, Technikfolgen und zukünftige Techniklinien durch Prognosen zu erfassen, die auf verschiedenen Formen von Gesetzeswissen basieren und deren Ideal darin besteht, möglichst gut „zu treffen“ (Grunwald u. Langenbach 1999). Unter dem Gegenstandsbereich „Technikfolgen“ werden *zukünftige* Folgen verstanden, die es ex ante „abzuschätzen“ gelte. Dabei steht im Hintergrund die Erfahrung von unerwarteten und teilweise gravierenden Technikfolgen, von denen es in vielen Fällen wünschenswert gewesen wäre, sie vorher gekannt zu haben. Demzufolge nehmen die – auf Prognosen angewiesenen – Begriffe der „Frühwarnung“ in Bezug auf Technikrisiken oder der „Früherkennung“ von Technikpotentialen wesentlichen Raum in den Diskussionen über Technikfolgenabschätzung ein (Grunwald 2002).

In Teilen der frühen Technikforschung und Technikfolgenabschätzung (TA) wurde angenommen, dass es – in Analogie zu natürlichen Systemen – gesellschaftliche Verlaufsgesetze gebe, die für Prognosezwecke verwendet werden können. In der Technikfolgenabschätzung bestanden anfangs hohe Erwartungen an die quantitative Prognostizierbarkeit von Technikfolgen. Das System Technik/Gesellschaft wurde analog zu natürlichen Systemen, nämlich als quasinaturgesetzlich ablaufendes Geschehen betrachtet (explizit durch Bullinger 1991). Dafür könne, so die Prämisse, eine Art „Messtheorie“ für Technikfolgen entwickelt werden, mit der eine quantitative Erfassung dieser Folgen und über eine

Aufdeckung von Verlaufsgesetzen dann auch exakte Prognosen analog zu naturwissenschaftlichen Vorhersagen möglich seien. Als zugrunde liegende Analogie dient z.B. die Wettervorhersage (Bullinger 1991, S 108). Trendfortschreibungen und Annahmen über Verlaufsgesetze sollen in diesem Ansatz die Verlängerung empirisch erfasster Zeitreihen relevanter Parameter in die Zukunft ermöglichen (kritisch dazu Grunwald u. Langenbach 1999). Oft werden hierbei Anleihen bei naturwissenschaftlichen Prognoseproblemen komplexer, d.h. nichtlinearer Art, gemacht. Die mathematischen und physikalischen Theoriebildungen im Bereich der „Chaostheorie“ werden zu diesem Zweck auf die als in analoger Weise komplex gedeuteten Entwicklungen der Gesellschaft übertragen: „Die neuen mathematischen Werkzeuge erlauben zwar die Darstellung deterministisch chaotischer Systeme, ..., es fehlen aber noch zuverlässige Instrumente zur Erfassung probabilistisch-chaotischer Zusammenhänge, wie sie für komplexe soziale Phänomene typisch sind“ (Renn 1996, S 37, vgl. auch Frederichs u. Hartmann 1991).

Vielfältige Probleme der Realisierung dieses Programms werden zwar anerkannt, aber der Komplexität gesellschaftlicher Zusammenhänge sowie der unzureichenden Datenbasis und der im Vergleich mit den Naturwissenschaften geringen Gesetzeskenntnis angelastet. In vielen Beiträgen zur Technikfolgenabschätzung finden sich Sätze, die die bekannten Schwierigkeiten von Prognosen (hierzu einschlägig Leutzbach 2000) beklagen und sie einerseits auf die Komplexität der zu prognostizierenden Gegenstandsbereiche zurückführen („Es gibt keine unbedingt sicheren Prognosen, weil eine Fülle von Variablen und Interdependenzen .... die Technikentwicklung bestimmen“; VDI 1991, S 15), und die andererseits unzureichendes, aber im Prinzip erreichbares Wissen für mangelnde Erfolge der Prognostik verantwortlich machen. Das fehlende Wissen soll in neuen Forschungsgebieten erarbeitet werden (Technikfolgenforschung, Technikgeneseforschung, Systemanalyse), um dort Verlaufsgesetze aufzudecken. Konsequenterweise leitet sich hieraus ein Bedarf nach mehr Forschung ab, um bessere Prognosen zu ermöglichen.

Wenn Technikentwicklung und Technikfolgen als vorhersehbar angesehen werden, so beruht dies auf einem – zumindest partiell – deterministischen Geschichtsverständnis. Nur in den Anteilen, in denen die Zukunft heute schon feststeht, kann überhaupt eine Chance bestehen, sie vorherzusehen. Im Modell des *technologischen Determinismus* (Erläuterung und Kritik bei Ropohl 1982, S 5ff.) wird angenommen, dass die technische Entwicklung nach Eigengesetzlichkeiten verläuft: „Dabei scheint es, als seien wir zur Technik verurteilt. Sie kommt immer nur durch menschliche Handlungen zustande und ist doch zu einer selbständigen Instanz geworden, deren Entwicklung anscheinend kaum gesteuert werden kann“ (Rapp 1978, S 8). Hinter den (nur vermeintlich gestaltenden) Akteuren in der Technikgestaltung (Ingenieure, Manager, Erfinder, Wissenschaftler, Techniknutzer etc.) verberge sich eine „unsichtbare Hand“, sei dies nun der ökonomische Druck auf Technik über den Marktmechanismus, die vermeintliche Herkunft der Technik aus der Anwendung einer ebenso vermeintlich nicht steuerbaren Naturwissenschaft oder ein anderer Mechanismus wie der nicht steuerbare „Spieltrieb“ oder der Erfinderreichtum der Ingenieure. Die Erkenntnis der Mechanismen, nach denen diese „unsichtbare Hand" funktioniere, könne für Prognosezwecke eingesetzt werden.

Dieses deterministische Geschichtsverständnis muss sich dies nicht zwangsläufig auf *sämtliche* Aspekte gesellschaftlicher Entwicklung beziehen. Aus dem Prognose-Optimismus folgt nicht automatisch, dass nichts mehr zu gestalten sei, wie folgendem Satz entnommen werden könnte: „Die herkömmliche Vorstellung, an der sich auch eine ganze Generation von TA-Studien orientierte, unterstellt, dass technische Entwicklungen .... ihrer immanenten Eigenlogik folgen, die ... in der praktischen Anwendung weitgehend prädeterminierte, passive Anpassung bei den Betroffenen erzwingen" (Lutz 1991, S 71). Vielmehr kann auch ein „technologischer Determinismus" durchaus Gestaltungsspielräume offen lassen – nur nicht in Bezug auf Technik. Gestaltung kann sich dann immer noch auf die *Anpassung* an Technik erstrecken. Nicht die Technik selbst wäre gestaltbar, sondern nur die Art und Weise, wie die Gesellschaft darauf regiert. Technikfolgenprognosen sind erforderlich, um Politik und Gesellschaft bei dieser Anpassung zu unterstützen. Z.B. könnte die Gesellschaft auf negative Prognosen über unangenehme Technikfolgen für den Arbeitsmarkt oder die natürliche Umwelt durch sozial- oder umweltpolitische Kompensationsstrategien reagieren. Aufgabe der Technikfolgenabschätzung wäre in erster Linie die Bereitstellung von Technik- und Technikfolgenprognosen.

2.2 Die gestalterische Sicht auf Zukunft

Der prognostischen Perspektive komplementär gegenüber steht die gestalterische Sicht auf Zukunft. Hier wird die Zukunft als ein der intentionalen Gestaltung unter Zielsetzungen gegenüber offener Raum angesehen. Zukunft ist danach ein leeres Blatt, das es zu beschreiben gelte – eine Gestaltungsaufgabe. So wie die prognostische Perspektive einen zumindest partiellen Determinismus unterstellt, hat auch die Gestaltungsperspektive geschichtsphilosophische Prämissen, die man – analog zu den präplanerischen Aprioris (vgl. Grunwald 2000a, Kap. 4.3) als *Gestaltungsaprioris* bezeichnen könnte. Antworten auf die Frage nach den unverfügbaren Bedingungen der Möglichkeit des Gestaltens, auf die Frage also, was „immer schon" unterstellt wird, wenn gestaltet wird, stellen *absolute Gestaltungsaprioris* dar. Wer sie bestreiten würde, begäbe sich in einen pragmatischen Selbstwiderspruch, denn sobald er selbst gestaltet, muss er das Bestrittene in seinen eigenen Gestaltungen wiederum voraussetzen. Wenn das Entwerfen zukünftiger Handlungen als eine Grundvoraussetzung des Gestaltens selbst eine anthropologisch bedeutsame Handlungsart ist (Kamlah 1973, S 66ff.), sind die Bedingungen der Möglichkeit des Gestaltens ebenfalls von philosophisch-anthropologischem Interesse. Folgende Elemente des absoluten Gestaltungsapriori lassen sich unterscheiden:

- *Prozedurales Apriori*: Begriffliche Verständigungsbasis und Rederegeln, ohne die ein gestaltendes Beraten nicht möglich wäre. Diese Erfordernisse an Kommunikationskompetenz sind lebensweltlich eingeübt und auf dieser Ebene quasi-naturwüchsig entstanden.

- *Sprachliches Apriori*: Es muss evidenterweise die Vergegenwärtigung zukünftiger Handlungsgefüge möglich sein, ohne die ein Entwerfen zukünftiger Handlungen nicht vorstellbar wäre. Dies erfordert die Abstraktion von konkreten Handlungen zu situationsinvarianten Handlungsschemata (Lorenzen 1987).
- *Offenheit der Zukunft*: Wer gestaltet, erkennt damit bereits an, dass die Zukunft gestaltbar ist (Feick 1980, S 5, S 21). Gestalten auf der Basis einer deterministischen Grundhaltung führt zu einem performativen Selbstwiderspruch, weil ein solcher Gestalter genau das tut, was er als unmöglich unterstellt. Dieses Argument bezieht sich erkennbar nur auf Vertreter eines *uneingeschränkten* Determinismus. Es wäre kein performativer Selbstwiderspruch, für seine Lebenswelt, z.B. die Urlaubsplanung, die Gestaltbarkeit der Zukunft durchaus anzuerkennen, aber „im Großen“, also für politische oder technische Entwicklungen, dennoch einen Determinismus zu vertreten.

Diese Elemente bilden ein unhintergehbares lebensweltliches Apriori (im Sinne von Mittelstraß 1974) jeglichen Gestaltens: „Der Rückgang auf die Welt der Erfahrung ist Rückgang auf die „Lebenswelt“, d.h. die Welt, in der wir immer schon leben, und die den Boden für alle Erkenntnisleistung abgibt und für alle wissenschaftliche Bestimmung“ (Husserl 1948, S 38).

Im Kontext der Unterscheidung zwischen Gestaltbarkeit und Nicht-Gestaltbarkeit ist das dritte Apriori das interessanteste, weil hiermit die Gestaltbarkeit *postuliert* wird. Hier deutet sich das Problem an, wie über die These der Gestaltbarkeit entschieden werden könnte, wenn sie doch in der prognostischen Perspektive a priori abgelehnt und in der gestalterischen Perspektive a priori als gültig unterstellt wird (dazu Teil 3). Das Apriori der Offenheit der Zukunft kann weiter ausdifferenziert werden:

- die Offenheit der Zukunft impliziert die Ablehnung des Determinismus und damit eine Skepsis gegenüber Prognosemöglichkeiten, jedenfalls in bestimmten Bereichen;
- die Offenheit der Zukunft ist nicht einfach eine Offenheit in dem Sinne, dass sie für uns offen ist, weil wir nichts darüber wissen (können), sondern eine Offenheit, die unseren *Entscheidungen* geschuldet ist;
- die Entscheidbarkeit über Zukünftiges als die Möglichkeit der Auswahl zwischen mehreren Optionen ist daher ein zentrales Element;
- diese Entscheidbarkeit und ihre Implikation, dass nämlich der weitere Verlauf der Zukunft von diesen noch zu treffenden Entscheidungen abhängt, ist die Ursache der Skepsis gegenüber Prognosen;
- die Notwendigkeit und Möglichkeit von Entscheidungen verweist auf die Bedeutung von Zielsetzungen, unter denen diese Entscheidungen getroffen werden;
- Planen als ein „Entwerfen“ von möglichen Zielen und möglichen Handlungsgefügen ist die zentrale Operationalisierung des Gestaltens: das Eröffnen und

Ausgestalten von Optionen sowie die Auswahl einer bestimmten Option unter Kriterien, die vom gewählten Zielsystem abhängen (Grunwald 2000b).

Die Sicht der Zukunft als ein Feld mehr oder weniger offener Möglichkeitsräume eröffnet Freiräume für Technikgestaltung, *erzwingt* aber auch die intentionale Gestaltung. Vom jeweiligen Gegenwartspunkt, den aktuellen Handlungen und Entscheidungen aus gesehen, stellt die Zukunft in dieser Sichtweise pragmatisch eine Gestaltungsaufgabe dar. Dies führt auf Ansätze der Technikgestaltung, in denen es darum geht, Ziele für Technik zu setzen und diese zu realisieren. Konsequenterweise rücken dann die Ziele stärker in den Mittelpunkt der Diskussionen, genauso wie die Frage nach der Verantwortung für Technik (die sich in einem technologischen Determinismus gar nicht stellt). Daher ist auch erklärlich, dass parallel zum Aufkommen der Diskussion über Technikgestaltung auch die Beschäftigung mit der Ethik der Technik einen deutlichen Aufschwung nahm (Detzer 1995; Grunwald 1996; Grunwald u. Saupe 1999).

In den neunziger Jahren wurde die Technik – in Entgegensetzung zum technologischen Determinismus – als Gegenstand der Gestaltung entdeckt, vielleicht nirgends deutlicher formuliert als in dem Buchtitel „Shaping technology – building society“ (Bijker u. Law 1994). Durch Technikgeneseforschung wurde Technikentwicklung als ein offener Prozess aufgefasst, in dem viele Entscheidungen über die letztendliche Ausprägung der technischen Produkte und Systeme mitbestimmen (Grunwald 2000a, Kap. 2). Die Entwicklung von Technik erscheint unter diesem Blickwinkel nicht als vorgegeben und eigendynamisch, sondern an vielen Stellen im Prozess von Forschung und Entwicklung beeinflussbar. Bemühungen um eine gezielte Gestaltung von Technik, z.B. im Hinblick auf Umwelt- und Sozialverträglichkeit, folgen diesem Ansatz. An die Diskussion um Technikgestaltung in diesem „konstruktiven“ Sinne knüpft auch die Debatte um eine Gestaltung von Technik unter Nachhaltigkeitsaspekten an (Teil 4 in diesem Buch).

2.3 Die evolutive Sicht auf Zukunft

Die evolutive Sicht der Zukunft stammt aus evolutionstheoretischen Deutungen der Vergangenheit. Technikentwicklung kann danach, so der Grundgedanke, als Evolutionsprozess unter den Gesetzen von Variation und Selektion modelliert werden (z.B. Basalla 1988): „Eine evolutionäre Techniktheorie hat es ... mit dem Nachweis zu tun, dass die Entwicklung der Artefakte nicht embryolgisch /teleologisch, sondern evolutionär ist“ (Grundmann 1994, S 18). Durch das „nicht teleologisch“ ist bereits im Kern eine gestaltungsskeptische Haltung inhärent. Bezogen auf Technik geht es in evolutionstheoretischen Ansätzen nicht um die Aufdeckung von Naturgesetzen oder Entwicklungslogiken, sondern um die „Stabilisierung von hoch unwahrscheinlichen Selektionen, die zu Strukturbildung führen“ (ebendort).

Ein Mittel, um dieses Programm zu realisieren, besteht in der Einführung ordnender Strukturen analog zur biologischen Evolutionstheorie wie Arten, Familien oder Gattungen und ihre Einordnung in eine Entwicklungslinie (Basalla 1988) unter der Ausgangsbeobachtung: „Nicht nur das Phänomen der vielen unterschiedlichen Arten ist der natürlichen und der gestalteten Welt gemeinsam; das Phänomen der allmählichen graduellen Veränderung ist es ebenso" (Grundmann 1994, S 15). Im Vordergrund stehen die graduelle Veränderung vorhandener Techniken und die Rekombination des Bekannten. Statt auf Gestaltung unter teleologischen Zielsetzungen kommt es hier auf die Selektion durch Umweltfaktoren an. Betrachtet Basalla vor allem die Weiterentwicklung der Artefakte selbst und zeigt längerfristige „Evolutionen" an technischen Artefakten, vor allem Werkzeugen, auf, so werden gegenwärtig als evoluierende Einheiten – wie etwa im obigen Zitat von Grundmann – die sozialen Kontexte der Artefakte verstanden: „Nicht die technischen Artefakte evoluieren, sondern der erzeugende und verwendende Umgang mit ihnen und die dadurch konstruierten Systeme (Rammert 1994, S 10).

Die Diskussionen um evolutionstheoretische Deutungen der Kultur- und Technikentwicklung sind wesentlich geprägt von der Frage, inwieweit Theoriebildungen von der natürlichen Evolution auf Kulturentwicklung überhaupt übertragbar sind. Die Evolutionstheorie ist zunächst eine aus der Biologie stammende naturwissenschaftliche Theorie zur Rekonstruktion der Naturgeschichte. Ihre Interpretation ist bereits dort umstritten (Gutmann 1996). Darüber hinaus stellt ihre Übertragung auf gesellschaftliche, von Handlungszusammenhängen geprägte Praxen einen problematischen, jedenfalls nicht evidenterweise zulässigen Transfer des basalen Entwicklungsmodells dar (vgl. hierzu auch Mathias Gutmann in diesem Band).

Nelson und Winter (1977) schlugen eine Theorie wirtschaftlicher Entwicklung vor, in der explizit die Erzeugung technischer Innovationen als Ursache wirtschaftlicher Dynamik begriffen wurde (Dosi et al. 1988). Technische Innovationen sind danach das Resultat von Entscheidungen unter Unsicherheit (Nelson u. Winter 1977, S 47ff.), für die es weder eine berechenbare Erfolgsgarantie noch eine eindeutige Lösung gibt. Diese Justierung impliziert sofort die Unmöglichkeit der Prognostizierbarkeit der weiteren Entwicklung und die Offenheit der Zukunft. Damit bot sich die Analogie zur biologischen Evolutionstheorie an, was zur Entwicklung der evolutorischen Ökonomik (Biervert u. Held 1994) und von evolutionstheoretischen Ansätzen in der Technikgeschichte und Techniksoziologie führte (hierzu auch Mathias Gutmann in diesem Band).

Evolutionäre Technikentwicklung ist ergebnisoffen, nicht determiniert und nicht prognostizierbar (Basalla 1988; Grunwald 2000a, Kap. 2). Zukunft wird als ein offener Raum betrachtet, der nicht determiniert ist, sondern durch die Ereignisse in der Gegenwart vorgeprägt wird. Dieser offene Raum ist danach allerdings auch nicht einer intentionalen Gestaltung zugänglich. Trotz der Zurückweisung des Determinismus bleibt die Frage der gesellschaftlichen Gestaltbarkeit von Technik weitgehend negativ beschieden (z.B. Kowol u. Krohn 1995, S 93). Die Nicht-Determiniertheit und Offenheit der technischen Zukunft implizieren nicht bereits die Gestaltbarkeit. Evolutionstheoretische Ansätze erlauben auch keine Prognosen darüber, welche Entwicklungslinien den „Hauptstamm der Evolution" weitertreiben und welche in evolutionäre Sackgassen führen.

Der Gang der Evolution ist prinzipiell nur *ex post* zu beobachten und zu interpretieren. Zukunft wird als ein zwar nicht determinierter, aber auch nicht gestaltbarer Raum angesehen. Evolutionstheoretische Modelle der Technikentwicklung erlauben weder Prognosen noch geben sie Hinweise für Gestaltung. Diese in sich widersprüchlich scheinenden Aspekte gehen auf einen Kunstgriff zurück: in einer Beobachterperspektive gewonnene Deutungen der Vergangenheit werden auf die Zukunft übertragen. Diese Transformation ist jedoch keine triviale Operation. Es schließt sich keineswegs aus, Technikgestaltung (in der Teilnehmerperspektive) zu betreiben und diese Gestaltungsprozesse dann später als Evolution *zu beschreiben*. Für das Beispiel des allmählichen Überganges von einer früheren zu einer späteren Version eines technischen Produkts – eines des Paradebeispiele evolutionärer Techniktheorie, Grundmann 1994 – wurde an anderer Stelle gezeigt, dass die evolutionäre Betrachtung nur die Außenseite einer Betrachtung aus Teilnehmersicht darstellt, welche als flexible Planung und damit als intentionale Gestaltung beschrieben werden kann (Grunwald 2000a, S 83ff).

2.4 Vergleichende Gegenüberstellung

Ein radikaler Prognose-Optimismus (2.1) ist in Entscheidungssituationen nicht hilfreich. Wenn es tatsächlich gelänge, „die Zukunft vorherzusehen", d.h. zukünftige Sachverhalte *als zukünftige Realität* zu erkennen, erübrigen sich die Entscheidungen von selbst: die Zukunft wäre ja schon prä-konfiguriert, sonst könnte sie nicht erkannt werden: „Wer sich die Zukunft prophezeien lässt, hat es aufgegeben, sie aktiv gestalten zu wollen" (Urban 1973, S 168). Der Zusammenhang von Prognostik und Determinismus führt zu der absurden Situation, dass wenn optimale Prognosen möglich wären, sie gar nicht mehr gebraucht würden. Wenn dagegen nach (2.3) die Antizipation von Zukunft in *keiner* Weise möglich wäre, könnten sich Entscheidungen nicht an erwartbaren zukünftigen Sachverhalten orientieren bzw. diese nicht in das Entscheidungskalkül rational einbeziehen oder ethisch reflektieren. Dann bliebe nur ein zielloses Ausprobieren nach dem Prinzip von Versuch und Irrtum, bestenfalls auf einer gesinnungsethischen Basis. Die Gestaltbarkeit von Technik nach (2.2) erscheint häufig naiv angesichts bestehender eigendynamischer Tendenzen der Technik (vgl. zum Beispiel die Gestaltungsfragen hinsichtlich der Informations- und Kommunikationstechnologien, wie in der Einleitung zu diesem Band diskutiert). Aus dieser Situation können mehrere Konsequenzen für Gestaltungsansätze gezogen werden:

(1) Forderung nach einer größeren Differenzierung: Es ist zu oberflächlich, Technik als entweder gestaltbar, prognostizierbar oder evolutiv anzusehen. Stattdessen ist genauer zu konkretisieren, was denn jetzt als das Gestaltbare und was als das Eigendynamische angesehen wird, und warum diese Einschätzung so ausfällt. Auch wenn wir überzeugt sind, dass, als Beispiel, die weitere Digitalisierung der Gesellschaft unvermeidlich kommt und die Gesellschaft in der Frage ja/nein keine Entscheidungsmöglichkeit mehr hat, so gibt es dennoch eine Vielzahl von Maßnahmen hinsichtlich der konkreten Ausprägung dieser Gesellschaft, über

welche sehr wohl entschieden werden kann. Es ist daher zu klären, auf welcher Ebene von Gestaltung und Gestaltbarkeit gesprochen wird. Die Unterscheidung zwischen dem Gestaltbaren und dem Nicht-Gestaltbaren gehört zu den wesentlichen Weichenstellungen z.B. einer Technikfolgenabschätzung.

(2) Transparenz: Das leitende Zukunftsverständnis muss transparent offen gelegt werden. Versteckte Determinismen können das Erkennen vorhandener Handlungsspielräume be- oder verhindern, sie können zu Sachzwangargumentationen Anlass geben, die den Blick für Alternativen verbauen.[3] Umgekehrt können eilfertig optimistische Annahmen über eine Gestaltbarkeit den Blick für die vorhandenen Eigendynamiken und Zwänge trüben und motivationale Energien ins Leere und die Frustration laufen lassen. Evolutionstheoretische Konzepte können Zugänge zu Gestaltungsfragen zugunsten eines bloßen „trial and error"-Ansatzes verbauen, in dem Rationalitätspotentiale ungenutzt bleiben. Die transparente Klärung des jeweiligen Zukunftsverständnisses gehört zu den „essentials" in Diskussionen über zukünftige Technik.

(3) Klärung des Verhältnisses von Teilnehmer- und Beobachterperspektive: Gestaltung erfolgt grundsätzlich in einer Teilnehmerperspektive, während die Sichten auf Zukunft teils auch beobachtungssprachliche Prämissen enthalten. Dies aufzudecken und zu reflektieren stellt eine der Hauptherausforderungen interdisziplinärer Arbeit in diesem Feld dar. Der Unterschied zwischen Sätzen wie „Technikentwicklung lässt sich als Evolution beschreiben" und „Technikentwicklung *ist* Evolution" ist ein Unterschied ums Ganze. Der Schluss von dem zutreffenden Satz „Technik lässt sich also evolutionstheoretisch beschreiben" (Halfmann 1996, S 104) auf die Behauptung, dass Technikentwicklung Evolution *ist* („Auch die Evolution der Technik ist ein blinder Suchprozess, der sich allen Versuchen entzieht, durch Rationalisierung des Innovationsprozesses oder durch Optimierung der Prognosefähigkeiten unter Kontrolle gebracht zu werden", Halfmann 1996, S 105), ist ein Fehlschluss.

(4) Methodik: In Gestaltungsfragen muss die eingesetzte Methodik die aufgedeckten Probleme reflektieren und die Grenze zwischen dem Gestaltbaren und dem als nicht gestaltbar Angenommenen deutlich machen (letzteres kann z.B. für Prognosen herangezogen werden). Dies wird z.B. durch Szenarienbildungen versucht (Grunwald 2002, Kap. 9.4). Diese enthalten stets einen als unveränderlich angesehenen Rahmen (z.B. so genannte Megatrends), innerhalb dessen dann Handlungsoptionen als Gestaltungselemente entwickelt werden können.

Zusammenfassend ergeben sich bereits an dieser Stelle Hinweise darauf, dass die Gegenüberstellung gestaltbar/nicht gestaltbar eine der wesentlichen Unterscheidungen in den Diskussionen über zukünftige Technik und die Möglichkeiten ihrer Beeinflussung darstellt. Die sich andeutenden Differenzierungen werden im Folgenden durch die Frage nach den Gründen für die Annahme einer Gestaltbarkeit oder Nicht-Gestaltbarkeit von Technik vertieft.

---

[3] Nicht von ungefähr gehört es zu den Üblichkeiten in vielen Projekten der Technikfolgenabschätzung, Handlungsoptionen zu entwickeln und so vermeintliche Eigendynamiken zu durchbrechen (Grunwald 2002, S 197ff.).

3 Geltungsfragen der Determinismus- und der Gestaltbarkeitsthese

Aussagen zu Gestaltbarkeit und Nicht-Gestaltbarkeit von Technik beziehen sich also auf vorgängige Festlegungen in Bezug auf die Konzeptualisierung der Zukunft, die sie auf das Feld der technischen Entwicklung anwenden. In diesem Abschnitt wird die Frage nach den Gründen und Argumenten gestellt, die für die konträren Thesen ins Feld geführt werden, und es wird nach der Geltung dieser Argumente gefragt. Kann zwischen ihnen rational entschieden werden und wie müsste dies erfolgen?

3.1 Der Gehalt von Gestaltbarkeits- und Nichtgestaltbarkeitsthese

Zunächst ist zu klären, worauf sich Gestaltbarkeits- und Nichtgestaltbarkeitsthese genau beziehen. Was ist das Objekt der Gestaltbarkeit? Ist es die technische Entwicklung insgesamt oder sind es nur Teilaspekte? In einem geschichtsphilosophischen Determinismus müsste sich die Ablehnung der These von der Gestaltbarkeit auf *jegliches* menschliche Handeln und daher auch auf *jegliches* technische Handeln beziehen, von der Arbeit des Ingenieurs bis hin zu Parlamentsentscheidungen über Umweltstandards für die Chemische Industrie. Ein solcher unterschiedsloser Determinismus ist jedoch nicht gemeint. Die technikphilosophische und die techniksoziologische Literatur arbeiten vielmehr mit (verschiedenen) Unterscheidungen, die sich auf verschiedene Betrachtungsebenen beziehen. Technikgeneseforschung z.B. ist gerade an den Beeinflussungen der Technik durch die beteiligten Akteure in den verschiedenen Phasen der Technikentwicklung interessiert, wenn Fragen gestellt werden wie „Warum hatte der Dieselmotor Erfolg und der Wankelmotor nicht?“ (Knie 1994). In einem unterschiedslosen Determinismus hätte diese Frage gar keinen Sinn, denn letztlich soll die Untersuchung dazu beitragen, in Fällen innovativer Technikentwicklung besser zu wissen, wovon der Erfolg abhängt. Die Leitbildforschung, als Beispiel, gibt sich vom Anspruch her gerade nicht damit zufrieden, Technikentwicklung beobachten, beschreiben und erklären zu wollen. Bis in den Untertitel des Buches hinein „Zur Entstehung und Steuerung technischer Innovationen“ (Dierkes et al. 1992) findet sich ein Gestaltungsanspruch: „In dem Bemühen, sozusagen den archimedischen Punkt zu treffen, an dem der Hebel einer effizienten Technikgestaltung anzusetzen hätte, richtete sich die Aufmerksamkeit der Forschung in den vergangenen Jahren zunehmend sowohl auf jene Faktoren, die den Prozess der Technikentwicklung bestimmen, als auch auf die Bedingungen, die zu der konkreten Gestalt einer Technik führen, mit dem Ziel, hier Einflussmöglichkeiten auf die Technikgestaltung zu finden“ (Dierkes et al. 1992, S 8/9).

Der Kern der Determinismusthese besteht gar nicht darin, dass die Technikentwicklung quasi automatisch, ohne das Zutun von Menschen und Institutionen erfolge.[4] Sondern die Frage ist vielmehr, ob es hinter den vielen einzelnen, jeweils höchst unterschiedlichen Gestaltungszielen der Technikentwickler und -nutzer (deren Gestaltungsmöglichkeiten „im Kleinen" kaum angezweifelt werden) so etwas wie eine *gesellschaftliche* Gestaltung unter Gemeinwohlaspekten gibt. Gibt es über die partikularen Ziele von Individuen oder Institutionen so etwas wie legitime allgemeingültige Ziele? Gibt es hinter den partikularen „Gestaltern" eine Instanz, die unter Gemeinwohlaspekten den Gesamtprozess der Technikentwicklung und Technisierung in irgendeiner Form beeinflussen kann? Wenn jeweils ganz verschiedene Gestaltungsziele zugrunde liegen und unterschiedliche Gestaltungsmöglichkeiten mit jeweils verschiedenen Konsequenzen für die weitere Technikentwicklung bestehen, wäre es voreilig, nur weil bestimmte Akteure in bestimmter Weise Einfluss auf Technik nehmen, bereits von einer *gesellschaftlichen* Gestaltbarkeit von Technik zu sprechen. Hierfür sind folgende Voraussetzungen zu machen, wenn es z.B. um den Staat als „Gestalter" geht:

- der Staat verfüge über hinreichendes und verlässliches Wissen über Technikfolgen und die zukünftige Nachfrage nach Technik zur Lösung gesellschaftlicher Probleme,
- der Staat habe die anerkannte Kompetenz, angesichts der Vielfalt und Heterogenität gesellschaftlicher Wertvorstellungen zu definieren, welche Technikentwicklung dem gesellschaftlichen Wohl entspreche.
- der Staat habe die Umsetzungskompetenz, um die als richtig erkannten Weichenstellungen gegenüber den anderen gesellschaftlichen Akteuren durchsetzen zu können.

Alle drei Voraussetzungen sind heute in Zweifel gezogen (Grimmer et al. 1992, Grunwald 2000a). Andere, dezentrale und partizipative Steuerungsmodelle werden diskutiert. Hier liegt der Kern der Auseinandersetzung um Gestaltbarkeit von Technik: kann die Technikentwicklung gesellschaftlich in gewünschte Richtungen gelenkt werden und wie wäre dies möglich? Die konträren Thesen lassen sich daher wie folgt formulieren:

These 1: Technikentwicklung ist gestaltbar: zukünftige Technik ist gesellschaftlich intentional gestaltbar. Durch heutige Entscheidungen kann die Entwicklung in gewünschte Richtungen getrieben bzw. können unerwünschte Entwicklungen verhindert werden.

These 2: Technikentwicklung ist nicht gestaltbar: zukünftige Technik ergibt sich aus einem Zusammenwirken vieler Einzelaktionen in einer im Ganzen nicht gesellschaftlich gestaltbaren Weise. Unerwünschte Entwicklungen stellen sich ein oder nicht ein; es kann dann nur darum gehen, mit ihnen reaktiv umzugehen.

[4] Auch die Analyse der Legitimationsproblematik in technikrelevanten Entscheidungen führt darauf, dass die Frage der Gestaltbarkeit nicht eine Frage Determinismus ja/nein ist, sondern sich auf die *gesellschaftliche* Gestaltung von Technik bezieht (Grunwald 2000a, Kap. 3).

Welche der beiden Thesen in welchem Sinne zutreffend ist bzw. wie zwischen ihnen entschieden werden kann, ist Inhalt des nächsten Absatzes.

3.2 Empirische Prüfbarkeit

Die Frage ist, ob es sich bei den Thesen der Gestaltbarkeit oder der Nichtgestaltbarkeit um empirisch prüfbare wissenschaftliche Hypothesen handelt. Die Antwort lautet: nein. Es wird immer möglich sein, eventuellen Einwänden gegen diese Thesen durch Heranziehung weiterer Deutungsebenen entgegenzutreten. Gesellschaftliche Technikgestaltung findet nicht unter Laborbedingungen statt, wo die relevanten Parameter sämtlich unter Kontrolle sind. Dies sei kurz erläutert.

Wenn die Gestaltbarkeitsthese in Frage steht, können Forschungsergebnisse, die sie zu bestätigen scheinen, immer durch Determinismus-Annahmen auf anderen Ebenen bezweifelt werden. So könnte der These, dass schließlich die Leitbildforschung (Dierkes et al. 1992) empirisch herausgefunden habe, dass Technik nach gesellschaftlichen Leitbildern gestaltet wird, folglich also gestaltbar sei, entgegengehalten werden, dass die Leitbilder selbst nicht gestaltbar seien, sondern ihrer eigenen Dynamik folgten. Technikgestaltung durch Leitbilder sei daher eine Illusion. Der Proponent der Gestaltbarkeitsthese kann dagegen immer die kontextuellen Umstände und Rahmenbedingungen als Gründe für einen Misserfolg von Gestaltungsversuchen anführen und dadurch die Gestaltbarkeitsthese gegen Kritik immunisieren.

Umgekehrt ist auch die Nichtgestaltbarkeitsthese nicht empirisch falsifizierbar. Ein Vertreter des technologischen Determinismus wird versuchen, faktisch erfolgte und empirisch beobachtete Gestaltungen als nichtintendiert auszuweisen und stattdessen als kausale Abläufe zu deuten. Auf diese Weise kann die Determinismusthese gegen Kritik, die auf Basis empirischer Arbeit formuliert wird, grundsätzlich immunisiert werden. Vertreter der Gestaltbarkeitsthese hingegen werden versuchen, ex post Gestalter zu identifizieren und Gestaltungsintentionen aufzudecken, so dass der beobachtete Verlauf sich als erfolgreiche Gestaltung rekonstruieren ließe.

Beide Thesen sind nicht empirisch beantwortbar und stellen keine wissenschaftlichen Hypothesen im Sinne des Falsifikationismus dar. Der methodologische Grund liegt darin, dass zur empirischen Entscheidung über diese Thesen wohl definierte und in den wesentlichen Parametern gleiche Ausgangssituationen herstellbar sein müssten. Es müsste z.B. möglich sein, gesellschaftliche Entwicklungen mit oder ohne bestimmte Gestaltungsversuche durchspielen, um sie dann vergleichend analysieren zu können – wie dies etwa das methodologische Ideal in einem Laborexperiment ist (Lange 1996). Die vollständige Kontrolle aller Parameter ist jedoch nicht möglich, wenn gesellschaftliche Bereiche der Untersuchungsgegenstand sind. Die empirische Entscheidung scheitert einerseits daran, dass die Gesellschaft kein Labor darstellt, in dem man alle erforderlichen Parameter kontrolliert einstellen kann (Schwemmer 1976), andererseits auch daran, dass man auch nicht zu statistischen Aussagen über eine Vielzahl zwar nicht identischer, aber doch ähnlicher Fälle kommen kann. Die Historizität und damit die Individualität gesellschaftlicher Konstellationen ist unhintergehbar (Schwemmer 1987). Die Abstraktion von singulären Situationen zu allgemeinen Aussagen wie den Thesen der Gestaltbarkeit oder Nichtgestaltbarkeit ist nur über *Deutungen* möglich, in denen das Allgemeine vom Individuellen getrennt wird. So gehen in jeden Vergleich von Situationen Deutungen ein, welche nicht unkontrovers sein dürften. Damit erweist sich die Frage nach der Entscheidung zwischen den Thesen der Gestaltbarkeit oder Nichtgestaltbarkeit von Technik als eine Art Indizienprozess mit einem hohen und nicht vermeidbaren Anteil an *Deutungsleistungen*.

3.3 Modellbezogene Prüfung

Die Begründungen der These der Gestaltbarkeit oder der Nichtgestaltbarkeit arbeiten mit impliziten oder expliziten Modellen der Technikentwicklung. Beispiele sind die oben genannte evolutionstheoretische Modellierung in ihren verschiedenen Ausprägungen, die Modellierung durch Akteursmodelle (Dolata 2002) sowie auch auf Beobachtungen aus der Praxis heraus entstandene Modelle (z.B. Hauke und Fürstenwerth in diesem Band). Wenn etwas als gestaltbar angesehen wird, heißt das, dass ein (implizites oder explizites) Modell des zu gestaltenden Gegenstandsbereiches vorliegt, das externe Gestaltungsoperationen erlaubt. Wird etwas als nicht gestaltbar angesehen, wird mit einem (impliziten oder expliziten) Modell des Gegenstandsbereiches argumentiert, dass externe Gestaltungsversuche als unmöglich oder aussichtslos erscheinen lässt. Modelle sind in beiden Fällen eine unentbehrliche Argumentationsgrundlage. Es kann daher gefragt werden, ob zwischen den Thesen der Gestaltbarkeit und der Nichtgestaltbarkeit von Technik durch Modelle entschieden werden kann – wer das bessere Modell verwendet, hat Recht. Die Antwort bedarf einer kurzen modelltheoretischen Reflexion, um zu erläutern, was es heißt, dass ein Modell „besser" ist.

Modellieren bezieht sich auf einen Gegenstand des Modellierens, der bereits vor der Modellierung „vorhanden" ist, d.h. definiert und abgegrenzt worden sein muss (ein System). Modelle sind nicht einfach als Modelle *von etwas*, sondern (zumindest auch) als Modelle *für etwas* (Gutmann1996): Modelle sollen „zu etwas gut sein". So erfolgen Modellierungen unter bestimmten Erkenntniszwecken und -interessen wie z.B., Vorhersagen für bestimmte gesellschaftliche Praxen zu ermöglichen (hierzu gehören z.B. Klimamodelle zur Vorhersage langfristiger Klimaänderungen und volkswirtschaftliche Modelle zur Prognose kurzfristiger Wirtschaftsentwicklung). Andere Zwecksetzungen von Modellierungen können die Konstruktion technischer Systeme sein, das Modell ist hierbei ein (in der Regel vereinfachter) Entwurf ex ante. Auch reine innerwissenschaftliche Beschreibungs- und Erklärungszwecke können Gelingens- und Qualitätskriterien für Modellierungen abgeben, dies vor allem in den so genannten Grundlagenwissenschaften. Modelle haben also *Werkzeugcharakter* (Gutmann 1996) und können für verschiedenste Zwecke eingesetzt werden.

Die Modellierung eines Gegenstandsbereiches, wie er „an sich" ist, ist daher nicht möglich. Um zu entscheiden, ob ein Modell den modellierten Gegenstandsbereich „real" wiedergibt, müsste man schon vorher wissen, wie dieser Gegenstandsbereich „real" beschrieben werden muss. Es ist nur möglich, *Modelle mit anderen Modellen zu vergleichen* (z.B. in Bezug auf unterschiedliche Zweckerreichungsgrade), man kann nicht direkt ein Modell mit dem System „an sich" vergleichen.[5] Ein Gedankenexperiment: man nehme an, dass ein Modell zu außerordentlich guten prognostischen Ergebnissen führt. Der Schluss, dass dieses Modell wegen des prognostischen Erfolges den Gegenstandsbereich so wiedergebe, wie er „wirklich" ist, scheitert daran, dass es keine Handhabe gibt, den Fall auszuschließen, dass zwei unbekannte Effekte in diesem System sich unter der betreffenden prognostischen Zwecksetzung gerade kompensieren.

Die Modellierung der Technikentwicklung hat demzufolge keinen direkten und unmittelbaren Zugriff auf das Modellierte. Dieser Zugriff ist vielmehr durch eine Reihe intermediärer und jeweils interpretationsbedürftiger und mehrdeutiger Schritte vermittelt: durch die Wahl von Basisunterscheidungen wie System/ Umwelt, Struktur/Handlung, Gesellschaft/Individuum, durch die Wahl von darauf aufbauenden Terminologien und durch Relevanzunterscheidungen in der Abgrenzung des Modellierten vom Nicht-Modellierten sowie in der Berücksichtigung kausaler Verhältnisse. In jedem dieser Felder wären jeweils auch andere Positionen möglich: es ist wohl nirgends *als notwendig* zu erweisen, eine bestimmte Terminologie zu wählen, eine Relevanzabstufung vorzunehmen etc. Die Resultate ergeben sich also nicht mit Notwendigkeit „aus der Sache" selbst, sondern sind kontext- und zweckbezogen durch vor-empirische Festlegungen vorgeprägt. Modelle sind keine Abbilder, sondern selbst Konstruktionen: sie sind kontingent in dem Sinne, dass immer auch andere Modelle der Technikentwicklung möglich sind. Diese Kontingenz mündet nicht in eine Beliebigkeit des Modellierens, sondern wird dann wiederum aufgehoben durch die Bemessung der Leistungen der Modelle relativ zu ihren Versprechungen.

Modelle sind also weder falsifizierbar noch verifizierbar, sondern relativ zu ihren Leistungen auf Qualität zu beurteilen. Ein einfaches und eindimensionales „besser" oder „schlechter" scheidet wegen der vielfältigen enthaltenen Relevanzentscheidungen und Deutungen aus. Stattdessen bedürfte es komplexer Modellvergleiche, um die Vielzahl der Unterschiede und Gemeinsamkeiten gegeneinander zu halten. Eine Aggregation dieser vielfältigen Unterschiede und Gemeinsamkeiten zu einem einheitlichen Qualitätsmaßstab erscheint aussichtslos. Deswegen kann auch von der Qualität der zugrunde gelegten Modelle keine Entscheidung darüber erwartet werden, welche Aussagen über Gestaltbarkeit oder Nichtgestaltbarkeit einem höherwertigen Geltungsanspruch genügen. Genau wie bei der Frage einer empirischen Entscheidung (s.o.) verhindert der hohe Anteil

---

[5] Die Argumentation ist analog zur Zurückweisung des Korrespondenzprinzips der Wahrheit, nach dem ein Satz dann wahr sei, wenn er mit einem „realen Sachverhalt" korrespondiere. Die Herstellung einer solchen Korrelation ist jedoch aufgrund der Immanenz der Sprache nicht möglich (z.B. Habermas 1973; Janich 1996).

von unvermeidlichen Deutungsleistungen eine wissenschaftstheoretisch abgesicherte Entscheidung zwischen These 1 und These 2.

4 Gestaltbarkeit von Technik als Reflexionsbegriff

Dies sei zum Anlass genommen, den Begriff der „gesellschaftlichen Gestaltbarkeit von Technik“ als einen *Reflexionsbegriff* zu verstehen. Es geht gar nicht darum zu entscheiden, ob Technik gesellschaftlich gestaltbar ist oder nicht. Die Funktion des Redens über „gesellschaftliche Gestaltbarkeit von Technik“ besteht vielmehr in der Katalyse entsprechender Fragestellungen, Problemdefinitionen und Forschungsrichtungen. Wie die Technikdiskussion gezeigt hat, hat dieser Begriff vielfältig in dieser Weise fungiert. Planungsoptimismus, Selbstorganisationstheorie, Netzwerktheorie, Praktische Ethik, Partizipative Technikfolgenabschätzung: alle diese Ansätze geben verschiedene Antworten auf die Frage der Gestaltbarkeit. Verschieden sowohl in Bezug auf die angesprochene Ebene gesellschaftlichen Handelns, in Bezug auf die Art und Weise präferierter gesellschaftlicher Technikgestaltung, in Bezug auf die hauptsächlich betroffenen Akteure und verschieden in Bezug auf das Ausmaß der unterstellten Gestaltbarkeit. Im Begriff der Gestaltbarkeit der Technik fließen vielfältige Überlegungen zum Verhältnis von Technik und Gesellschaft, Einschätzungen zukünftiger Technik und Fragen einer zukünftigen Gesellschaft zusammen. Entscheidend ist gar nicht die pauschale Ja/Nein-Antwort; entscheidend sind die Differenzierungen nach Akteuren, Intentionen, Gegenstandsbereichen, Gestaltungsinstrumenten und nach den Erfolgsaussichten von Gestaltungsansätzen (vgl. hierzu auch die Einleitung zu diesem Band). Entscheidend ist nicht, die Frage nach der Gestaltbarkeit von Technik mit ja oder nein zu beantworten, sondern sie wissenschaftlich und gesellschaftlich zu „prozessieren“, sie von verschiedenen Seiten zu beleuchten und unter verschiedenen Perspektiven zu interpretieren.

Dies betrifft auch das Verhältnis von Intentionen der Technikgestaltung zu den realen Folgen einschließlich der Nebenfolgen. Die Rede von Technikgestaltung impliziert nicht die *Identität* der verfolgten Intentionen mit den sich dann real einstellenden Resultaten, sondern kann nicht intendierte Nebenfolgen durchaus berücksichtigen. Eine gewisse Überschneidung zwischen den ex ante verfolgten Zielen und den realen Folgen ex post muss aber unterstellt werden. Ansonsten würde der Versuch von Technikgestaltung nur nicht intendierte Folgen produzieren und in keiner Weise zur Realisierung der Gestaltungsintentionen beitragen. Dann wäre Technikentwicklung wirklich bloße Evolution. In der Tat ist in vielen Fällen strittig, ob und inwieweit die Steuerungs- und Gestaltungsoptionen realisiert werden konnten oder ob die nicht intendierten Nebenfolgen nicht stärker ins Gewicht fallen. So hat z.B. die Altautoverordnung als nicht intendierte Folge zu einem erheblichen Strom von nach westlichen Maßstäben ausgedienter Altautos in einige Länder Osteuropas geführt. Auch die Zielerreichungsgrade unterscheiden sich erheblich: im Bereich des Techniknutzers, der mit einem Küchengerät mehr oder weniger zufrieden ist, im wirtschaftlichen Bereich, wo sich manche Investitionen in vermeintliche Zukunftstechnik auszahlen, andere nicht, schließlich auch und gerade im technikpolitischen Bereich. Es lässt sich aber schwerlich die These begründen, dass eine Zielerreichung durch technikrelevante Entscheidungen grundsätzlich nicht stattfinde oder grundsätzlich durch Nebenfolgen konterkariert werde. Also lässt sich die Rede von intentionaler gesellschaftlicher Technikgestaltung auch dann aufrechterhalten, wenn man das Auftreten (teils schwerwiegender) Nebenfolgen ebenso in Betracht zieht wie eine häufig nur teilweise Zielerreichung. Von intentionaler gesellschaftlicher Technikgestaltung zu reden, heißt keineswegs, einem Planungsoptimismus zu folgen. Den Begriff der Gestaltbarkeit von Technik als Reflexionsbegriff zu verstehen heißt auch, genau dieses Verhältnis von Intentionen ex ante und realen Folgen ex post einschließlich der Nebenfolgen zu betrachten und im jeweiligen Einzelfall die Grenze zwischen Gestaltbarkeit und Nichtgestaltbarkeit zu beurteilen.

Schließlich ist der Begriff der Gestaltbarkeit der Technik als Reflexionsbegriff nicht ausschließlich auf seinen Gegenstandsbereich „Technik" bezogen, sondern enthält wesentlich ein Element der *Selbstbeschreibung der Gesellschaft*. Gesellschaftliche Akteure, die mit diesem Begriff operieren, *deuten gesellschaftliche Prozesse* – eben als technologischen Determinismus, als Evolution oder als intentionale Gestaltung; sie agieren nicht rein technikbezogen (die konkrete Technikgestaltung läuft an anderen Orten der Gesellschaft), sondern *reflexiv* in Bezug auf Gesellschaft. Sie beschreiben das Verhältnis von Gesellschaft und Technik unter Beteiligung von Modellen der Technikentwicklung.

Diese Beschreibungen und Deutungen sind nun alles andere als folgenlos. Da modellierende Beschreibungen der Technikentwicklung nicht wertneutral sind, sondern Deutungselemente enthalten und auf Relevanzentscheidungen beruhen, sind sie *nicht nur* Beschreibungen aus einer „fernen" und „interesselosen" Beobachterperspektive. Gesellschaftliche Selbstbeschreibungen dieser Art haben vielmehr Folgen für die Art und Weise, wie Gesellschaft gesehen wird, und dies hat wiederum Folgen dafür, wie Gestaltungsmöglichkeiten in der Gesellschaft gesehen werden. Und hier könnte es zu einer „Self-fulfilling description" kommen (in Anlehnung an die self-fulfilling prophecy, Watzlawick 1989):

- wirkmächtige Selbstbeschreibungen unter Verwendung evolutionstheoretischer oder deterministischer Vorstellungen können gesellschaftliche und politische Konsequenzen haben: wenn sie auf große Resonanz stoßen, würden Gestaltungsintentionen auf starke Skepsis stoßen und könnten kaum noch verfolgt werden;
- umgekehrt können emphatische Betonungen von Gestaltbarkeit durch entsprechende Selbstbeschreibungen sich motivierend für faktische Gestaltungsversuche auswirken.

Der Beobachter, Beschreiber und Interpret des Verhältnisses von Technik und Gesellschaft ist somit nie nur ein außen stehender Beobachter, sondern immer auch teilnehmender Akteur. Beschreibungen und Modellierungen können auf diese Weise faktische Folgen für das Beschriebene und Modellierte haben. Modellieren in diesem Bereich kann sich nicht auf das Max Webersche Wertneutralitätspostulat zurückziehen, sondern hat auch eine politische und ethische Dimension.

Weiterhin kann noch reflexiv nach notwendigen Bedingungen der Möglichkeit von Technikgestaltung gefragt werden (Grunwald 2000a). Gesellschaftliche Technikgestaltung ist nach den Ergebnissen der vorangegangenen Überlegungen nur möglich, wenn in der Gesellschaft bzw. in den einschlägigen Teilnehmerkreisen an Technikgestaltung ein prädeliberatives Einverständnis darüber vorhanden ist, dass gesellschaftliche Technikgestaltung gewollt wird und möglich ist (Grunwald 200a). *Die Bedingungen der Möglichkeit gesellschaftlicher Technikgestaltung müssen von der Gesellschaft selbst hergestellt werden.* Wenn Technikentwicklung als evolutionärer, naturwüchsig ablaufender Vorgang angesehen wird, der fatalistisch nur als Schicksal hingenommen werden kann, besteht keine Motivation zu vielleicht mühsamen und kostenintensiven Gestaltungsversuchen in gesellschaftlicher Perspektive. Die Basisentscheidung zwischen Fatalismus und Gestaltungsintention wird durch *das faktische Handeln der Teilnehmer getroffen.* Sie liegt der Praxis selbst zugrunde und kann weder theoretisch-normativ entschieden noch verordnet werden. Die Haltung der Gesellschaft zu dieser Frage hängt vom erreichten Stand gesellschaftlicher Entwicklung und von ihren Traditionen ab. Diese Basis ist *nicht disponibel*, sondern höchstens langfristig beeinflussbar – z.B. durch die Nutzung des Begriffs der Gestaltbarkeit von Technik als Reflexionsbegriff.

Zwischen optimistischen und skeptischen Haltungen zur Frage der Gestaltbarkeit von Technik findet die Gesellschaft ihren Weg im Umgang mit Fragen von zukünftiger Technik. Eine klare Antwort, ob These oder Antithese zutreffen, dürfte weder möglich sein, noch wäre eine solche Antwort hilfreich. Sehr viel fruchtbarer ist es, diese Auseinandersetzung laufend zu führen, sie auf konkrete Fragen und Technikbereiche zu beziehen, zu reflektieren, wo die Grenze zwischen gestaltbaren und nicht gestaltbaren Anteilen der Technikentwicklung im Einzelfall liegt. Diese Form der Reflexion unterstützt den ständigen gesellschaftlichen Meinungsbildungsprozess darüber, wie mit den komplexen ethischen, politischen, wirtschaftlichen und kulturellen Fragen der Technik für die Gesellschaft von morgen umzugehen ist.

Literatur

Basalla, G (1988) The Evolution of Technology. Cambridge

Biervert B, Held M (Hrsg) (1992) Evolutorische Ökonomik. Neuerungen, Normen, Institutionen. Campus, Frankfurt

Bijker W, Law J (Hrsg) (1994) Shaping Technology Building Society. MIT Press

Bijker WE, Hughes TP, Pinch TJ (Hrsg) (1987) The Social Construction of Technological Systems. New Directions in the Sociology and History of Technological Systems. Cambridge (Mass.) London

Bullinger HJ (1991) Technikfolgenabschätzung – Wissenschaftlicher Anspruch und Wirklichkeit. In: Kornwachs K (Hrsg) (1991) Reichweite und Potential der Technikfolgenabschätzung. Stuttgart, S 103–114

Detzer K (1995) Wer verantwortet den industriellen Fortschritt? Springer, Heidelberg Berlin New York

Dierkes M (Hrsg) (1997) Technikgenese. Befunde aus einem Forschungsprogramm. Edition Sigma, Berlin

Dierkes M, Hoffmann U, Marz L (1992) Leitbild und Technik. Zur Entstehung und Steuerung technischer Innovationen. Berlin. Campus Verlag, Frankfurt/New York

Dolata U (2002) Unternehmen Technik. Akteure, Interaktionsmuster und strukturelle Kontexte der Technikentwicklung: Ein Theorierahmen. Edition Sigma, Berlin

Dosi G, Freeman C, Nelson R, Silverberg G, Soete L (Hrsg) (1988) Technical Change and Economic Theory. London

Feick J (1980) Planungstheorien und demokratische Entscheidungsnorm. Frankfurt

Frederichs G, Hartmann A (1992) Technikfolgen-Abschätzung und Prognose im Wandel. In: Petermann T (Hrsg) Technikfolgen-Abschätzung als Technikforschung und Politikberatung. Campus, Frankfurt, S 73–94

Grimmer K, Häusler J, Kuhlmann S, Simonis G (Hrsg) (1992) Politische Techniksteuerung. Leske + Budrich, Opladen.

Grundmann R (1994) Gibt es eine Evolution von Technik? Jahrbuch Technik und Gesellschaft 7, S 13–39

Grunwald A (1996) Ethik der Technik. Systematisierung und Kritik vorliegender Entwürfe. Ethik und Sozialwissenschaften 7, Heft 2/3: S 191–204; ebenfalls S 270–281

Grunwald A (2000a) Technik für die Gesellschaft von morgen. Möglichkeiten und Grenzen gesellschaftlicher Technikgestaltung. Campus, Frankfurt

Grunwald A (2000b) Handeln und Planen. Fink, München

Grunwald A (2002) Technikfolgenabschätzung – eine Einführung. Berlin

Grunwald A (2002a) Technikfolgenabschätzung – eine Einführung. Edition Sigma, Berlin

Grunwald A, Saupe S (Hrsg) (1999) Ethik in der Technikgestaltung. Praktische Relevanz und Legitimation. Springer, Berlin

Grunwald A, Langenbach C (1999) Die Prognose von Technikfolgen. Methodische Grundlagen und Verfahren. In: Grunwald A (Hrsg) Rationale Technikfolgenbeurteilung. Konzeption und methodische Grundlagen. Berlin, S 93–131

Gutmann M (1996) Die Evolutionstheorie und ihr Gegenstand. VWB, Berlin

Habermas J (1973) Wahrheitstheorien. In: Fahrenbach H (Hrsg) Wirklichkeit und Reflexion. Walther Schulz zum sechzigsten Geburtstag, Pfullingen, S 211–265

Halfmann J (1996) Die gesellschaftliche „Natur" von Technik. Leske + Budrich, Opladen

Janich P (1996) Was ist Wahrheit? Beck, München

Kamlah W (1973) Philosophische Anthropologie. Sprachkritische Grundlegung und Ethik. Mannheim

Knie A (1994) Gemachte Technik. Zur Bedeutung von „Fahnenträgern", „Promotoren" und „Definitionsmacht" in der Technikgenese. In: Rammert W, Bechmann G (Hrsg) Konstruktion und Evolution von Technik. Technik und Gesellschaft Jahrbuch 7, Campus, Frankfurt, S 41–66

Kowol U, Krohn W (1995) Innovationsnetzwerke. Ein Modell der Technikgenese. Jahrbuch Technik und Gesellschaft 8, S 77–106

Lange R (1996) Vom Können zum Erkennen – Die Rolle des Experimentierens in den Wissenschaften. In: Hartmann, Janich (1996a), S 157–196

Leutzbach W (2000) Das Problem mit der Zukunft: wie sicher sind Voraussagen? Alba, Düsseldorf

Lorenzen P (1987) Lehrbuch der konstruktiven Wissenschaftstheorie. Mannheim

Lutz B (1991) Was sind Defizite von TA-Forschung? Drei einleitende Überlegungen. In : Albach H. Schade D, Sinn H (Hrsg) Technikfolgenforschung und Technikfolgenabschätzung, Berlin-Heidelberg. S 65–79

Nelson R, Winter S (1977) In search of useful theory of innovation. Research Policy 6: S 36–76

Rammert W (1993) Technik aus soziologischer Perspektive. Westdeutscher Verlag, Opladen

Rammert W (1994) Konstruktion und Evolution von Technik. In: Rammert, W, Bechmann G (Hrsg) Konstruktion und Evolution von Technik. Technik und Gesellschaft Jahrbuch 7. Campus, Frankfurt, S 7–11

Rapp F (1978) Analytische Technikphilosophie. Freiburg

Renn O (1996) Kann man die technische Zukunft voraussagen? In: Pinkau K, Stahlberg C (Hrsg) Technologiepolitik in demokratischen Gesellschaften. Stuttgart

Ropohl G (1982) Kritik des technologischen Determinismus. In: Rapp F, Durbin PT (Hrsg) Technikphilosophie in der Diskussion. Braunschweig, S 3–18

Ropohl G (1999) Allgemeine Technologie. Eine Systemtheorie der Technik. Hanser, München. Ältere Fassung: Eine Systemtheorie der Technik. Suhrkamp, Frankfurt (1979)

Schwemmer O (1976) Theorie der rationalen Erklärung. München

Schwemmer O (1987) Handlung und Struktur. Frankfurt

Stegmüller W (1983) Probleme und Resultate der Analytischen Philosophie und Wissenschaftstheorie, Bd. 1, Berlin/Heidelberg/New York

Urban P (1973) Zur wissenschaftstheoretischen Problematik zeitraumüberwinden der Prognosen. Köln

VDI, Verein Deutscher Ingenieure (Hrsg) (1991) Richtlinie 3780 Technikbewertung, Begriffe und Grundlagen. Düsseldorf

Watzlawick P (1985) Selbsterfüllende Prophezeiungen. In: Ders. (Hrsg) Die erfundene Wirklichkeit. München/Zürich

Weingart P (Hrsg) (1989) Technik als sozialer Prozeß. Suhrkamp, Frankfurt

Technik-Gestaltung oder Selbst-Bildung des Menschen? Systematische Perspektiven einer medialen Anthropologie

Mathias Gutmann

1 Vorbemerkung

Fragen wir nach den Möglichkeiten und Bedingungen der „Gestaltung von Technik", wird die Antwort wesentlich von der Bedeutung der Worte „Technik" und „Gestaltung" abhängen. Die Rede von Technik tritt in mehreren einschlägigen Formulierungen auf. Zunächst kann darunter einfach ein Titelwort für „Arten und Weisen" des Tuns verstanden werden. Dies ist etwa bei der Zucht, Glasbläser oder Koloraturtechnik der Fall. In einem gewissen Gegensatz steht dazu die Auszeichnung der Form, in welcher der Mensch seine Beziehungen zur Umgebung und vermittelt über diese zu sich selbst strukturiert. Diese letztgenannte Bedeutung lässt sich in Form zweier generischer Thesen fortführen:

1. Technik folgt als *anthropologische* Konstante aus der spezifischen Form, in der der Mensch sich in seiner Umgebung als Lebewesen bewegt.
2. Technik bezieht sich auf die produktive und reproduktive Struktur von Gemeinwesen. Innerhalb derselben kann Technik als *Form* menschlichen Handelns begriffen werden, die jeweils besondere Aspekte des Verhältnisses Einzelner zum Gemeinwesen bezeichnet.

Während die erste Variante im Rahmen des Mängelwesenkonzeptes der von Gehlen formulierten Philosophischen Anthropologie vorgelegt wurde und in methodologischer Hinsicht schon hinreichend kritische Würdigung fand, werden wir uns im folgenden auf einige Aspekte der zweiten Variante beschränken (zu Gehlen Gutmann 2002a u. b).

Die Rede von „Gestaltung" scheint einer Klärung schon widerspenstiger. Es kann damit sowohl ein *Produkt* als auch ein *Vorgang* gemeint sein. Übersetzen wir „Gestalt" mit Produkt, so ist das Gestalten ein Produzieren. Diese Doppelung teilt das Wort mit anderen wie etwa „wahrnehmen/Wahrnehmung" oder „entwickeln/Entwicklung". Solche Ausdrücke weisen einen eigentümlichen, immanent metaphorischen Charakter auf. D.h. wir müssen, um sagen zu können, was es heiße, „etwas zu gestalten", auf andere Formen des Hervorbringens oder Produzierens uns beziehen. Ganz unabhängig vom Ausgang der Auseinandersetzung über die *semantische* Funktion der Metapher, sei für das folgende auf einen Aspekt uneigentlicher Rede verwiesen, dem „pragmatischem" nämlich.

Wir können zu diesem Zweck auf Überlegungen Königs zurückgreifen, der zwischen „bloßem" und „eigentlichem" Gebrauch metaphorischer Rede unterscheidet:

> Reine Metapher ist eine Metapher, die bloß Metapher, die also nicht zugleich mehr als eine Metapher ist. Daß sich der Hund regt, ist eine reine Metapher. Ihr steht als ein rein eigentlicher Ausdruck z.B. der Hund regt sich gegenüber. Hingegen das Herankommen des Kommenden, oder auch das Fortgegangensein (nämlich des Vergangenen als solchen) ist mehr als eine bloße Metapher; und das gilt überhaupt von den modifizierenden Reden. Die Selbstinterpretation ist mehr als ein metaphorischer Akt. Und dieses – d.h. das soeben Hingeschriebene – ist prinzipiell nicht so etwas wie eine subjektive Versicherung, sondern eine theoretische Bestimmung der Selbstinterpretation. (König 1969, 208f)

Ohne auf das Verständnis von Königs eigenen Überlegungen zur „Selbstauslegung" des Denkens hier einzugehen (eine weitere Analyse findet sich bei Weingarten 1999), sei die Logik dieser Unterscheidung exemplarisch näher beleuchtet. So nimmt König die genannte Differenz der „bloßen" oder „reinen" zur „eigentlichen" erneut auf, mit dem Hinweis auf den *prinzipiellen* Unterschied, der beiden Formen metaphorischer Rede zu eigen sei:

> Das Merkwürdige ist nun dies, daß sich unschwer Metaphern aufweisen lassen, die nicht nur verschiedene Metaphern sind, sondern die als Metaphern verschiedene Metaphern sind. Es sind Metaphern, rücksichtlich derer es keinem Zweifel unterliegt, daß sie beide in der Tat Metaphern sind, und die dennoch über die Verschiedenheit ihres Inhaltes hinaus einen Formunterschied in der Weise ihres Metapherseins vor Augen stellen (König 1994a, 158)

Diese Formulierung wird am Beispiel der vertrauten Wendung des „Denkens" erläutert. Fasst man den Vorgang des Denkens als ein „Hervorbringen" so lässt sich erläutern, was unter Denken – und zwar als Hervorbringen – zu verstehen sei. Das Hervorbringen dient als „Metapher" für das Denken. Aber diese Metapher ist „asymmetrisch[1]":

> Was das Hervorbringen ist, vergegenwärtigen wir uns an dem irgendwie sinnfälligen Handwerken, nicht am Denken. Infolgedessen läßt sich z.B. denken, daß das Handwerken für sich allein schon ein Hervorbringen wäre; hingegen ist es unmöglich, das Denken für sich allein, d.h. ohne Hinblick auf das Handwerken, als ein Hervorbringen aufzufassen. (König 1994a, 169)

Der Vergleich, der zunächst nur als „einseitiges Verhältnis" *begann*, bezieht das Denken auf das Handwerken. Insofern also das Denken ein Hervorbringen *ist* – wie das Handwerken –, zeigt sich das „sinnfällige" des Vergleiches. Aber eben, es ist ein – wenn auch *asymmetrisches* – Verhältnis. Dadurch wird der Vergleich zum „wechselseitigen", dass das Handwerken auf das Denken bezogen wird. Beide werden also „als" Handlungsformen" sinnfällig aufeinander bezogen, oder wie sich sagen ließe, im „Medium" des Handelns. Diese – auf den ersten Blick – an

---

[1] Was dieses Konzept aus Sicht einschlägiger Metapherntheorien schon verdächtig machte (etwa Searle 1993; Davidson 1994)

„interaktionstheoretische" Vorstellungen (s. Black 1996; weiter auch Henle 1996) erinnernde Überlegung zeigt exemplarisch, inwiefern metaphorische Konstruktionen kein rein *bedeutungstheoretisches* Problem sein müssen[2]. Sieht man nämlich erneut auf das von König angebotene Beispiel, der metaphorischen Beschreibung von Denken durch „Hervorbringen", so zeigen sich in der Rede über das Hervorbringen zwei Sprachebenen, die gleichsam gelegentlich in einander übergehen. Zum einen wird Denken als Hervorbringen im Sinne von „Produzieren" behandelt, und zum zweiten tritt das „Hervorbringen" im Sinne von „handwerklichem" Hervorbringen[3] auf; wenn nun auch ein einfaches Subsumtionsverhältnis etwa des Denkens unter das „Hervorbringen" bestritten wird:

> Ich würde in meiner Sprache hier kurz sagen, daß das Hervorbringen, welches ein Bauen oder Spinnen oder Bilden ist, nicht nur ein anderes Hervorbringen ist als dasjenige, als welches sich dieser Auffassung zufolge das Denken darstellt, sondern daß es als Hervorbringen ein anderes „Hervorbringen" ist. (König 1994a, 168)

so könnte doch ein solches sehr wohl für „Hervorbringen" und „Produzieren" auf der einen, für „Produzieren" und „Handwerken" auf der anderen vermutet werden. Entscheidend ist nun, dass die von König angezeigte metaphorische Rede letztlich nur funktioniert, wenn die Metapher selber „konkretisiert" wird. Während nämlich „Hervorbringen" keinen wie auch immer gearteten Modus bezeichnet – weder einen Mechanismus bestimmt, der Art, *wie*, noch *was* hervorgebracht werden soll –, ist dies im Falle des *handwerklichen* Produzierens grundlegend anders. Hier besteht die Möglichkeit, bestimmte handwerkliche Produktionsweisen als „Beispiele" der Erläuterung zu verwenden. So könnte z.B. darauf verwiesen werden, dass zahlreiche Herstellungsformen nur dann Erfolg zeitigen, wenn *bestimmte* Reihenfolgen der Einzelschritte (oder Einzelhandlungen) eingehalten werden. Des weiteren möchte die *Herstellung* und der *Gebrauch* von Werkzeugen und Maßen, die bestimmtes Produzieren überhaupt erst ermöglichen, in den Blick kommen; schließlich sei an die Zurichtung der – dann wiederum in verschiedenen Hinsichten zu unterschiedlichen Produktionsabsichten gebrauchten – Materialien erinnert. Damit wird das „Handwerken" zum konkreten Bestimmungsstück für das *als* Hervorbringen gedachte Denken. Das Denken wird als Vorgang begriffen, der jene am handwerklichen Handeln ausgezeichneten Aspekte aufweist. Der Bereich des handwerklichen Produzierens lässt sich als *Medium* in dem Sinne bezeichnen,

---

[2] In diesem Fall spricht ja auch König von einer gleichsam trivialen, nämlich bloßen Metapher.

[3] Was übrigens die Einbringung einer weiteren Metapher, jener des „Ergreifens" als Metapher für das *Begreifen* ermöglicht: Denn wenn wir z.B. das sinnfällige Ergreifen eines Dinges mit der Hand als einen eigentlichen unmetaphorischen Ausdruck fassen, das seelische Ergreifen hingegen als einen irgendwie metaphorischen Ausdruck, so scheint mir in Bezug auf das Verhältnis beider etwas dem über das Verhältnis der beiden Hervorbringen Entwickelten Analoges gesagt werden zu können (König 1994a,171).
Das Entscheidende an der Metapher des *Hervorbringens* für das Denken liegt in der Möglichkeit ihrer Weiterführung, d.h. hier in der Möglichkeit der „Entwicklung" der Metapher (dazu unten).

dass es sich um eine Form gemeinsamen (hier nur in Entgegensetzung zum „individuellen") Tuns handelt. Dieses Medium wird als *Mittel* verwendet um das Verb „denken" und mögliche im Substantiv „Denken" zusammengefasste Produkte zu erläutern. Die Metapher handwerklichen Hervorbringens ermöglicht die *Verständigung* über das „Denken". Wenn der Zugang zu den metaphorisch umschriebenen Handlungsformen – hier dem Denken – über Verständigungsdiskurse erfolgt, die auf Medien referieren, dann gelingt nicht nur die Verständigung über die in Frage stehende Rede sondern die Regelung der umschriebenen Rede im Medium einer (hier der handwerklichen) Praxis. Es wird nicht nur die Explikation (im bedeutungstheoretischen Sinn) der umschriebenen Sprachstücke geleistet („das Denken ist ein Hervorbringen"), sondern werden auch die *Handlungsabläufe*, auf welche die solcherart explizierte Metapher referiert, durch die zur Umschreibung verwandte *Handlungsform* („das Denken ist *wie* das *handwerkende* Hervorbringen") geregelt. Wir wollen diese am „Denken" vorgenommenen Überlegungen nun auf die Rede vom „Gestalten" beziehen. Zunächst scheint die Übertragung direkt zu gelingen, denn das Verb „gestalten" erweist sich wieder als mehrstellig. Jemand gestaltet etwas, zu bestimmten Zwecken unter Nutzung von Mitteln. Nun würden wir das Verb ersetzen durch ein „irgendwie sinnfälliges Hervorbringen" und könnten sogar das handwerkliche Herstellen nutzen. Es ergibt sich also als dieses „Etwas" das da gleich einem Gegenstand – z.B. einem Schuh o.ä. – zu gestalten wäre, die „Technik". Die reine Redeform legt es uns nahe, die Technik als irgendetwas zu betrachten, das in einer gewissen Hinsicht einem Gegenstand gleicht, an dem gehandelt wird. Lassen wir uns also für die weitere Untersuchung auf diese durch die Redeform unterstellte Betrachtung ein, so müsste sich je nach Ersetzung eine andere Auflösung der Metapher ergeben.

2 Das Metzger-Goethe-Modell

Gehen wir zunächst auf das Wort „Gestaltung" ein, so liegt der Bezug auf Tätigkeiten nahe, die „Gestalten" als Ergebnisse haben. Nun bereitet aber – sieht man von der wenig weit reichenden Feststellung ab, dass „Gestalten" eine Tätigkeit sei – die Rede von der Gestalt einige Schwierigkeiten. In dem Bemühen um eine Definition verweist Metzger zunächst auf zwei Bedeutungen des Wortes. Zum eine bezieht es sich auf „Gebilde" oder „Gefüge". Diese sind durch den „Ganzheitscharakter" bestimmt (Metzger 1986a, 125). Das Ganze muss zwar als aus Teilen – und zwar *seinen* Teilen – aufgebaut gedacht werden, diese wahren in ihm ihre Bestimmtheit; jedoch sind es eben Teile *eines Ganzen*.

Den Ganzheiten steht das Aggregat, die einfache Zusammensetzung von Etwas aus Teilen oder Komponenten gegenüber:

> Der Begriff der Gestalt sei erstens durch formale und zweitens durch dynamische Merkmale bestimmt. Und diese könnten unabhängig davon verwirklicht sein, ob das fragliche Ganze durch Zusammenfügung vorher getrennter Teile oder Elemente entstehe oder durch Ausgliederung aus einem noch umfassenderen Ganzen, oder

> durch Umgliederung aus einer Mannigfaltigkeit andersartiger Ganzer – oder ob es endlich von Anfang an fertig ins Dasein getreten sei. (Metzger (1986a, 125)

Das Verhältnis von Teil und Ganzem ist kein solches des Hervorgehens des Ganzen aus den Teilen. Vielmehr sind die Eigenschaften des Ganzen nicht durch „Addition" der Eigenschaften der Teile bestimmt; sie sind „übersummenhaft" und in einem unten noch näher zu betrachtenden Sinn „natürlich". Daraus lässt sich nach Metzger eine Definition der Gestalt operational bilden, indem durch „Herausblenden" von Teilbereichen die Eigenschaften des Ganzen verschwinden. Als „Gestalt-Eigenschaften" sollen im weiteren „physiognomische" Qualitäten (Stil, Habitus, Gefühlswert, Ausdruck), Eigenschaften der Struktur oder des Gefüges (geometrisch-architektonische des räumlichen Aufbaues) sowie die „ganz-bedingten Materialeigenschaften" (etwa Durchsichtigkeit, Rauhigkeit, Glanz) auftreten (Metzger 1986a, 125f). Die Gliederung des Ganzen aus seinen Teilen und in seine Teile kann so aufgefasst werden, dass diese Teile nur in Bezug auf das Ganze bestimmt sind. Entsprechend bedeutete also ein bestimmtes Element – etwa ein von rechts nach links gezogener Pfeil – in einem Fall ein Verkehrsignal, im andern ein Vektor und im dritten schließlich die Aufforderung umzublättern. Die die Gestalten in diesem ersten Wortsinn regierenden Gesetze (Zusammenhangs-, Gliederungs- und Prägnanzgesetze) seien die Bedingungen der Möglichkeit von Erfahrung überhaupt; sie gehen gewissermaßen aller Erfahrung voraus:

> Man kann also sagen: die Gestaltgesetze sind die allgemeinen apriorischen Grundlagen der Möglichkeit der Erfahrung von Einheit, Vielheit und Form im Sinne Kants. Die früher so viel bemühte Erfahrung ist deshalb nicht bedeutungslos: Nachdem erst einmal Erfahrungen gemacht sind, kann sie als zusätzliche Bedingung die ursprünglichen Gestaltgesetze verstärken oder mit ihnen in Konflikt geraten. (Metzger 1986a, 129)

Die zweite Bedeutung von Gestalt bezieht den Begriff auf Vorgänge oder Abläufe. Die dabei auftretenden Gestalten (die man auch Muster nennen könnte) sind das Ergebnis von *Kräften*, deren *Wirkungen* die Gestalten beständig hervorbringe:

> Wir nennen Gestalt die Form eines Gebildes, wenn diese nicht der Starrheit des Materials zu verdanken ist und nicht auf einer Festlegung jedes einzelnen Punktes für sich, sondern auf einem Gleichgewicht von Kräften (Spannungen usw.) beruht. Wir nennen ferner die Form eines Vorgangs oder Verlaufs eine Gestalt, wenn sie nicht durch undurchdringliche Leitungen festgelegt, bzw. auf einen Freiheitsgrad beschränkt ist, sondern aus dem freien Spiel von Feldkräften (bei mehr oder weniger zahlreichen Freiheitsgraden) hervorgeht. (Metzger 1986a, 130)

Als Beispiele sollen Seifenblasen oder auch physikalische Felder gelten. Der Gegenbegriff wäre hier der des Mosaiks, das aus Elementen zusammengefügt ist, die „nichts voneinander wissen" (Metzger 1986a, 131). Es wird allerdings schon mit Blick auf die von Metzger selber angeführten Beispiele (sowohl technischer wie figürlicher oder musikalischer Art) deutlich, dass die Feststellung der jeweils „richtigen" Figur oder Stilzuordnung nicht nur von der Vertrautheit mit den jeweils besonderen Symbolsystemen, sondern vor allem schon von der *Beschreibung* der jeweiligen Gegenstände abhängt. Wird eine Figur *als* geometrische beschrieben, so wird die Beurteilung der Korrektheit der Zuordnung anders ausfallen, als bei der Beschreibung dieser Figur *als* künstlerischer oder verkehrstechnischer. Das Absehen von der Beschreibungsabhängigkeit der Gegenstände erzeugt rein sprachlich eine Identität, die zu Homonymien führt. Wir wollen uns nun nicht mit dem methodologischen Status der hier in Anspruch genommenen Gesetze beschäftigen, sondern nur nach dem Status der Gebilde fragen, die als Gestalten angesprochen werden. Metzger gibt zu bedenken, dass die Kontroverse zwischen Nativismus und Empirismus durch seine Überlegungen zur Gestalt als überwunden zu gelten hätten. Demgemäß gäbe es sowohl Gestalten die durch die Ausbildung neuer „fester Leitungen", als auch solche, die durch das freie Spiel der Kräfte zustande kämen. Unabhängig von der empirischen Einholbarkeit dieser Spekulation erweisen sich Gestalten, die nach dem „Prinzip des gestalteten Verlaufes" zustande kämen, als universell und daher in vielen Bereichen auffindbar:

> Das Prinzip läßt übrigens ohne weiteres eine mehr oder weniger reiche Hierarchie von relativ geschloßenen Teilsystemen zu, so daß es auch auf Fragen der Persönlichkeitslehre mit ihren überdauernden Bedingungsstrukturen anwendbar ist. Es gilt einerseits auch für den Organismus mit seiner Fülle relativ geschlossener Organe und Organsysteme, und läßt sich andererseits auch auf Fragen des Zusammenlebens, also auf Sozialpsychologie, Soziologie und Ethik anwenden. Es ist überhaupt nicht auf bestimmt Seinsbereiche beschränkt, also auf keinen Fall für irgendeine der Seinsbereiche oder Seinsstufen kennzeichnend. Der Gegensatz zwischen freier dynamischer und starrer aufgezwungener Ordnung durchzieht sämtliche Bereiche des Seins. (Metzger 1986a: 131).

Diese Universalität beruht zunächst auf den durch das wahrnehmende Subjekt in Anspruch genommenen Gestaltgesetzen. Zugleich aber führt die Vernachlässigung der Beschreibungsabhängigkeit der Gestalten zu einer eigentümlichen „Gegebenheit" derselben; die Gestalt und ihre Bildung ist ein *ontisches* Prinzip. Die Universalität der Rede von Gestalt scheint nun vollends einfach nur noch durch die Verwendung der je gleichen Beschreibungssprachstücke nahe gelegt. Diese Deutung konterkariert Metzger mit dem Verweis auf den „ontischen Gehalt" der Gestalten. Die Unterscheidung von solcherart definierten Gestalten von bloßen Mosaiken oder Aggregaten hängt dann an einem Wissen von der korrekten Identifikation derselben. Damit dieses nicht der bloßen Versicherung einer – eben gegebenen – Ordnung der „Seinsbereiche" oder aber der schlichten Willkür des Gestaltenden sich verdanke, wird dieses Wissen an eine weitere Unterscheidung gebunden, nämlich jene von *Form* und *Gestalt*. An dieser Unterscheidung tritt das methodologische Problem bei der Suche nach Kriterien des „Gestaltens" als dem wirklichen Erzeugen von Gestalten hervor. „Selbständiges oder freies Gestalten" führt danach nämlich nicht auf die Formung von Gegenständen (Metzger 1986b: 432). Unter *Form* ist hier immer die „aufgeprägte oder aufgezwungene" Gestalt zu verstehen. Diese ist zu unterscheiden von der in Freiheit gebildeten Gestalt. Als Beispiel sei wieder die Seifenblase oder ein frei schwebender Tropfen für die Gestalt, der geschliffene Stein oder die dem Wasser die Kugelform mitteilende Blechschale für die Form genannt. Auch der zugeschnittene Baum in „Gärten des französischen Stils" (Metzger 1986b: 432) könne für die Form, der frei wachsende und der „verwilderte" Baum für die Gestalt herangezogen werden. Doch auch für das Humanum ist der Unterschied bedeutsam. Hier stehe die durch „verschiedenartigste Stützgeräte" gezwungene Gestalt für die Form, der bei „Sport und vernünftiger Ernährung" sich ergebende Leib für die Gestalt. Diese Differenz drückt sich mit der allgemeineren Bezeichnung von der „gewachsenen" Gestalt entgegen der „gemachten" Form auch in der Sozialorganisation des Menschen aus:

> Entscheidend ist die Art und Weise, auf welche die erwünschte Ordnung gewahrt wird. Das geschieht bei der „gemachten" Ordnung wesentlich durch äußere Verhinderung des Abweichens von der Norm (wobei von der Angst in mehr oder weniger verschwenderischer Weise Gebrauch gemacht wird). In der „gewachsenen" Ordnung verlässt man sich dabei wesentlich auf das Zusammenspiel natürlicher Neigungen der Menschen und macht von der Angst nur in äußersten Grenzfällen Gebrauch (Metzger 1986b, 434)

Diese Entgegensetzung von gewachsener und gemachter Ordnung mündet in gewisser Hinsicht notwendig in eine – etwa von Spengler oder Gehlen her vertraute – Technik- und Zivilisationskritik ein (Gutmann 1998). Denn die als gemachte Ordnung verstandene Form des Gemeinwesens ist nicht zufällig jene durch Gesetze geregelte Gesellschaft, die der sozusagen unmittelbaren Gemeinschaft (der den natürlichen Neigungen folgenden Menschen) gegenüber steht. Gestalten als Tätigkeit kann im recht verstandenen Sinne nur im Umgang mit dem nicht-maschinenhaften, mit dem nicht an Zwecke gebundenen Tun stattfinden (Metzger 1986b, 426). Technik rückt damit in eine Juxtaposition zum „natürlichen" das sowohl auf der Seite des Gegenstandes wie des ihn wahrnehmenden und verändernden den Standard des „eigentlichen" oder „wesentlichen" abgibt. Gestaltung von Technik ist daher in einem solchen Modell ein regelrechter Widerspruch in sich.

3 Das Nelson-Winter-Modell

Eine ganz andere Wendung können wir der Rede von Technik-Gestaltung abgewinnen, wenn wir durch „entwickeln" ersetzen. Dabei ist zunächst zu konzedieren, dass mit „entwickeln" wiederum sehr vieles und sehr unterschiedliches gemeint sein kann. Wir wollen im Weiteren unter der „Entwicklung von Technik" die Veränderung von Techniken am Modell der *evolutionären* Veränderung verstehen. Evolution erscheint heute nachgerade als integratives Konzept für Vorgänge ganz unterschiedlicher Provenienz, so dass die „Evolution von Tetrapoden" ebenso vertraut erscheint, wie die von Galaxien oder Märkten. Unterscheidet man vorläufig zwischen biologischen und nicht-biologischen Verwendungen des Wortes, so ist den nicht-biologischen der Bezug auf biologische Evolutionstheorien[4]

[4] Der Plural ist methodologisch bedeutsam, denn die Rede von „der" Theorie „der" Evolution ist eine schlichte Verkürzung der sehr differenzierten biologischen Debatte um Theorien von Evolution (dazu Gutmann 1996).

gemeinsam. Methodologisch gesehen kann die Rede von Evolution in zwei Formen auftreten:

1. Metaphorisch. Wird bloß metaphorisch gesprochen, so stellen sich keine methodologischen Schwierigkeiten ein. Allerdings ist dann auch die Geltung evolutionstheoretischer Ansätze für nicht-biologische Belange nicht in Anspruch zu nehmen. Wird hingegen eigentlich metaphorisch argumentiert, so muss die Metapher zum Modell erweitert werden (Gutmann u. Herler 1999).
2. Identifizierend. Evolution soll wörtlich auch der Prozess genannt werden, der zur Veränderung von Technik führt[5]. In diesem Fall müssten tatsächliche Entsprechungen angegeben werden zwischen den Bestimmungsstücken biologischer Evolutionstheorie und der Theorie die die Evolution von Technik beschreibt (Gutmann u. Weingarten 1998).

Wir wollen uns im Weiteren mit einem Konzept „evolutionärer Ökonomie" beschäftigen, bei dem die Entwicklung von Technik in der handlungstheoretischen Standardform an die ökonomische Entwicklung von „Firmen" angeschlossen wird. Um eine solche Nutzung evolutionsbiologischer Theorien zu ermöglichen müssen zunächst bestimmte Redevereinbarungen vorgenommen werden, als deren explikativer Hintergrund „die Evolutionstheorie" fungiert (Referenzautor ist dabei

[5] Als ein Beispiel aus der Innovationstheorie sei hier Reichert (1994) angeführt. Er postuliert drei Stufen von Evolutionstheorie:

> Auf der ersten Stufe befindet sich eine allgemeine Evolutionstheorie, die Prinzipien grundlegender Art und Hypothese über deren Zusammenwirken enthält. Die Minimalformulierung einer solchen Theorie würde etwa wie folgt aussehen. Die Prinzipien der Replikation und Variation führen bei metabolischen Systemen zu irreversiblen Prozessen, in denen sich Selektion zwangsläufig einstellt und zu einer Höherstrukturierung des Systems führt. (...) Gegenstand der Evolutionstheorien der zweiten Stufe ist ein konkreter Anwendungsfall. Die aus der allgemeinen Theorie übernommenen Prinzipien werden mit auf einen bestimmten Kontext bezogenen Informationen aufgefüllt. Der Anwendungsbereich wird spezifiziert, so daß nähere Angaben über die Art der Replikation, Variation und Selektion möglich sind. Evolutionstheorien dieses Typs finden sich vorzugsweise in den Sozialwissenschaften. (...) Auf der dritten Konkretisierungsstufe wären solche Theorien anzusiedeln, die über den Wissensstand der zweiten hinaus noch Gesetzmäßigkeiten enthaltene. So verfügt die biologische Evolutionstheorie mit der Genetik über einen gut entwickelten und geprüften Satz irreversibler statistischer Gesetze (Reichert 1994, 91).

Diese Stufen sollen so verstanden werden, dass Evolution – sozusagen an sich – ein allgemeines Phänomen sei, das dann hinsichtlich der Sachgehalte jeweils bereichsbezogen spezifiziert wird. Das methodologische Problem besteht einfach darin zu zeigen, dass „Evolution" nicht als schlichtes Homony auftritt; dass also die Worte „Selektion, Variation" etc. in allen Anwendungen wirklich *dieselben* Begriffe darstellen. Andernfalls müsste gezeigt werden, dass *tatsächlich* in allen Sachgebieten *evolutionstheoretische* Erklärungen gegeben werden können, die als *hinreichende* Erklärung der jeweiligen Sachverhalte gelten. Der Biologismus kann hier wohl nur durch Ausweitung des Geltungsbereiches von Evolutionstheorie überhaupt vermieden werden. Die methodologischen Konsequenzen sind allerdings absurd, wenn die Spezifikation auch nur auf andere *naturwissenschaftliche* Sachverhalte (etwa physikalische oder chemische) vorgenommen wird.

in der Regel Darwin). Die Struktur der (dann ökonomischen) Theorie müsste sich also an der Struktur der Darwinistischer Theorie messen lassen:

> Our use of the term „evolutionary theory" to describe our alternative to orthodoxy also requires some discussion. It is above all a signal that we have borrowed basic ideas from biology, thus exercising an option to which economists are entitled in perpetuity by virtue of the stimulus our predecessors Malthus provided to Darwin's thinking. (Nelson u. Winter 1982, 9)

Der historische Hinweis auf Malthus als einen wichtigen Anreger Darwins ist methodologisch deshalb von Interesse, als zu konzedieren ist, dass in die Grundlegung der Darwinschen Evolutionstheorie zumindest bestimmte Aspekte ökonomischer Theorien eingegangen sind. Dies deutet das Anfangsproblem biologischer Theoriebildung an, insofern in diese Anfänge regelmäßig (noch) nicht-biologisches Wissen eingeht. Umgekehrt ist für die Grundlegung nicht-biologischer Theorien zumindest zunächst kein biologisches Wissen nötig[6]. Die „Anleihe" betrifft vor allem zwei Aspekte von Evolutionstheorie, nämlich die *Gegenstände* und die *Mechanismen*:

(1) In einem ersten Schritt sind zunächst die Gegenstände der evolutionären Veränderung anzugeben. Als solche gelten Firmen, deren Aktionen[7] als Entscheidungen beschrieben werden. Diese Entscheidungen seien zwar an der Profit-Maximierung orientiert, jedoch wird der Zweck nicht notwendig über „Verhalten" realisiert, das üblicherweise als profitmaximierend gilt:

> The firms in our evolutionary theory will be treated as motivated by profit and engaged in search for ways to improve their profits, but their actions will not be assumed to be profit maximizing over well-defined and exogenously given choice sets. Our theory emphasizes the tendency for the most profitable firms to drive the less profitable ones out of business; however we do not focus our analysis on hypothetical states of „industry equilibrium", in which all the unprofitable firms no longer are in the industry and the profitable ones are at their desired size. (Nelson u. Winter 1982: 4)

Dies bedeute zugleich eine Abkehr von „orthodoxen" Vermutungen der Optimierung als Rationalitätskriterium von Entscheidungen (Nelson u. Winter 1982, 8). An die Stelle solcher Optimierungskriterien treten vielmehr *Routinen* in einem ganz allgemeinen Sinn des Wortes:

> Our general term for all regular and predictable behavioural patterns of firms is „routine". We use this term to include characteristics of firms that range from well-specified technical routines for producing things, through procedures for hiring and firing, ordering new inventory, or stepping up production of items in high demand to policies regarding investment, research and development (Ru.D), or advertising,

---

[6] Es stellt sich also schon hier der Verdacht des doppelten Metapherntransfers ein (Gutmann u. Weingarten 1998).

[7] Wir wollen hier das Wort Handlung vermeiden, um keine unnötigen Implikationen nahe zu legen.

> and business strategies about product diversification and overseas investment. (Nelson u. Winter 1982, 14)

Diese Routinen umfassen alle in Firmen auftretenden Aktionen also ausdrücklich auch die Produktionstechniken. Da hier ferner Verwaltung und Planung mit einbegriffen sind, kann das angestrebte evolutionäre Modell zugleich ein Modell für die Entwicklung eben dieser Techniken sein. Technikentwicklung würde also nicht zunächst am Kriterium der Mittelwahl-Rationalität orientiert sein, sondern müsste eben solche „irrationalen" Aspekte mitberücksichtigen, die in nicht-teleologischen Entwicklungstheorien, wie sie die Darwinsche zweifelsfrei darstellt, auftreten. Techniken spielen im Modell die Rolle von „Genen" (Nelson u. Winter 1982, 14).

(2) Neben den *Gegenständen* der evolutionären Betrachtung müssen auch die *Mechanismen* benannt werden. Hier tritt zunächst der Markt als Umgebung auf, die den „Erfolg" von Firmen hinsichtlich ihres Verhaltens zu bestimmen erlaube:

> Market environments provide a definition of success for business firms, and that definition is very closely related to their ability to survive and grow. Patterns of differential survival and growth in a population of firms can produce change in economic aggregates characterizing that population, even if the corresponding characteristics of individual firms are constant. (Nelson u. Winter 1982, 9)

Differentielle Reproduktion kann als Differenzierungskriterium der „fitness" wie in Darwinistischen Modellen angesetzt werden. Neben den Selektionsmechanismus tritt ein Mechanismus der *Veränderung*, welcher mit der Rolle von *Mutationen* in der Evolutionstheorie gleichgesetzt wird, nämlich die Routinen der „Suche" nach neuen Techniken:

> Our concept of search obviously is the counterpart of that of mutation in biological evolutionary theory. And our treatment of search as partly determined by the routines of the firms parallels the treatment in biological theory of mutation as being determined in part by the genetic makeup of the organism. (Nelson u. Winter 1982, 18)

Entwicklung von Techniken würde nun so vonstatten gehen, dass jene Techniken, die bei der Suche von Firmen zu - in der Selection-landscape - erfolgreichem Agieren führen, diejenigen sind, die – qua differentieller Reproduktion – weitergegeben werden:

> They (die Gene, MG) are a persistent feature of the organism and determine its possible behavior (though actual behavior is determined also by the environment); they are heritable in the sense that tomorrow's organisms generated from today's (for example, by building a new plant) have many of the same characteristics, and they are selectable in the sense that organisms with certain routines may do better than others, and, if so, their relative importance in the population (industry) is augmented over time. (Nelson u. Winter 1982, 14)

Vergleicht man diese Theoriestücke mit den Elementen der Darwinschen Evolutionstheorie so fallen allerdings zwei wesentliche Abweichungen auf:

(1) Evolution ist im vorgelegten Modell eigentlich nicht die Veränderung von Populationen sondern nur die Veränderung *einer* Population. In dieser Hinsicht gleicht die Modellierung spieltheoretischen Ansätzen (etwa Maynard Smith u. Szathmary 1996). Wenn wir die Routinen als die Strategien eines Evolutionsspieles verstehen, dann können wir die Veränderung der relativen Anteile einer Strategie innerhalb einer Population unter Bedingungen über die Zeit verfolgen (und „Vorhersagen" über mögliche Verläufe tätigen[8]). Damit ergeben sich folgende, für eine Evolutionstheorie – die eben nicht nur Selektionstheorie und in diesem Sinne nur Populationstheorie ist – relevanten Aspekte:

- a) Es muss von der Existenz von Strategien schon je ausgegangen werden. Verändert wird im Weiteren nur deren Anteil an den Strategien im Gesamt der Population. So kann zwar das Verschwinden von Strategien begründet werden, aber nicht deren Entstehung. Ein Hinweis darauf findet sich in der Einsicht Nelsons u. Winters, dass die Entstehung von Strategien (Techniken etc.) gerade *außerhalb* des ökonomischen Zusammenhanges stattfindet:

  > However, it is apparent that the intervention possibilities and search costs for firms in particular sectors change as a result of forces exogenous to the sector. Academic and governmental research certainly changed the search prospects for firms in the electronics and drug industries, as well as for aircraft and seed producers, In the simulation, the „topography" of new technologies was relatively even over time. (Nelson u. Winter 1982, 229)

  Die Einführung einer neuen Strategie hängt also im Besonderen an der Verfügbarkeit außerhalb des evolutionären Gegenstandes. Die Einführung kann dann gefolgt werden von weiteren Veränderungen, die aber eben nur solche der schon vorhandenen Strategie sind.
- b) Mit dem Verfehlen dieses Erklärungszieles hängt zusammen, dass auch über den *tatsächlichen* Verlauf bisheriger Technikentwicklung nichts mehr gesagt werden kann. Um die tatsächliche Evolution etwa von Tierstämmen beschreiben zu können, bedarf es nämlich über die Populationsgenetik hinausgehend auch noch morphologischen und paläontologischen Wissens. Ein Substitut dafür ist von Nelson u. Winter – wegen der Orientierung an populationsgenetischen Modellen – aber gar nicht vorgesehen.

(2) Zu den eher empirischen Einwänden gehört der Hinweis, dass kein mit einer Darwinistischen Evolutionstheorie kompatibler Reproduktionsmodus formuliert wird. Zu den wesentlichen Aspekten von Reproduktion gehört nicht nur die – vor allem durch Rekombination, weniger durch Mutation[9] – erzeugte Varianz, sondern deren *Heritabilität.* Genau diese aber ist auf der Ebene von Firmen nicht sinnvoll formulierbar. Dazu heißt es denn auch lapidar:

---

[8] Die Vorhersage muss hier verstanden werden als Prognose über mögliche Verläufe wiederum innerhalb einer Population. In der Tat gilt für jede Evolutionstheorie, dass sie als historische lediglich rekonstruktiven Charakter hat.

[9] Dies im Übrigen eingedenk der Tatsache, dass der Mutationsbegriff seit seiner Einführung auch innerhalb der Biowissenschaften keineswegs unumstritten ist.

> Whatever the merit of this distinction (zwischen „blind evolution" and „deliberate goal seeking", MG) in the context of biological evolution, it is unhelpful and distracting in the context of our theory of the business firm. It is neither difficult nor implausible to develop models of firm behavior that interweave „blind" and „deliberate" processes. Indeed, in human problem solving itself, both elements are involved and difficult to disentangle. Relatedly, our theory is unabashedly Lamarckian: it contemplates both the „inheritance" of acquired characteristics and the timely appearance of variation under the stimulus of adversity. (Nelson u. Winter 1982, 10)

Diese Einsicht zeigt aber, dass Evolutionstheorie, so wie sie zumindest von biologischer Seite sinnvoll als darwinistische[10] anzusprechen wäre, gar nicht die gesuchte (biologische) Modellgrundlage (für die ökonomische Theorie) abgibt[11].

Sehen wir von den eher biologischen Problemen ab, so liegt in dem Verfehlen des Erklärungsziels aber, dass das Modell nunmehr zur bloßen Metapher kollabiert. Das, was durch das Modell erreicht werden sollte, ist mit ihm nicht zu leisten. Umgekehrt aber und zugleich entstehen all die methodologischen Probleme, die sich mit der identifizierenden Verwendung der Metapher als eines Modelles *von* etwas (hier der ökonomischen Begründung der Entstehung neuer Techniken) verbinden (dazu Gutmann 1995).

4 Das Grunwald-Modell

Die beiden rekonstruierten Modelle vermieden nicht nur die Orientierung an der Zweckrationalität der Mittelverwendung; dies geschah unter Emphase der „natürlichen" Subjektautonomie im ersten, unter Löschung des Subjektbezuges im zweiten Fall. Vielmehr standen sie vor der Schwierigkeit, Entwicklung nicht als vollständig kontingent, und letztlich rekonstruktiv nicht beschreibbar abtun zu müssen. Wir wollen im letzten Schritt ein mögliches Modell zur Technikentwicklung diskutieren, das sich explizit an der Zweck–Mittel-Rationalität orientiert; unter Zweck–Mittel-Rationalität sei genauer die Mittelwahl-Rationalität handelnder Einzelner verstanden. Diese Einzelnen müssen zugleich als zwecksetzungsautonom aufgefasst werden (zu diesen und weiteren handlungstheoretischen Grundlagen s. Janich 2001). Beziehen wir „gestalten" auf das *Handeln* Einzelner, so wäre „gestalten" ein mehrstelliger Begriff, wobei die Standardform etwas wie folgt lautete:
„jemand gestaltet etwas bei Gebrauch bestimmter Mittel zu gesetzten Zwecken"

Nun ersetzen wir *gestalten* durch *verändern* und müssen ergänzend den Ausgangspunkt und den Zielpunkt der Veränderung durch die Zwecke angeben, die

---

[10] Nicht notwendig als *Darwinsche*; dazu Gutmann u. Weingarten (1999).

[11] Ironischerweise zeigen Nelson u. Winter damit sogar einen grundsätzlichen Mangel zumindest Darwinistischer Theorien. Dies findet sich nicht bei Darwin, der in der Tat eine Lamarckistische Vererbungstheorie ins Auge fasst (dazu Gutmann 1996; Gutmann u. Weingarten 1999).

für die Veränderungen am Gegenstand gesetzt werden. Gestaltung von Technik in der Form von Techniken kann direkt mit Hilfe des Zweck-Mittel-Schemas analysiert werden als Handeln Einzelner (s. zum entsprechenden Technikmodell Janich 1998). Dieses Handeln lässt es wegen der Orientierung an der Norm der Zweckrationalität, zu, Veränderung zu antizipieren, da mit der Explikation der Gestaltung in der gezeigten Form in Bezug auf ein ausgezeichnetes Verlaufswissen sowohl die Ergebnisse wie die Folgen des Handelns anzugeben wären. Technik würde so zum Gegenstand planenden Handelns, die Veränderung derselben zum Zweck:

> Planen besteht im sprachlich verfassten, vorbereitenden und zweckrationalen Auslegen von Zielsystemen bzw. dem Entwerfen von Handlungsgefügen. (Grunwald 2000, 67)

Das Instrument für die Bewältigung der Planungsaufgabe ist der Diskurs. Dieser steht unter Annahme gültigen – und damit in bestimmter Weise sicheren – Wissens, das es uns erlaubt, innerhalb des Diskurses Prognosen über die zu erwartenden Ergebnisse und Folgen des jeweils geplanten Verfahrens durchzuführen. Ein Planungsdiskurs besteht mindestens aus drei Teilen:

> 1. einem Diskurs über das Setzen der Zwecke und Ziele (...)
> 2. der Erarbeitung alternativer Optionen für Szenarien und Mittel, also möglicher Pläne, im Rahmen des zugelassenen Spektrums (...)
> 3. der Entscheidung zwischen alternativen Optionen (...). (Grunwald 2000, 126)

Geführt wird dieser Diskurs über die zu vollziehenden Handlungen mit dem Ziel der Entscheidungsherbeiführung über die nach Maßgabe bestimmten Wissens ausgezeichneten Optionen. In Anspruch genommen werden muss also nicht nur das explizite Verlaufswissen (dazu Lorenzen 1987). Dieses Verlaufswissen ist an Regelwissen gebunden, dass es uns erlaubt, Zweck-Mittel-Verhältnisse als „methodisches Kernstück" der Planung von Technik einzusetzen. Für solche technischen Regeln gilt allgemein:

> Als *technische Regel* sollen solche Sätze bezeichnet werden, die mit einem Allquantor in bestimmten Hinsichten (bzgl. der entsprechenden Versuche, der Situationen oder der Zeit) versehen werden können. (Grunwald 2000, 253)

Der Geltungsbereich der Regel wird über die „Relevanzaspekte" und die einschlägigen Situationsschemata bestimmt. Grunwald weist in diesem Zusammenhang darauf hin, dass zwischen Zwecken und Mitteln wohl eine pragmatische Relation bestehe (in dem Sinne, dass mit bestimmten Mitteln bestimmte Zwecke erreicht werden *können*); dass dieser Relation aber nicht schon analytisch besteht, bzw. analytisch aus der entsprechenden Beschreibung folgen darf. Ebenso können mehrere Zwecke mit demselben Mittel erreicht, als auch mehrere Mittel zu demselben Zweck gebraucht werden. Die Formulierung der technischen Regel scheint aber darauf angelegt, den Mittelbezug insofern zu eliminieren, als das Mittelwissen gleichsam unter die Relevanzaspekte der Geltungsbereiche subsumiert wird. Diese „Amedialisierung" der Zwecke wird erkauft durch die Bindung der technischen Regel an die Situationsdeutung. Es ergibt sich ein „Vollständigkeitsproblem":

> Denn es kann keine Garantie gegeben werden, jemals *alle relevanten* Situationsaspekte erfaßt zu haben. Die Hinreichendheit der technischen Regel zur Zweckerreichung ist also nicht absolut, sondern ebenfalls relativ zu verstehen, nämlich relativ zu der Bestimmung des Geltungsbereiches. Hier wird ersichtlich, daß die Einführung technischer Regeln die Möglichkeiten der Rationalität der Planung erweitert (...), aber ebenfalls *nicht auf eine ex ante Garantie des Planungserfolgs* führen kann. (Grunwald 2000, 254)

Es stellt sich damit die Frage, inwieweit bei der Referenz auf Zweck-Mittel-Wissen von den Mitteln wirklich abstrahiert werden darf. Das zugrunde liegende Problem besteht in der eigentümlichen Verbindung der Rede von Mitteln und von Zwecken. Es scheint sich hier nämlich bei genauerem Hinsehen um Relationsbegriffe dergestalt zu handeln, dass wir nicht sinnvoll über Zwecke sprechen können, ohne von Mitteln zu reden *et vice versa*. Die Unbestimmtheit der Zweck–Mittel-Relation könnte also letztlich von der Beschreibungsrelativität von Zwecken und Mitteln herrühren. Ist aber der Zusammenhang beider nur pragmatisch, so ist die Möglichkeit bedroht, technische Regeln dieser Art für die Rechtfertigung von Handlungsfolgen zu verwenden, die auf die Veränderung schon etablierter Zweck-Mittel-Verhältnisse zielen. Unabhängig aber von der Beantwortung dieser Frage ist der systematische Ort der Rede von Zwecken und Mitteln hier entscheidend. Denn offenkundig handelt es sich dabei schon um explizites und explizierbares Wissen, bei dem wir zwischen know-how und know-that – zumindest prinzipiell – unterscheiden können. Es handelt sich also schon um die *reflektierte* Form von „Wissen um". Dies drückt sich auch in der Bestimmung des methodischen Status des Planungsdiskurses aus:

> Eine philosophische Planungstheorie als Theorie der Planungsdiskurse ist dann in erster Linie eine Theorie des prädiskursiven Einverständnisses und präplanerischer Vereinbarungen für Planungsdiskurse: sie stellt die „Geschäftsordnung" für Planungsdiskurse bereit. In der Planungstheorie werden Regeln für Planungsdiskurse aufgedeckt, gerechtfertigt und normiert sowie den konkreten Planungsdiskursen methodisch vorgängige Unterscheidungen und Entscheidungen thematisiert und auf ihre Rationalität überprüft. Planungsdiskurse selbst werden in der Planungstheorie offenkundig nicht geführt, sondern sind das Medium der Planungspraxis. (Grunwald 2000, 128)

Hier sind mehrere Ebenen zu unterscheiden:

1. Die „philosophische Planungstheorie" ist – als oberste Abstraktionsebene – eine Theorie der Planungsdiskurse.
2. Die Aufgabe dieser Theorie besteht in einer kritischen Analyse *faktischer* Planungsdiskurse und einer Normierung qua „idealer" Planungsdiskurse. Die Letzteren können dann als Korrekturinstanzen der Ersteren in Anwendung gebracht werden.
3. Planungsdiskurse referieren ihrerseits auf präplanerische und -diskursive Einverständnisse, die in der Theorie thematisiert werden.
4. Diskurse sind die *Medien* der Praxis.

Aber Praxis ist hier nur als *Planungs*praxis gefasst. Der Bereich des Prädiskursiven und -planerischen erscheint also letztlich nur als jenes „immer schon", auf das die Instrumente der Plans (die Diskurse) sich beziehen. Verstehen wir unter Medium nur einfach *Mittel*, so stellt sich die Frage nach der Herkunft der *Zwecke*. Bedenken wir die Unbestimmtheit der Zweck-Mittel-Relation, so wäre es übereilt, hier wiederum Zweck-Mittel-Rationalität als Kriterium für das Auffinden der Zwecke in Anschlag zu bringen. Will man nicht vom Vorliegen von Zwecken sprechen und andererseits die Unterstellung immanenter Rationalisierung der „lebensweltlichen Verhältnisse" durch Substruktion von Zweck-Mittel-Rationalität vermeiden (also annehmen, dass diese schon durch Diskurse im Sinne der Zweck-Mittel-Rationalität geordnet seien, dass jene diesen unterlägen oder diese auf jene hin orientiert seien o.ä.), so könnte *umgekehrt* die Planungspraxis als – zumindest *ein* – Mittel der Artikulation der Praxis – nur eben nicht mehr *zunächst* der Planung – aufgefasst werden. Wir hätten es eher mit einem hermeneutischen Verhältnis von Lebenswelt und ihrer Reflexion (hier im Sinne der Planungstheorie) zu tun. Technik als *Gegenstand* der Planung, d.h. hier der Planung ihrer (zweck-)rationalen Veränderung müsste auf mindestens zwei Ebenen betrachtet werden. Neben der Reflexion menschlichen Tuns unter Zweck-Mittel-Beschreibung müsste eben dieses Tun selber näher untersucht werden. Eine solche Untersuchung müsste aber *Vollzug* – wie er lebensweltlich ausgemacht werden kann – und *Reflexion* dieses Vollzuges – wie er als Gegenstand der Theorie auftritt – nicht als getrennte Gegenstände auffassen, sondern vielmehr beide als Pole oder Momente eines Verhältnisses. Dies heißt bezogen auf Technik, dass diese im ersten Schritt nicht schon gegenständlich, wie es sich aus der Reflexion handelnder Vollzüge (die dann als explizites Mittelwissen auftreten) erst ergibt, in der handlungstheoretischen Standardform zu beschreiben wäre.

5 Grammatische Zwischenbetrachtung

Die drei Modelle haben sich an entscheidender Stelle als zu schwach oder als zu voraussetzungsreich erwiesen, wenn es darum ging, die anfänglich so einfach erscheinende Wendung von der „Gestaltung von Technik" zu erläutern. Weder scheint dieses Tun ganz und gar in ein freies unvermitteltes Bilden, noch in das planend-reflektierende Tun der Einzelnen aufzugehen. Doch auch die Auflösung des Subjektes in eine analogisierende Beziehung auf evolutionäre Vorgänge bot hier keine Alternative, so dass Technikgestaltung auch nicht einfach als quasinatürlicher, jedenfalls dem Tun der Einzelnen entzogener wiewohl es durchaus regierender Vorgang angesehen werden konnte. Nun hatten wir schon eingangs die Form der Rede als die „gegenständlicher Handlung" festgehalten. Und in der Tat scheint diese Redeform die Auslösung der Metapher nahe zu legen. Doch beruht diese Ähnlichkeit der Redeform bei genauerer Betrachtung auf einer „oberflächengrammatischen" Täuschung. Als Beispiel sei an dieser Stelle auf die Aussage „ich habe Schmerzen" verwiesen. Hier legt ja die Rede in gerade derselben Weise nahe, dass es da jemanden gibt, der „Etwas hat" und zwar zunächst in derselben Weise wie er Haare oder Beine „hat". Das Prädikat zeigt ein logisches Verhältnis an, das hier sinnvoller Weise gar nicht zugesprochen werden kann; genauer: die Rede vom „Haben von Schmerzen" zeigt metaphorisch einen Zustand an, der ebenso wenig sinnvoll dem Einzelnen als Habe zu attribuieren ist wie das „Haben eines Gedankens". Ohne hier schon eine Lösung zu präsentieren[12], müssen wir uns nun der Rede von „Technik" widmen, für die wir oben – als Alternative zur „gegenständlichen „ Rede – die Bestimmung als „Form menschlichen Tuns" angegeben hatten.

6 Technik als Form menschlichen Tuns und der Erwerb von Erfahrung

Zunächst kann mit Cassirer der eigentümliche Doppelcharakter von Technik festgestellt werden. Innerhalb der Philosophie der „symbolischen Formen" nimmt die Technik – ganz wie die Sprache auch – eine besondere Rolle ein. Sie fügen sich nämlich beide nicht einfach in die – mehr oder minder kanonische – Reihe der übrigen symbolischen Formen ein[13]. Ganz ähnlich wie die Sprache auch bildet Technik vielmehr zugleich *Gegenstand* wie *Form* der *Gegenstandsbildung*. Unter Technik wird weder nur der einfache Bezug auf ein Produkt, eine „forma formata" verstanden, noch ist sie nur im Lichte anderer symbolischer Formen wie etwa der Wissenschaft als eine Art angewandter Physik zu sehen. Um sich der Grundbestimmung menschlichen Tuns als Technik nähern zu können ist es vielmehr notwendig, die Form dieses Tuns als mittel- und werkzeuggestützt zu beschreiben. Gegenstände gelten hier immer nur als etwas insofern sie *zu etwas* bestimmt sind (Cassirer 1985:64). Auch Mittel sind eben solche funktionell definierten Gegenstände. Der Mensch kann daher als „tool-making animal" (Cassirer 1985:51) angesehen werden, was – trotz des *scheinbar* biologisierenden „animals" – gerade die besondere *Form* der *technischen* Wirkungsweise hervorhebt, die jede biologistische Ausdeutung grundsätzliche verbietet. Vielmehr stellt diese Art des Mittelgebrauches das Definiens für den Menschen (als nicht-Tier) dar:

> Denn der Abstand zwischen jeglichem noch so ungefügtem und unvollkommenen Werkzeug, dessen sich der Mensch bedient, und den höchsten Erzeugnissen und Errungenschaften technischen Schaffens mag in rein inhaltlicher Hinsicht noch so gewaltig erscheinen: er ist dennoch, wenn man lediglich das *Prinzip* des Handelns ins Auge faßt, nicht größer, sondern geringer als die Kluft, die die erste Erfindung

[12] Die übrigens strukturgleich der Weingartenschen Auflösung des Wahrnehmungsproblems ist (dazu Weingarten 1999); s. u.

[13] Die hier von Cassirer vorgenommene Aufzählung unterstreicht das Problem der Abgrenzung der symbolischen Formen sowie die Schwierigkeiten der Bestimmung ihrer Zahl (dazu Krois 1988). Allerdings könnte eine Lösung dieser Probleme im Rahmen eines methodisch verstandenen konstruktiven Programmes durch die Verbindung systematischer Geschlossenheit mit empirischer Offenheit gelingen. Immerhin böte das Konzept der „generischen Begriffsbildung" einen passenden Ausweg (dazu Gutmann 2002a).

> und den ersten Gebrauch des rohesten Werkzeugs vom bloß tierischen Verhalten trennt. (Cassirer 1985,61)

Die Differenz zwischen dem Werkzeugverwenden des Menschen und dem nicht-menschlichen Verhalten hängt nicht wesentlich an der wie auch immer zu denkenden *biologischen* Ausstattung des Menschen. Vielmehr ist es zunächst einfach der Bezug auf ein „Äußeres", auf Gegenstände die *zu etwas* verwendet werden, die als gegenständliche Mittel zwischen den Menschen und den eigentlich zu bearbeitenden Gegenstand treten sowie die dabei erzielten „Wirkungen"[14]. Unter Gegenständen sollen hier sowohl stoffliche wie nicht-stoffliche Gegenstände[15] verstanden werden, so dass der Gebrauch der Mittel, um die es hier zu tun ist, eben ganz ausdrücklich auch die Sprache umfasst. Damit ist von vornherein nicht die Verbindung von „eigentlichem" Gegenstand (dem zu bearbeitenden und dann als *Produkt* aus der Bearbeitung hervorgehenden) und dem „uneigentlichen" (dem Mittel, welches ja nur relativ zum Zweck der Bearbeitung ausgezeichnet wird) relevant. Durch eine solche Trennung der beiden Pole des gegenständlichen Verhältnisses würde die Wirkung der Mittel lediglich auf einen *einseitigen* Bezug auf vorgefundene und als Edukte des herstellenden Handelns anzusprechende Dinge reduziert. Hier soll aber gerade das eigentümliche, Wirkungen hervorbringende, und damit auch bestimmte Erfahrungen ermöglichende gegenseitige „Abarbeiten" der beiden Gegenstände (das Edukt und das Mittel) betrachtet werden. Die „Wirkung", die im Gebrauch *bestimmter* Gegenstände *als* Mittel auftritt, ist in einem doppelten Sinne „objektiv". Denn zum einen tritt sie in einer ganz genauen Hinsicht von dem die Wirkung abzweckenden Menschen unabhängig auf (aber dennoch reproduzierbar und im weitern auch kontrollierbar). Zum anderen ist sie eine Wirkung, die sich gegenständlicher Tätigkeit, dem Hantieren mit Gegenständen verdankt. Trotz der Bindung allererster Mittel an den Leib gilt hier:

> Das Werkzeug gehört nicht mehr, wie der Leib und seine Gliedmaßen, unmittelbar dem Menschen zu: es bedeutet ein von seinem unmittelbaren Dasein Abgelöstes – ein Etwas, das Bestand hat, einen Bestand, mit dem es selbst das Leben des Einzelmenschen weit überdauern kann. Aber dieses so bestimmte »Dingliche« und »Wirkliche« steht nun nicht nur für sich allein, sondern es ist wahrhaft wirklich nur in der *Wirkung*, die es auf anderes Sein ausübt. Diese selbst schließt sich ihm nicht bloß äußerlich an, sondern sie gehört zu seiner Wesensbestimmung. Die Anschauung eines bestimmten Werkzeuges – die Anschauung der Axt, des Hammers usw. – erschöpft sich niemals in der Anschauung eines Dinges mit besonderen Merkmalen, eines Stoffes, mit bestimmten Eigenschaften. Im Stoff wird hier vielmehr sein Gebrauch, in der »Materie« die Form der Wirksamkeit, die eigentümliche Funktion erschaut: und beides trennt sich voneinander nicht, sondern wird als eine unlösliche Einheit ergriffen und begriffen." (Cassirer 1985, 64)

---

[14] Dies verweist auf die Notwendigkeit der Rede von *gegenständlichen* Mitteln, denn zunächst sind es ja zwei Gegenstände die in funktioneller Weise miteinander verknüpft sind; dazu systematisch Hegel (1986).

[15] Es handelt sich also nicht um „Dinge". Mithin scheint die Verwendung von „Gegenstand" als Bezeichnung von *stofflichen* Gegenständen besonderer Form unglücklich (s. hier etwa Rohbeck 1993).

Erfahrungen werden also im Vollzug gegenständlicher Tätigkeiten gemacht und erworben. Wir können solche Tätigkeiten, bei deren Vollzug der Einzelne sich Mittel bedient (von denen hier zunächst nur die stofflichen im Blick sind) als „gegenständliches Tun" bezeichnen. Das dabei erworbene Wissen kann als Umgangswissen verstanden werden. D.h. es wird im Umgang mit den gebrauchten Mitteln erworben und immer wieder bereitgestellt. Diese „Wissen um" ergibt sich aus dem Gegeneinanderführen der Mittel und der zu bearbeitenden Materialien. Die an diesem *Verhältnis* gewonnen Erfahrungen sind *insofern* unabhängig von einer – wie auch immer näher zu bestimmenden – „externen" Realität, in der es vorgefundene und als Mittel schon bestimmte Dinge nach gesetzten Zwecken zu gebrauchen gälte. Vielmehr wird die Unterscheidung von Zweck und Mitteln überhaupt erst *im Zusammenhang* der gegenständlichen Tätigkeit entwickelt. Dieser Vorgang der immer weitergehenden Erarbeitung „objektiv kausaler" Verhältnisse verdeutlicht den über den jeweiligen Stand hinausgreifenden Charakter von Erfahrung:

> Aber diese Scheu (vor dem Werkzeug innerhalb kultischer Zusammenhänge als einem jener Gebiete der Genese der später rein funktionalen Relationen, MG) verliert sich, das mythische Dunkel, das das Werkzeug zunächst noch umgibt, lichtet sich allmählich in dem Maße, als der Mensch es nicht nur *gebraucht*, sondern als er es, in eben diesem Gebrauch selbst, fortdauernd *umbildet*. Mehr und mehr wird er sich jetzt als freier Herrscher im Reich der Werkzeuge bewußt: in der Macht des Werkzeugs gelangt er zugleich zu einer neuen Anschauung seiner selbst, als des Verwalters und Mehrers derselben. (Cassirer 1985, 66)

Dieser Erfahrungsvorgang, der weder an den Gegenständen als zu bearbeitenden Dingen, noch an den Mitteln, sondern vielmehr an dem *Verhältnis* beider sich vollzieht, stellt nicht nur einen direkten Bezug her zwischen dem Bearbeitenden und den Materialien der Bearbeitung, insofern er auf die zu erhaltenden Produkte und die zu deren Erzielung benötigten Mittel gerichtet bleibt. Die innerhalb des Gebrauches stattfindende Umbildung der Mittel verschiebt vielmehr die Herstellungsleistung auf die *Mittel*. Sie werden also zum Gegenstand des Tuns, und insofern kann nun von einem Übergang vom *Mittel* zum *Werkzeug* gesprochen werden. Jedoch ist diese Herstellung und Umbildung nicht mehr auf der Ebene des die Mittel nutzenden Einzelnen alleine beschreibbar. Schärfer formuliert, kann die *Reproduktion* der Mittel (als Werkzeuge nämlich) nicht wieder auf der Ebene der Mittel beschrieben werden Diese Reproduktion ist vielmehr eingebunden in und bezogen auf gemeinsames Tun und zwar in dem Sinn, dass die Werkzeuge nun ihrerseits zu Mitteln der Reproduktion dieses gemeinsamen Tuns werden. Wir wollen dies begrifflich dadurch abgrenzen, dass wir diese zum Zweck der Reproduktion gemeinsamen Tun auftretenden Mittel als *Medien* bezeichnen. Die Aspekte der Zirkulation und der Konsumption der Mittel sollen hier unberücksichtigt bleiben (dazu s. Gutmann 1999). Als vorläufige grammatische Kennzeichnung von Medien sei darauf hingewiesen, dass die Reproduktion gemeinsamer Tätigkeit *mit ihnen, durch sie* und *in ihnen* erfolgt:

1. Mit ihnen dadurch, dass der Einzelne handelnd Mittel als bestimmte Mittel zu Zwecken gebraucht.

2. Durch sie, insofern der Bezug auf Werkzeuge erst das Wissen erzeugt, das dann im weiteren als „know-how" und „know-that" unterschieden werden kann.
3. In ihnen, insofern der Gebrauch von Mitteln und Werkzeugen im Vollzug gemeinsamer Tätigkeit immer schon stattfindet, den Bezug des Einzelnen für die Zwecke und die Mittel seines Tuns bereitstellt.

Medien sind bezogen auf den einzelnen Handelnden *unhintergehbar*. Neben der Sprache kann vor allem die Technik in dem hier angezielten Sinn als Medium gelten.

7 Kultur als übergreifendes Allgemeines

Da das Verhältnis von Werkzeug und Mensch sich als konstitutiv erwiesen hat für das Verständnis dessen, was unter Technik als Form menschlichen Tuns aufzufassen ist, kann als Kriterium der Unterscheidung von Kultur und Natur nicht einfach auf die Menschenunabhängigkeit der letzteren hingewiesen werden, wie dies die Gehlensche Formel von der Kultur als umgebildeter Natur nahe legt. Natur und Kultur bilden die beiden Relate eines Verhältnisses, das wiederum auf eine Relation – nämlich zwischen Mensch und Werkzeug – bezogen ist[16]. Weder ein Vorbildverhältnis zwischen Natur und Technik ist mithin denkbar, noch die reine Plastizität der ersteren, die durch die technische Intervention aus dem Kulturellen heraus erst ihre Form gewönne – dies die konstruktive Verkürzung etwa bei Dingler (1969). Vielmehr scheint mit der Technik ein *grundsätzliches* Weltverhältnis etabliert zu sein, das es überhaupt erst ermöglicht, über Kultur wie Natur als aufeinander bezogene Gegenstände zu reden:

> Was die Instrumente der vollentwickelten Technik von den primitiven Werkzeugen trennt, ist eben dies, daß sie sich von dem Vorbild, das ihnen die Natur unmittelbar zu bieten vermag, freigemacht und gewissermaßen losgesagt haben. Erst auf Grund dieses »Lossagens« tritt das, was sie selbst zu sagen und zu leisten haben, tritt ihr selbständiger Sinn und ihre autonome Funktion vollständig zutage. (Cassirer 1985, 73)

Die „Emanzipation" vom „Vorbild" der Natur ist aber kein Vorgang, der seinen Anfang in der Natur nähme. Vielmehr erweist sich diese Art des Weltbezuges als autonom auch in dem Sinne, dass die Veränderung des Werkzeug-Mensch-Verhältnisses nur nach Maßgabe dieses Weltbezuges selber zu verstehen ist. Anders formuliert, sind es solche der *technischen* Handlungsweise *immanente* Kriterien, die deren Reproduktion (sowohl identische wie nicht-identische) ermöglichen und vorantreiben:

---

[16] Dass es sich dabei um intersubjektiv strukturierte symmetrische Anerkennungsverhältnisse handelt sei hier nur angedeutet (ausführlich dazu Gutmann 1999, Gutmann u. Weingarten 2001); die Subjekt–Objekt-Relation wird so jedenfalls als *asymmetrische* Version eines intersubjektiven Verhältnisses fassbar.

> Als das Grundprinzip, das die gesamte Entwicklung des modernen Maschinenbaus beherrscht, hat man den Umstand bezeichnet, daß die Maschine nicht mehr die Handarbeit oder gar die Natur nachzuahmen sucht, sondern daß sie bestrebt ist, die Aufgabe mit ihren eigenen, von den natürlichen oft völlig verschiedenen Mitteln zu lösen. Mit diesem Prinzip (dem Grundprinzip technischen Handelns, MG) und seiner immer schärferen Durchführung hat die Technik erst ihre eigentliche Mündigkeit erlangt. Jetzt richtet sie eine neue Ordnung auf, die nicht in Anlehnung an die Natur, sondern nicht selten in bewußtem Gegensatz zu ihr gefunden wird. Die Entdeckung des neuen Werkzeugs stellt eine Umbildung, eine Revolution der bisherigen Wirkungs*art*, des Modus der Arbeit selbst, dar. So wurde, wie man betont hat, mit der Nähmaschine zugleich eine neue Nähweise, mit dem Walzwerk eine neue Schmiedeweise erfunden – und auch das Flugproblem konnte erst endgültig gelöst werden, als das technische Denken sich von dem Vorbild des Vogelfluges freimachte und das Prinzip des bewegten Flügels verließ (...). (Cassirer 1985, 73f)

Doch ist diese Entgegensetzung von Technik und mit ihr von Kultur und Natur nur scheinbar; bedenkt man nämlich, dass Natur hier verstanden worden ist als eine Bestimmung, die schon den *konstitutiven Mittel- und Werkzeugbezug enthielt*[17], so muss konzediert werden, dass die *Entwicklung* nicht eine solche von Natur zur Kultur ist, sondern vielmehr von Kultur(Natur1) zu Kultur(Natur2). Der Index zeigt dabei an, dass die Rede von Natur über die jeweils verlassene Produktionsform bestimmt wurde (näheres dazu s. Gutmann 2002b). Die wirkliche Revolution in der Umformung der Herstellungs*art* besteht also genau genommen darin, dass als *Natur* auf dem Stand der neu entwickelten Kulturverhältnisse jene Elemente gelten können, die sich von der verlassenen Produktionsform her erhalten haben. Die Rede von der Reflexion (zwischen Natur und Kultur in und durch Technik) ist hier gerechtfertigt mit dem Verweis darauf, dass das, was als Natur *innerhalb* kultureller Zusammenhänge auftaucht, gerade jene „abgelegten Gestalten" sind, als deren wahre Entfaltung und Vollendung wir die jeweils erreichten Formen der Kultur verstehen. Insofern beleuchtet in der Tat in der Form eines regelrecht metaphorischen Rückbezuges die als „Technik" der Natur entgegen gesetzte Handlungsform eben das als Natur geltende[18]. Das Wort „Kultur" er-

---

[17] Dies gilt gerade mit Verweis auf den Vogelflügel; denn dieser ist im strengen Sinne überhaupt nur *als etwas* bestimmt indem er *zu etwas* bestimmt ist. Diese funktionelle Beschreibung und Strukturierung desselben kann aber zum einen wieder nur durch Bezug auf den Menschen und dessen Leistungen (als leibliche) wie zum anderen auf technische Artefakte gelingen.

[18] Dieses Verhältnis lässt sich mit König als eine Art rückwärtige Aufhebung des gesetzten Anfanges begreifen:

> Die Rückwirkung *degradiert* somit in gewisser Weise den Anfang und das Prinzip zu einem *auch* Folgenden und Prinzipiierten. Der Bereich des dem Sinnfälligen zugewandten nicht-metaphorischen Sprechens ist gleichsam die *Eins* zu dem Bereich des ihm *folgenden* metaphorischen Sprechens als der Reihe der übrigen Zahlen. Die unterirdische Rückwirkung degradiert diese Eins zu einer Zahlenreihe, als *deren* Eins nun umgekehrt der Bereich des metaphorischen Sprechens angesehen werden *könnte, wenn nicht* unverrückbar bliebe, daß der Bereich des Sinnfälligen der Zeit nach der Anfang ist. Es ist dies ein Verhältnis, das die Erinnerung an den Gedanken von Novalis wachruft: daß das Äußere ein in Geheimniszustand erhobenes Inneres ist. (...). (König 1994a, S 175).

scheint hier also zweimal; einmal als Bezeichnung eines auf Werkzeugverwendung bezogenen Verhältnisses (von Kultur und Natur) und einmal als „übergreifendes Allgemeines" insofern dieses Verhältnis selber als sich entwickelndes begriffen werden muss (dazu Gutmann u. Weingarten 2001).

8 Veränderung von Technik als Entwicklung vermittelter Selbst-Verhältnisse

Die bisherigen Überlegungen betrachteten die Mensch-Werkzeug-Relation nur von einer Seite, nämlich der Beziehung auf Gegenstände. Die andere Seite dieser Relation besteht aber gerade in der Bildung des sich in Vereinzelung als zwecksetzendes und realisierendes verstehenden Ichs. Ebenso wie die Natur der beständigen gegenständlichen Veränderung unterworfen ist[19], durch die Veränderung der technischen Handlungsform, sosehr gilt dies auch für das Subjekt:

> Seine eigene Physis ergreift und begreift er nur im Reflex des von ihm Gewirkten – die Art der mittelbaren Werkzeuge, die er sich gebildet hat, erschließt ihm die Kenntnis der Gesetze, die den Aufbau seine Körpers und die physiologische Leistung seiner einzelnen Gliedmaßen beherrschen. Aber auch damit ist die eigentliche und tiefste Bedeutung der „Organ-Projektion" noch nicht erschöpft. Sie tritt vielmehr erst hervor, wenn man erwägt, daß auch hier dem fortschreitenden Wissen um die eigene leibliche Organisation ein geistiger Vorgang parallel geht; daß der Mensch vermittelst dieses Wissens erst zu sich selbst, zu seinem Selbstbewußtsein gelangt. Jedes neue Werkzeug, das der Mensch findet, bedeutet demgemäß einen neuen Schritt, nicht nur zur Formung der Außenwelt, sondern zur Formierung seines Selbstbewußtseins. (Cassirer 1987, 257f)

Doch scheint gerade jene Selbstvergewisserung durch das Tun und in der Art des Tuns von einer, der „objektiven" parallelen „subjektiven" Abstraktion bedroht. Denn in eben dem Maß, in dem die Gegenstände, die dem Verhältnis von Mensch und Werkzeug entspringen, sich entwickeln, scheint auch der Bezug auf sich selber durch sie hindurch immer vermittelter, immer „abstrakter" zu werden. Diese Abstraktion ist allerdings nur insofern als eine Entfernung vom verlassenen Zustand aufzufassen, als sie eben jenen Entwicklungsschritt zur (jeweils) neuen Herstellungs*art* bezeichnet. Es ergibt sich durch diese Veränderung eine weitere Relation die jener von Natur(Kultur) zu Kultur(Natur)[20] entspricht. Bezeichnet

Ein Anfang ist zunächst und vor allem ein solcher *von und für etwas*. Nach dessen Realisierung relativiert er sich zu einem *möglichen* und gibt damit auch das Resultat selber als möglichen Anfang weiterer Reihen wieder frei.

[19] Dies zeigte sich in der fortwährenden Erzeugung von Naturbildern nach dem Stand der Entfaltung der Produktionsverhältnisse; *auf der Ebene der einzelnen Subjekte* nach dem Stand der jeweiligen „Technik".

[20] Die Klammern sind wie folgt aufzulösen: es wird eine Entwicklungsreihe vorgestellt, die von einem bestimmten Zustand her (dieser erscheint damit als Natur, obgleich er selber schon je Kultur war, daher diese in Klammer) zu einem neuen Zustand führt, der seiner-

man den verlassenen Zustand der (im Rückbezug) Natur(Kultur) als den Bereich der Wirklichkeit (im Sinne des bisher Verwirklichten) so ist das Realisierte, die Kultur(Natur) als *Möglichkeit* anzusprechen. Diese Möglichkeit ist aber keine abstrakte, gleichsam *bloße* Möglichkeit sondern *konkret*, insofern sie die in der jeweiligen Wirklichkeit (also der Natur(Kultur) als Ausgangspunkt der Umbildung) gesehene Möglichkeit darstellt. Die Form des technischen Handelns führt also im erreichten Zustand durch die Anzeige jeweils weiterer eben nicht oder noch nicht realisierter Möglichkeiten über sich hinaus:

> Dieses innere Wachstum erfolgt nicht einfach unter der ständigen Leitung, unter der Vorschrift und Vormundschaft des Wirklichen; sondern es verlangt, daß wir ständig vom »Wirklichen« in ein Reich des »Möglichen« zurückgehen und das Wirkliche selbst unter dem Bilde des Möglichen erblicken. Die Gewinnung dieses Blick- und Richtpunkts bedeutet, in rein theoretischer Hinsicht, vielleicht die größte und denkwürdigste Leistung der Technik. Mitten im Umkreis des Notwendigen stehend und in der Anschauung des Notwendigen verharrend, entdeckt sie einen Umkreis freier Möglichkeiten. Diesen haftet keinerlei Unbestimmtheit an, sondern sie treten dem Denken als etwas durchaus Objektives entgegen. Die Technik fragt nicht in erster Linie nach dem, was *ist*, sondern nach dem, was sein *kann*. Aber dieses »Können« selbst bezeichnet keine bloße Annahme oder Mutmaßung, sondern es drückt sich in ihm eine assertorische Behauptung und eine assertorische Gewißheit aus – eine Gewißheit, deren letzte Beglaubigung freilich nicht in bloßen *Urteilen*, sondern im Herausstellen und Produzieren bestimmter *Gebilde* zu suchen ist. (Cassirer 1985, 81)

Da aber auch Zwecke – die es unter Mitteleinsatz zu verwirklichen gilt – die sich dem Bezug auf ein Wirkliches (also schon Verwirklichtes) verdanken, zeigt sich nun, dass eben jene Zwecke – die als „Entschluss" des Subjektes gedeutet werden können und diesem als Ausweis seiner Zwecksetzungsautonomie zu gelten haben – erst in Bezug auf (verwirklichte) *Mittel* bestimmt werden. Zwecke werden im Tun *entdeckt*:

> In diesem Sinne hat jede wahrhaft originelle technische Leistung den Charakter des Ent-Deckens als eines Auf-Deckens: es wird damit ein an sich bestehender Sachverhalt aus der Region des Möglichen gewissermaßen herausgezogen und in die des Wirklichen verpflanzt. Der Techniker ist hierin ein Ebenbild jenes Wirkens, das Leibniz in seiner Metaphysik dem göttlichen »Demiurgen« zuspricht, der nicht die Wesenheiten oder Möglichkeiten der Gegenstände selbst erschafft, sondern unter den vorhandenen, an sich bestehenden Möglichkeiten nur eine, und die vollkommenste, auswählt. So belehrt uns die Technik fort und fort darüber, dass der Umkreis des »Objektiven«, des durch feste und allgemeine Gesetze Bestimmten, keineswegs mit dem Umkreis des Vorhandenen, des Sinnlich-Verwirklichten zusammenfällt (...). (Cassirer 1985, 81f)

Der Abstraktion als Ausgang vom je Verwirklichten zum noch nicht Verwirklichten ist somit zugleich auch immer Antizipation des „Sein-Könnens". Fasst man diesen Zusammenhang der Zweckverwirklichung und Entdeckung aber nur als Realisierung von Zwecken, ohne den Rückbezug auf das je Vorhergehende

---

seits als kultureller aufzufassen ist (und da er das Ergebnis der Entwicklung von der scheinbaren Natur her ist, war hier dieselbe in Klammern anzeigt).

selber als Bezug auf ein ebenfalls schon Vermitteltes aufzufassen, so wird der Schein erzeugt, diese zunehmende „Abstraktion" hebe vom *unmittelbar* erlebbaren Zusammenhang von Zwecken und Mitteln an und führte nun wenigstens auf der subjektiven Seite der Werkzeug-Mensch-Relation zu einer „selbständigen" und verselbständigten Gegenständlichkeit. Dieses von Simmel als „Tragödie der Kultur" angesprochene Entfremdungsgeschehen folgte so direkt aus dem angezeigten Verstehen von Technik; und in eben dieser Hinsicht bewahrheitete sich schließlich jene Tendenz, die Gehlen mit dem *Unnatürlichen* der Technik bezeichnete. Diese Deutung ergibt sich aber nur dann, wenn technisches Handeln und dessen Ergebnisse als *Entfremdung* verstanden werden. Lassen wir es zunächst als *Entäußerung* gelten, so kann die Rede von Natur als Natur(Kultur) als Anzeige eben jener „Entäußerung" des kulturellen Wesens Mensch aufgefasst werden. Zur *Entfremdung* würde sie nur, wenn *zugleich* vorausgesetzt werden könnte, dass es einen Zustand gegeben habe, der als wahrer Ursprungszustand nicht-entfremdet den Menschen sozusagen in der ihm angemessenen Form der direkten oder unvermittelten Erfahrung darzustellen erlaubte[21]. Lässt man diese Voraussetzung als Missverstehen technischen Handelns fallen, so kann die Kritik am „Unnatürlichen" der Technik nur hinsichtlich der Zwecke formuliert werden, denen technisches Handeln zu dienen habe. Und hier gilt dann allerdings:

> Sowenig die Technik, aus sich und ihrem eigenen Kreis heraus, unmittelbar ethische Werte erschaffen kann, sowenig besteht eine Entfremdung und ein Widerstreit zwischen diesen Werten und ihrer spezifischen Richtung und Grundgesinnung. Denn die Technik steht unter der Herrschaft des »Sachdienstgedankens«, unter dem Ideal einer Solidarität der Arbeit, in der zuletzt alle für einen und einer für alle wirkt. Sie schafft, noch vor der wahrhaft freien Willensgemeinschaft, eine Art von Schicksalsgemeinschaft zwischen all denen die an ihrem Werke tätig sind. (Cassirer 1985,89)

Die *Bewertung* von Technik – etwa im ethischen Verstande – bliebe dieser äußerlich, insofern jene nicht (gleichsam außermoralisch) zunächst als Form menschlichen Wirkens verstanden und anerkannt wird. Jedoch ist dieser Bezug von Technik auf Zwecke – und mithin auf Sachdienstbarkeit" – gerade kein ihr externer. Indem im technischen Handeln sich der Mensch als wirkliches und verwirklichtes Wesen weiß, muss der reflexive Rückbezug, den wir oben als „subjektive" *intentio obliqua* anzeigten, auf das was und wie es getan wird, als konstitutives Moment seiner Selbstbildung begriffen werden:

> Soll dieser Gedanke sich wahrhaft auswirken, so ist freilich erforderlich, daß er mehr und mehr seinen impliziten Sinn in einen expliziten verwandelt: daß das, was im technischen Sinn *geschieht*, in seiner Grundrichtung erkannt und verstanden, daß es ins geistige und sittliche *Bewußtsein* erhoben wird. Erst in dem Maße, als dies geschieht, wird Technik sich nicht nur als Bezwingerin der Naturgewalten, sondern als Bezwingerin der chaotischen Kräfte im Menschen selbst erweisen. (Cassirer 1985, 89)

[21] Methodologisch bedeutet dies eine (unzulässige) Umkehrung der Rekonstruktions- in die Konstitutionsreihenfolge.

Die Form technischen Handelns also ist es, die den Menschen zu dem macht, was er ist. Damit kann auch die Rede vom Mensch als Naturwesen nur aufgefasst werden als eine Rede über die Natur(Kultur) des Menschen, die jener in seiner Kultur(Natur) verwirklichte. Wirkliche Befreiung zielte also weder auf die Lösung von der Form technischen Handelns noch auf die von den, an seine konkreten Erscheinungen herangetragenen Zwecke. Erst indem der Mensch als das in seiner Arbeit sich reproduktiv verwirklichende Wesen begriffen ist, kann auch die Herrschaft über „Natur" zunächst und vor allem als die Verfügung über sich selbst angesehen werden. Dieses doppelte Verhältnis, zum einen das Verhältnis des Menschen zu sich selber (in Gemeinwesen nämlich) und zum anderen das Verhältnis des Menschen (in Gemeinwesen) zur Umgebung (der schon gestaltet vorgefundenen Natur(Kultur)) ist also gemeint, wenn von der Gestaltung der Produktions- und Reproduktionsverhältnisse menschlicher Gemeinwesen die Rede ist. Wenn wir also von der „Gestaltung von Technik" reden, so ist damit allererst ein „vermitteltes Selbstverhältnis" angezeigt. Ein vermitteltes Verhältnis ist es, weil es die tätige Beziehung des Menschen zu seinen Mitteln betrifft. Reflexiv ist es, weil der Mensch sich – qua Mittel – auf sich selber bezieht. Dieses Verhältnis und seine immanente Veränderung sind mit der Rede von der Gestaltung von Technik gemeint. Übersieht man diesen Rück-Bezug, so entsteht in der Tat der Eindruck eines gegenständlichen Verhältnisses – wie wir es zum Ausgang unserer Untersuchung genommen hatten[22].

9 Vollzug versus Reflexion und die Doppelläufigkeit menschlichen Tuns

Die Rücknahme der Differenz von Subjekt und Objekt in die Zweck-Mittel-Relation sowie die Erweiterung der einfachen Nutzung oder Verwendung von Mitteln zur Reproduktion derselben als Werkzeuge hat den konstitutiven Bezug auf gemeinsames Tun verdeutlicht. Dabei blieb aber dieses gemeinsame Tun selber wiederum nur abstrakter Hintergrund. Erweitern wir unsere Betrachtung, so können wir die Rede vom Erfahren als einem umgänglichen Wissen wieder aufnehmen. Dies ist genauer zu bestimmen als ein Wissen im werktätigen Lebensverkehr, dem das „wissen wie" und das „wissen dass" eben noch nicht auseinander fallen:

> Geht man dagegen, wie wir's, Nietzsches Hinweis folgend, taten, von dem leibhaftigen Leben aus, so ist das Erste, was bei der Verbundenheit in Betracht kommt, nicht die ideelle Beziehung von Subjekt und Objekt, sondern der reale Bezug, da die ursprüngliche Verbundenheit der Lebewesen miteinander und mit der Umwelt den ganzen Zusammenhang des Lebensverhaltens ausmacht, wie ich das darzulegen versuchte an der Gegenseitigkeit von Ausdruck und Verständnis u. s. f. im gemein-

[22] Wir können dieses Verhältnis auch als „Entwicklungsverhältnis" bezeichnen; eine solche Rekonstruktion s. Gutmann (1999).

> schaftlichen werktätigen Lebensverkehr. Sonach geht dem Ich das Wir voran. (Misch 1994, S 259.)

Lässt man die biologisierenden Tendenzen bei Misch als *Metapher* für die Beschreibung des noch Ungeschiedenen gelten, so sind dem werktätigen Lebensverkehr weder Subjekte noch Objekte unterschieden noch vorhanden. Wie bei Cassirer können wir auch hier zurückgehen auf die „interindividuellen" Elemente der Partizipation, die in die (dann allerdings erkenntnistheoretisch, juristisch oder gesellschaftstheoretisch relevanten) Rollen von Subjekt oder Person noch nicht bestimmt sind.

9.1 Reflexion als Reflexion im Vollzug

Im Vollzug des werktätigen Verkehres scheint endlich eine Ebene des Unmittelbaren, des Nicht-Vermittelten oder Ursprünglichen erreicht zu sein. Die Rede von der Ungeschiedenheit sowohl nach der Seite subjektiver wie objektiver Bestimmungen legt dies in der Tat nahe. Dabei zielt Misch in der Weiterführung auf eine grundsätzliche Analogie, die das Wort „Leben" als Vollzug gleichsam fundamental werden lässt:

> Und dies Vorangehen des Wir besagt nicht etwa bloß, daß ein gemeinsames Subjekt, ein Verbandssubjekt vor das vereinzelte Ich-Subjekt träte, als ob wir nur den Pluralis an die Stelle des Singular der Pronomina Personalia setzten, sondern das wir bedeutet hier in der Schichtung des leibhaften Lebensverhaltens überhaupt nichts von Subjekt, Subjekt gegenüber von Objekt, es bedeutet die Aktionszentren des Verhaltens im Hinblick auf ihre gemeinschaftlichen Ausdrucks-, Benehmens- und Verständigungsformen hin, die selber wiederum unabtrennbar sind von der gemeinschaftlichen Umwelt, von der durch Ausdruck und Tun sich gestaltenden Struktur der Welt, in der die betreffende Tierart lebt. Denn zu jeder Gattung von Lebewesen gehört ja eine artverschiedene Umwelt, die `Merkwelt´, wie v. Uexküll dafür sagte, die dem Vitalsystem der betreffenden Tierart entspricht. (Misch 1994, 259)

Interpretiert man die Nutzung der Uexküllschen Organismustheorie[23] als metaphorische Beschreibung für die Bestimmung dessen, was als gemeinsames Tun dem „Leben" des Menschen entspricht, so ist es eben nicht die Unvermitteltheit der „Umwelt" als vielmehr das *Analogon* zur Merkwelt/Wirkwelt-Unterscheidung. Dann kann allerdings der werktätige Verkehr nicht unvermittelt sein, womit auch der „Ausdruck" nicht ohne diese Vermittlung zu denken ist. In der Tat weist nämlich die Verwendung des *Ausdrucks* in seinen zwei Formen auf die Nähe dieser Bestimmung zu der des Mittels hin, da sowohl „etwas ausgedrückt wird" als auch „ich etwas ausdrücke". Ausdruck *von* etwas und Ausdruck *für* etwas so könnte

---

23 Dies wäre eine Rekonstruktion, wie sie der Verwendung biologischer Beschreibungen bei König entspräche; systematisch ist die Analogie allerdings kaum zu retten. Zu den mit der Uexküllschen Organismustheorie verbundenen methodologischen Probleme s. Gutmann (2001).

man diese Unterscheidung aufnehmen und damit zugleich die Rede von „subjektiv" und „objektiv" vermeiden sind nur dann *unmittelbar* aufeinander bezogen, wenn der Vollzug eines wie auch immer gearteten Tuns selber ein unvermittelter ist[24]. Auf der Ebene des Einzelnen mag dies so erscheinen. D.h. wenn von der Tätigkeit eines Einzelnen die Rede ist, so kann der Vollzug von Tätigkeiten als unmittelbar, die Mittel als vorgefunden und die Zwecke als gegeben angenommen werden, was aber gerade nicht gilt, wenn diese Tätigkeiten konstitutiv auf gemeinsames Tun bezogen sind (und dies deutet Misch gerade durch die Rede von den „Ausdrucks-, Benehmens- und Verständigungsformen" an, die ja durch das dem „Ich" vorgängige „Wir" erst bereitstehen). Im Vollzug als einem auf gemeinsames Tun bezogenen Tun von Einzelnen wäre von Reflexivität zu reden, und zwar in beiden Bedeutungen des Wortes. Zunächst bezöge sich der Einzelne in der Nutzung von stofflichen wie nicht-stofflichen Mitteln durch diese auf anderes. Das „Ich" bezöge sich im „Wir" auf das „Du"; und vermittelst des „Du" auf sich selber. Wird dieser „vermittelte *Selbstbezug*" im Medium des Denkens vollzogen, so kann auch die zweite Bedeutung von Reflexion – als mittelspezifizierte nämlich – hier angeführt werden. Reflexion ist hier also die Reflexion des eigenen Verhaltens als auf anderes Verhalten bezogenes und zugleich der Bezug der Mittel aufeinander und auf Zwecke. Damit aber ist das Erfahren, welches im Vollzug von Tätigkeiten an diesen und durch diese zustande kommt *vermitteltes* Erfahren wiewohl nicht notwendig ein Erfahren *der Vermittlung*. Reflexion ist dem Vollzug eben nicht fremd sondern als Reflexion *im* Vollzug ein Element desselben, das ihm eben qua Vermittlung zukommt. Folgen wir den Überlegungen Mischs insofern, als das „Ich" sich erst im „Wir" ergibt, so bestimmt sich der Vollzug und die Reflexion im Vollzug als Bezug des tätigen Einzelnen auf gemeinsames Tun. Dieses Tun war aber unseren Überlegungen folgend gerade nicht homogenes ungeschiedenes „Vorhandenes", sondern vielmehr jenes gemeinsame werktätige Tun innerhalb dessen sich die Differenz der Verwendung stofflicher und nichtstofflicher Mittel und deren Reproduktion überhaupt ergab. Erfahren des Vollzuges sowie der Reflexion im Vollzug bezeichnet damit die Ebene der Konstitution des gegenständlichen Erfahrens überhaupt, ein im werktätigen Lebensverkehr sich erst differenzierendes Tun des Einzelnen. Erfahren lässt sich damit weiterführend auf der Ebene des Einzelnen als „Widerfahren" beschreiben. In diesem Sinne „widerfährt" dem Einzelnen, als mittelbezogenes Tun Vollziehenden und im Vollzug Reflektierenden, im und am gemeinsamen Tun etwas.

9.2 Reflexion als Reflexion des Vollzuges

Das Wissen, welches im werktätigen Lebensverkehr erschien, hatte sich uns nun genauer bestimmt als reflektierter Vollzug, d.h. ein *Tun* des Einzelnen im konstitutiven Bezug auf gemeinsames Tun unter Nutzung eben dessen, was an Mitteln –

[24] Unabhängig von der tatsächlichen Mittelvergessenheit, die sich hier zu dokumentieren scheint, ist die „Universalität des Ausdrucks" eben nur durch die Mittelbezogenheit überhaupt zu gewährleisten.

gleich welcher Art – verfügbar war. Vom Einzelnen aus gesehen konnte der Vollzug als eine Ausführung des eigenen Tuns dergestalt gelten, dass an ihm ein „wissen wie" und ein „wissen dass" unterscheidbar wurde. Erfahren bedeutete also *innerhalb* des Vollzuges ein „immer-wieder-realisieren-können" von Mittel-Verhältnissen. Reflexion war auf Vollzug bezogene Reflexion im Vollzug und ihr verdankt sich auch die Möglichkeit der Unterscheidung von *besserer* oder *schlechterer* Mittelwahl bei gesetztem Zweck. Dies ist eine Form der Reflexion die wir als Vollzugs-Reflexion bezeichnen können. In bestimmter Weise anders ist die Rede von Reflexion in dem Moment, da der Vollzug (als reflektierter Vollzug) selber zum Gegenstand der Reflexion wird; diese „höherstufige" Reflexion soll als *Reflexion des Vollzuges* gelten und in ihr wird der Unterschied von „wissen dass" und „wissen wie" zu einem geltenden Unterschied. Während nämlich auf der Ebene des werktätigen Wissens, innerhalb des Vollzuges, das was im einen Herstellungsschritt als Mittel und als Zweck auftreten konnte als das Gegebene und das Gesetzte fest bestimmt waren, ändert sich dieses „feste" gleichsam „dingliche" Verhältnis, wird der Vollzug zum Reflexions-Gegenstand. Hier wäre etwa an „Störungen" der üblichen Zweck-Mittel-Verhältnisse innerhalb des werktätigen Umganges und seinem Vollzug zu denken. Die Störung dessen, was „bisher immer", also „nachvollziehbar" möglich war, schließlich die Veränderung dieser Verhältnisse können Anlässe solcher Reflexion sein.

9.3 Teilnahme und Beobachtung in der Reflexion des Vollzuges

Erfahren stellt sich uns im Rahmen der bisherigen Unterscheidung als doppelt reflektiert dar. Der *Vollzug* einer Tätigkeit ist für den Einzelnen insofern unhintergehbar, als der Vollzug mitsamt der Reflexion im Vollzug durch die Reflexion *des* Vollzuges nicht ersetzbar ist. Damit ist nicht einfach die Beobachtung mit der Reflexion und die Teilnahme mit dem Vollzug zu identifizieren. Der Unterscheid ist vielmehr ein *funktionaler*. Dies wird deutlich, wenden wir uns wiederum dem Mittelaspekt des Erfahrens zu. Da Handeln wie Verhalten als vermittelt, als mittelbezogen sich erweisen, muss auch innerhalb von Handlungsbezügen, d.h. ohne Verweis auf begleitende Reflexion des Vollzuges die Kontrolle des Gelingens der jeweiligen Interaktion möglich sein. Hierbei ist die Unterscheidung von Beobachtung und Teilnahme relevant. Dies können wir wieder an dem von König diskutierten Beispiel des „Wahrnehmens" aufzeigen. Hierbei ist es nicht vorrangig, wie dieses Wahrnehmen selber zustande kommt (Weingarten (1999), als vielmehr, wie das Wahrgenommene *in der* und *durch die* Vermittlung zum Erfahren des Wahrgenommenen und zugleich damit des Wahrnehmenden führt. Es zeigt sich nämlich nicht der Bezug *intentione recta* auf das „Wahrnehmungsobjekt" als verstehenskonstitutiv hinsichtlich der Mittel der Wahrnehmung, sondern vielmehr der Bezug auf das Verhalten des Gegenübers:

> Daß der Andere verstanden hat, was wir zu ihm sagen, geht uns auf an seinem *Verhalten*, nämlich dann, wenn er sich *entsprechend verhält.* (...) Und der Gedanken, den ich hier einführen möchte, ist nun der, daß auch *wir selber* (mit „wir" meine ich

> die jeweils *zu einem Anderen* etwas sagenden) nur verstehen, was wir zum Partner sagen, insofern uns daran, daß er sich entsprechend verhält, aufgeht, daß *er* versteht was wir zu ihm sagen. Darin liegt weiter der Gedanke, daß uns selber allererst aufgeht, *was* wir da zu jemandem sagen, und ineins damit, *daß* wir da *überhaupt* etwas zu jemandem *sagen*, und d.h. *sprechen, mitteilen*, in eben dem Augenblick, in dem uns an dem Verhalten des Anderen *aufgeht*, daß er versteht, was wir zu ihm sagen und daß er überhaupt, was wir da tun, *ursprünglich* auffaßt als ein Mitteilen oder als ein Auf-etwas-Aufmerksam-Machen. (König 1994b, 532f.)

Dieser wechselseitige Bezug des Verhaltens der Individuen im Verständigungszusammenhang geschieht also im Vollzug, wobei die bekannte Figur I1–V1–V2-I2 entsteht (hier mit V für Verhalten und I für Individuum). Diese Art der Bezugnahme, die sich sprachlich z.B. durch den Wechsel von Frage und Antwort darstellt, kann nun *in der Reflexion* als Rollenwechsel strukturiert werden. Kooperation, Kommunikation, Kognition etc. beschreiben damit eben jenes Wissen, das als Vermitteltes in der Reflexion des werktätigen Umgangs das Erfahren des Einzelnen, nämlich als im Vollzug von Arbeit oder Handeln an Gemeinsamem partizipierend, erwies.

Neben anderen Rollen in Bezug auf *als* Situationen beschriebene Umstände sind damit auch Teilnahme wie Beobachtung möglich. Die Reflexion im Vollzug zeigt sich dann in der Rede von dem „Entsprechen" des Verhaltens beider Teilnehmer am Verstehensvorgang. Wiederum können wir den Übergang von der Vollzugserfahrung zur Reflexion der Vollzugserfahrung machen und entsprechend wird sich die Rede über Teilnahme und Beobachtung verändern. So ließ sich das Handeln als im Vollzug bezogen auf gemeinsames Tun beschreiben. Dieses gemeinsame Tun ist dabei insofern präsent, als es die „Bedingungen" und „Voraussetzungen" bestimmte. Bezeichnen wir dies im Vollzug zunächst als „Umstände", so können je nach dem welche Mittelverhältnisse als Mittel des Mitteilens im Vollzug Verwendung finden Umstände des Handelns unterschieden werden. Diese Umstände werden sich auf der Ebene der Reflexion des Vollzuges als „Situation" in explizierter Form wieder finden. Damit ist die Konstitutionsaufgabe nicht durch den Verweis auf die „Situiertheit" des Erfahrens zu lösen sondern in dem Übergang von den Umständen des auf gemeinsames Tuns bezogenen *Tuns* zum *Handeln* von Akteuren innerhalb von expliziten Situationen. Hier wird dann das Mitteilen – wie es sich bei König als miteinander-teilen zeigte – funktional in Teilnahme und Beobachtung als mögliche Rollen differenziert. Diese Differenzierung, die in der Reflexion *auf den Vollzug* stattfindet kann ihrerseits als Instrument sowohl der Beseitigung von Störungen innerhalb des in Reflexion stehenden Vollzuges wie zu weiteren nicht auf den werktätigen Lebensverkehr bezogenen Formen des Tuns und diesen Rahmen verlassend auch Handelns dienen. Beobachter und Teilnehmer werden so zu stilisierten Rollen in der Reflexion des gemeinsamen Tuns.

10 Die Entwicklung von Technik als doppelte Einheit von Reflexion und Vollzug

Verstehen wir „Technik" als Form menschlichen Tuns, so kann die Rede von der „Gestaltung" ersetzt werden durch die Rede von der „Entwicklung" von Technik. Wiederum haben wir es mit einer eigentlichen Metapher zu tun, deren Auflösung durch die Bestimmung des Verhältnisses von einzelnem Handelndem und gemeinsamem Tun möglich ist. Entwicklung von Technik beschreibt nämlich nun die Veränderung der Mittel und Werkzeuge und des Gebrauches derselben im Medium gemeinsamen Tuns. Wir können im Anschluss an unsere Unterscheidung von Vollzug und Reflexion zwei Perspektiven unterscheiden:

1. In der Perspektive des einzelnen Handelnden erscheinen die Zwecke als gesetzt und die Mittel als gegeben. Die „Gegebenheit" der Mittel kann sowohl auf den Einzelnen Zwecke setzenden wie auf die anderen Einzelnen, bezogen werden, die ihn in den Gebrauch der Mittel einführen. An genau dieser Stelle ist also der natürliche Ort von Erziehungsgeschichten. Der Gebrauch der Mittel ist als Vollzug des Tuns gedacht. Dieses Tun kann in der Reflexion auf das Tun *als* Handeln beschrieben werden. Als Handelnder reflektiert der Tuende auf das Tun, es kommt zu der oben so genannten Reflexion im Vollzug. Vollzug ist also nie einfach nur ein Tun sondern auch bestimmtes reflexives Verhältnis, das sich *innerhalb* des Tuns zwischen den Einzelnen zu diesem Tun und damit zu sich selber einstellt. Der Zeit nach geht der Vollzug der Reflexion im Vollzug voraus – nicht aber notwendig der Sache nach. Denn das Tun ist als Handeln in das gemeinsame Tun eingebunden, auf es bezogen. Für den Einzelnen ist der Vollzug *unhintergehbar* und in dieser „Vollzugsperspektive" gilt die Beobachtung Janichs vom Primat des Vollzuges (Janich 1998).
2. In der Perspektive des gemeinsamen Tuns erscheint das Handeln der Einzelnen als *Artikulation* dieses Tuns. Wir können indem wir auf den Vollzug der einzelnen Handlungen reflektieren all jene Unterscheidungen gewinnen, die wir in der Vollzugsperspektive konstitutiv deuten, also die Zwecke und Mittel, Materialien und Produkte etc. Diese Reflexion des Vollzuges liegt in der Zeit nach dem Vollzug, in der Sache jedoch vor demselben. Denn das, was dem Einzelnen als Handeln unhintergehbar erschien ist, in der Reflexion auf den Vollzug gerade das gemeinsame Tun, das der Einzelne im Vollzug und in der Reflexion im Vollzug nicht in den Blick bekommt. Auch die Reflexion ist ein Vollzug, aber eben ein solcher ganz andere Art als der Vollzug, den wir oben auf den Einzelnen bezogen.

Vollzug und Reflexion sind Verhältnisbestimmungen. Das erste Verhältnis beschreibt die Relation von einzelnem zu gemeinsamem Tun als Praxis, das zweite als Theorie. Indem wir gemeinsames Tun einmal in der Perspektive des individuellen Handelns als zweckorientiertes Mittelverwenden und einmal als durch dieses Handeln artikuliertes Tun beschreiben, kann die Veränderung von Technik verstanden werden als die Entwicklung eben jener Vermittlungsverhältnisse, die hier nur als gegenständliches Tun dargestellt sind. Die Entwicklung von Technik ist daher nicht nur das, *was* der Mensch aus sich macht, sondern auch die Art und Weise in der dies geschieht.

Literatur

Black M (1996) Die Metapher (1954). In: Haverkamp A (Hrsg) Theorie der Metapher. Darmstadt, S 55–79

Cassirer E (1985) Form und Technik. In: Symbol, Technik, Sprache. Hamburg, S 39–90

Cassirer E (1987) Philosophie der symbolischen Formen. Zweiter Teil. Das mythische Denken. Darmstadt

Davidson D (1994) Was Metaphern bedeuten (1978). In: Wahrheit und Interpretation. Frankfurt, S 343–371

Dingler H (1969) Die Ergreifung des Wirklichen. Frankfurt

Grunwald A (2000) Handeln und Planen. München

Gutmann M (1995) Modelle als Mittel wissenschaftlicher Begriffsbildung: Systematische Vorschläge zum Verständnis von Funktion und Struktur. In: Gutmann WF., Weingarten M (Hrsg) Die Konstruktion der Organismen II. Kohärenz, Struktur und Funktion. Aufs. Red. Senckenb. Naturf. Ges., 43. Frankfurt a. M., 15–38

Gutmann M (1996) Die Evolutionstheorie und ihr Gegenstand. Berlin

Gutmann M (1998) Der Begriff der Kultur. Präliminarien zu einer methodischen Phänomenologie in systematischer Absicht. In: Hartmann D, Janich P (Hrsg) Die Kulturalistische Wende. Frankfurt, S 269–332

Gutmann M (1999) Kultur und Vermittlung. Systematische Überlegungen zu den Vermittlungsformen von Werkzeug und Sprache. In: Janich P (Hrsg) Wechselwirkungen. Zum Verhältnis von Kulturalismus, Phänomenologie und Methode. Würzburg, S 143–168

Gutmann M (2001) Die „Sonderstellung" des Menschen. Zum Tier-Mensch-Vergleich. In: Weingarten M, Gutmann M, Engels EM (Hrsg) Jahrbuch für Geschichte und Theorie der Biologie, 8/2001, S 27–78

Gutmann M (2002a) Human Cultures' Natures. In: Grunwald A, Gutmann M, Neumann-Held EM (Hrsg) On Human Nature. Antropology: Biological and Philosophical Foundations. Berlin, S 195–240

Gutmann M (2002b) Der Mensch als technisches Wesen. Systematische Überlegungen zum Verständnis menschlicher Konstitution. In: Banse G, Kiepas A (Hrsg) Rationalität heute. Münster, S 171–190

Gutmann M, Hertler H (1999) Modell und Metapher. Exemplarische Rekonstruktionen zum Hydraulikmodell und seinem Mißverständnis. In: Weingarten M, Gutmann M, Engels EM (Hrsg) Jahrbuch für Geschichte und Theorie der Biologie, 6/1999, S 43–76

Gutmann M, Weingarten M (1998) Überlegungen zu Innovation und Entwicklung. TA-Datenb. Nachr. 1/7, 11–19

Gutmann M, Weingarten M (1999) Gibt es eine Darwinsche Theorie? Überlegungen zur Rekonstruktion von Theorie-Typen. In: Brömer R, Hoßfeld U, Rupke NA (Hrsg) Evolutionsbiologie von Darwin bis heute. Berlin, S 105–130

Gutmann M, Weingarten M (2001) Die Bedeutung von Metaphern für die biologische Theorienbildung. In: Deutsch, Zeitsch. f. Phil., 49/ 4, S 549–566

Hegel GWF (1986) Wissenschaft der Logik. Bd. II. Werke Bd. 6. Frankfurt
Henle P (1996) Die Metapher. (1958) In: Haverkamp,A (Hrsg) Theorie der Metapher, Darmstadt, S 80–105
Janich P (1998) Die Struktur technischer Innovationen. In: Hartmann D, Janich P (Hrsg) Die Kulturalistische Wende. Suhrkamp, Frankfurt, S 129–177
Janich P (2001) Logisch-pragmatische Propädeutik. Weilerswist
König J (1969) Sein und Denken. Halle
König J (1994a) Bemerkungen zur Metapher. In: Dahms G (Hrsg) König, Kleine Schriften. Freiburg, München, S 156–176
König J (1994b) Der logische Unterschied theoretischer und praktischer Sätze und seine philosophische Bedeutung. Freiburg
Krois JM (1988) Problematik, Eigenart und Aktualität der Cassirerschen Philosophie der symbolischen Formen. In: Braun H-J, Holzhey H, Orth EW (Hrsg) Über Ernst Cassirers Philosophie der symbolischen Formen. Frankfurt, S 15–44
Lorenzen P (1987) Lehrbuch der konstruktiven Wissenschaftstheorie. Mannheim
Maynard Smith J, Szathmary E (1996) Evolution. Berlin Heidelberg New York
Metzger W (1986a) Grundbegriffe der Gestaltpsychologie (1954). In: Metzger W, Gestaltpsychologie. Frankfurt, S 124–133
Metzger W (1986b) Erziehung zum schöpferischen Gestalten. 1959. In: Metzger W, Gestaltpsychologie. Frankfurt, S 430–447
Misch G (1994) Der Aufbau der Logik auf dem Boden der Philosophie des Lebens. Freiburg
Nelson RR, Winter SG (1982) An Evolutionary Theory of Economic Change. Cambridge, Mass., London
Reichert L (1994) Evolution und Innovation. Berlin
Rohbeck J (1993) Technologische Urteilskraft. Frankfurt
Searle JR (1993) Metaphor. In: Searle JR, Expression and Meaning. Cambridge, S 76–116
Weingarten M (1999) Wahrnehmen. Bibliothek dialektischer Grundbegriffe, Heft 3. Bielefeld

Technikgestaltung im Spannungsfeld von Plan und Lebenswelt

Gerhard Banse

Vorbemerkung

Technikgestaltung ist facettenreich. Sie umfassen den Gesamtbereich von Entwurf und Konstruktion über Innovation und Diffusion technischer Systemen bis hin zu ihrer Außerbetriebnahme und Entsorgung, also die Gesamtheit der Entstehungs- und Verwendungszusammenhänge. Diese Facetten sind nun nicht (nur) gegeben, werden nicht (nur) wahrgenommen oder beschrieben, sondern sind (auch) konstruiert, werden – etwa infolge von Präsuppositionen oder Relevanzeinschätzungen – durch den Akteur (auch) konstituiert und formuliert. Mit Technikgestaltung verbundene Probleme betreffen kognitive Grundlagen ebenso wie normative Zielvorstellungen, individuelle oder kollektive Subjekte ebenso wie Institutionen. Verschiedene wissenschaftliche Disziplinen wenden sich den damit verbundenen Fragestellungen (die von wissenschafts- bis zu gesellschaftstheoretischen reichen) entweder mehr empirisch-induktiv oder mehr theoretisch-deduktiv zu und geben differierende Antworten, wobei sie sich zusätzlich auf unterschiedliche Aggregationsstufen des Technischen beziehen (die von einzelnen technischen Sachsystemen bis zur Technik „als Ganzem" reichen).[1] Die jeweils interessierende Facette bestimmt als erkenntnisleitende Fragestellung den jeweiligen theoretisch-konzeptionellen Ausgangspunkt und die jeweilige methodische Vorgehensweise. All diese Überlegungen sind für sich unvollständig, denn sie fokussieren immer nur auf bestimmte Problemlagen und blenden (notwendig) andere aus, haben ihren „gelben" wie ihren „blinden" Fleck. Deshalb sind sie komplementär.

Im Folgenden stehen – als eine Facette – das Entwurfshandeln und seine Akteure, Ingenieure und Technikwissenschaftler, im Zentrum der Darlegungen, nicht nur, weil der Entwurf als Beginn jeglicher Technikgenese angesehen werden kann, sondern auch, weil mit dem Entwurf und seiner weiteren Konkretisierung wichtige (Vor-)Entscheidungen gefällt werden (z.B. hinsichtlich Funktionserfüllung, Sicherheit und Kosten), die in nachfolgenden Phasen der Technikherstellung, -auswahl, -verbreitung und -verwendung relevant sind bzw. relevant werden können (etwa hinsichtlich Nutzungsmustern oder Akzeptanz). Das ist der „gelbe" Fleck der nachfolgenden Überlegungen; der „blinde" Fleck besteht vor allem darin, dass

---

[1] Exemplarisch für diese konzeptionelle Vielfalt sei lediglich verwiesen auf Albrecht u. Schönbeck 1993; Banse u. Müller 2001; Bechmann u. Petermann 1994; Bechmann u. Rammert 1994; Grunwald 2000b; Kubicek u. Seeger 1993, Ropohl 2001.

in diesem mehr wissenschaftstheoretischen Herangehen soziale Bezüge und der Einfluss weiterer Akteure (etwa der Staat) nur sehr vermittelt sichtbar werden.[2]

1 Problemstellung

Der Nestor des automatisierten Fabrikbetriebes in Deutschland und Gründungsrektor der TU Cottbus, Günter Spur, schreibt in seinem Buch „Technologie und Management. Zum Selbstverständnis der Technikwissenschaft“ folgendes: „Technik entsteht durch Denken, Planen und Bauen. Aber Denken ist nicht das Gedachte, Planen nicht das Geplante und Bauen nicht das Gebaute. Es ist zwischen technischen Handlungsprozessen und der gegenständlichen Welt zu unterscheiden.“ (Spur 1998, S 1) Das ist zwar richtig, aber m.E. nicht ganz präzise. Einerseits wird zwar auf Differenzen zwischen Handlungsprozessen und Handlungsergebnissen aufmerksam gemacht, andererseits bringt Spur hier jedoch drei Ebenen durcheinander: erstens Handlungen (Denken, Planen, Bauen) und deren jeweilige Ergebnisse (Gedachtes, Geplantes, Gebautes), zweitens weitgehend geistige Handlungen (Denken, Planen) und deren lebensweltliches Ergebnis (Gebautes) und drittens Denken, das sich auf Planen (Geplantes), und Denken, das sich auf Bauen (Gebautes) bezieht. Auf allen drei Ebenen gibt es interessante Anregungen und Fragestellungen, die für das Thema des vorliegenden Buches relevant sind. Hier seien nur zwei genannt:

- (a) Technik*gestaltung* setzt Planung und einen Plan voraus – ohne Planung und Plan gibt es keine Technik*gestaltung* als bewusst vollzogenen Prozess. Planung wird als Form rationalen, begründeten Handelns verstanden, d.h. als an Wissen gebunden.
- (b) Trotz Technikgestaltung als geplantem, wissensbasiertem Vorgehen gibt es vielfach eine Differenz zwischen dem „Geplanten“ und dem „Gebauten“, dem „Gedachten“ und dem Ausgeführten, dem Erwarteten und dem Eingetretenen (z.B. in Form nichtantizipierter und nichtintendierter „Nebeneffekte“; Funktionsstörungen, Havarien; Kostenüberschreitungen, Terminverzögerungen u.ä.).

Da für diesen Beitrag vor allem (b) interessant ist, sei das damit verbundene Problem zunächst an einem Beispiel deutlich gemacht. In den abschließenden Empfehlungen des Ladenburger Diskurses „Handeln der Ingenieure in einer auf andere Werte orientierten Gesellschaft“ schreibt der Statiker Heinz Duddeck: „Mit dem Entwurf einer Brücke versprechen Ingenieure, daß die so gebaute Brücke in ihrer Lebenszeit von 100 Jahren ihre Funktion erfüllen wird und schadlos übersteht, was sie – vom Verkehr bis zum Erdbeben – beanspruchen kann. Die Technikwissenschaften haben mit dieser *rationalen Methodik* sehr große Erfolge erzielt.“ (Duddeck 2001, S 286 – H.dV. G.B.) Entwurfshandeln wird hier als

[2] Dies ist dann das beherrschende Thema im Teil 2 des vorliegenden Buches „Technik und Gesellschaft“ (Anm. d. Hg.).

rationales Handeln unterstellt. Diese rationale Methodik soll zwar nicht in Frage gestellt, muss aber in zweierlei Hinsicht relativiert werden.

1. In seinem Buch „Versagen von Bauwerken. Bd. 1: Brücken" zeichnet Joachim Scheer (2000) ein etwas anderes Bild, wenn er nicht nur Brückeneinstürze aus mehr als einhundert Jahren auflistet, sondern auch die Ursachen herausarbeitet, und die sind vielfältiger Art. Sie betreffen auch die Wissensbasis beim Entwurf von Brücken. Somit ist (auch) die Frage nach der „Qualität" des einem Entwurf zugrunde liegenden Wissens zu stellen.
2. Schon vor Jahren hat der Methodik-Forscher Johannes Müller darauf aufmerksam gemacht, dass für den technischen Entwurfsprozess kein „verkürztes" Rationalitätsverständnis unterstellt werden darf, denn es sei erforderlich, „einer Verabsolutierung des Rationalitätspostulats entgegenzutreten, in der nicht nur unterstellt wird, das alles, was beim Konstruieren abläuft, einmal definitiv beschreibbar sein wird, sondern auch, daß der Mensch am effektivsten arbeitet, wenn er methodenbewußt arbeitet, wenn er also all sein Wissen rational verwaltet einsetzt." (Müller F 1990, S 65) Eugene Ferguson charakterisierte das übrigens als „chaotisches(s) Wachstum eines Entwurfs" (Ferguson 1993, S 45). Damit ist die Frage nach der „Qualität" des Entwurfshandelns selbst zu stellen.

M.E. geht es nicht so sehr um „Nicht-Rationalität", sondern viel mehr um das, was Herbert Schnädelbach das „Andere der Vernunft" genannt hat (Schnädelbach 1991, S 78; vgl. auch Schnädelbach 1984).[3] Das „Andere der Vernunft" kommt dann in den Blick, wenn man ein verkürztes Rationalitätsverständnis überwindet, das sich in der Annahme findet, dass Wissenschaft kraft ihrer methodischen und theoretischen Möglichkeiten alle Probleme lösen und damit theoretische Gewissheit liefern sowie praktische Sicherheit bieten könne. Vorhersehbarkeit, Überwindbarkeit oder zumindest Kontrolle von Gefahren und Risiken werden als selbstverständlich angesehen. Es ist dies der Glaube an die Wissenschaft und ihre vermeintlichen Gesetzmäßigkeiten, der Mythos von der Berechenbarkeit, Kalkulierbarkeit und Kontrollierbarkeit allen Geschehens, wie er von Max Weber trefflich formuliert wurde: „Die zunehmende ... Rationalisierung bedeutet ... das Wissen davon ...: daß man, wenn man nur wollte, es jederzeit erfahren könnte, daß ... man ... alle Dinge – im Prinzip – durch Berechnen beherrschen könne." (Weber 1991, S 250)[4] Eine „Gegenposition" zeigt sich u.a. in folgendem Gedanken von

[3] Im Vorwort der Herausgeber zum Buch „Rationalität heute. Vorstellungen, Wandlungen, Herausforderungen" heißt es, dass den aufgenommenen Beiträgen das Bemühen gemeinsam ist, „vor dem Hintergrund konzeptioneller Einseitigkeiten, Engführungen und Verabsolutierungen von Rationalitätskonzepten bzw. übertriebener Erwartungen und Ansprüchen an Rationalitätskonzepte zu einer differenzierteren Sichtweise beizutragen, wohl bemerkend, dass einerseits für diese Lebenswelt Rationalität wohl wichtig, aber nicht alles ist – und andererseits in dieser Welt zwar vieles, aber nicht alles Rationalität ist." (Banse u. Kiepas 2002, S 11).

[4] Dazu schreibt Peter Wehling: „Das Vertrauen in die Leistungsfähigkeit und Autorität der Wissenschaft überdeckte die offene Frage, inwieweit wir die situativen Kontexte und Folgen unseres Handelns kennen *können* und wie weit wir sie kennen *müssen*, wenn wir

Friedrich Georg Jünger: „Exaktheit mehrt ... nur mein Wissen um Relationen, kann mir keine Sicherheit geben. ... Durch ihn (den Begriff des Exakten – G.B.) gewinnt der Mensch weder Sicherheit (securitas) noch eine Gewißheit (certitudo).“ (Jünger 1980, S 82)

Der auf diese Weise sichtbar werdende Zusammenhang zwischen der Qualität des Wissens, das in einem Entwurf verwendet wird, und der Qualität des Entwurfshandelns einerseits (als Seite des „Gedachten“) und der „Qualität“ des lebensweltlichen Resultats (als Seite des „Gebauten“) ist der „rote“ Faden der nachfolgenden Überlegungen (vgl. dazu auch Banse 2000, 2002, 2003). Die oben genannte, empirisch aufweisbare Differenz zwischen dem „Geplanten“ und dem „Gebauten“ sei hier (sicherlich verkürzt) Differenz zwischen Plan und Lebenswelt genannt. Als *Plan* sollen gedankliche, zusammenhängende und sachlich und (häufig auch zeitlich) geordnete Folgen von Positionen verstanden werden, die entweder die notwendigen Handlungen zur Erreichung eines Ziels beschreiben – Handlungsplanung, Aktionsplan – oder die die Struktur dieses Ziel selbst zum Gegenstand haben – Zielplanung, Lageplan (vgl. Grunwald 2000a, S 70; Wörterbuch 1974, S 938).[5] Beide Arten von Plänen sind für die Technikgestaltung relevant: Zielplanung bzw. Lagepläne vor allem als Konstruktions- und Projektierungsunterlagen; Handlungsplanung und Aktionspläne als technologische Schemata.[6] Mit *Lebenswelt* sei einerseits die natürliche, soziale und kulturelle (einschließlich wissenschaftlicher und technischer) „Umgebung“ mit all ihren Widerfahrnissen und Kontingenzen bezeichnet, in der technikbezogene Pläne realisiert werden, andererseits das „gegenständliche“ Ergebnis dieser Realisierung, d.h. die technischen Sachsysteme selbst.

---

rational handeln und entscheiden wollen, und präjudiziert sie im Sinne der Berechenbarkeit der Welt.“ (Wehling 2002, S 259).

5 Ein Plan „ist sprachlich verfaßt (mit möglicherweise enthaltenen nichtsprachlichen Elementen) und besteht aus einem System bedingter präskriptiver Sätze (mit Imperativperformatoren versehen oder in deontischer Modalität), welche entweder eine Handlungsstruktur zur Erreichung eines Zwecks (Handlungsplanung) oder der Struktur des Zielsystems selbst (Zielplanung) umfassen. Dabei wird gefordert, daß das den Plan bildende System sprachlicher Sätze *zusammenhängend* ist, d.h. nicht in voneinander logisch oder pragmatisch unabhängige Subsysteme zerfällt.“ (Grunwald 2000a, S 70) Interessant für das hier verfolgte Anliegen ist der Verweis auf „nichtsprachliche Elemente“, die von Grunwald allerdings nicht weiter thematisiert werden.

6 „Eine spezielle Art technikwissenschaftlicher Sätze sind Konstruktionsaussagen, d.h. Sätze über die Art und Weise der Konstruktion von Technik. Ein zusammenhängendes System solcher Sätze sei als Konstruktionsplan bezeichnet. Ein empirisches Kennzeichen derartiger Konstruktionen ist, daß der verfolgte Zweck und die zu seiner Erreichung vorzunehmenden Handlungen über eine Vielzahl von Zwischenschritten vermittelt sind. ... Technikwissenschaftliche Aussagen zur Konstruktion von Technik sind notwendigerweise Planungsaussagen, d.h. Satzsysteme, in denen die Zweckrealisierung über eine Vielzahl von Schritte – teilweise in geordneter Reihenfolge – durch eine Vielzahl von teilweise voneinander unabhängigen Handlungen der Planausführenden erfolgt. Unter Planung soll ein spezielles Handeln verstanden werden, in dem zweckrational über zukünftige zweckrationale Handlungen verfügt wird.“ (Grunwald 1996, S 68).

Diese für Überlegungen zur wie für Ergebnisse der Technikgestaltung bedeutsame Differenz zwischen Plan und Lebenswelt berücksichtigend und bedenkend, sollen im Folgenden nun einige Ursachen dafür benannt und charakterisiert werden:

- der Charakter von Entwurfsprozessen (einschließlich Komplexitätsreduktion, Idealisierung und Modellierung);
- die Kennzeichnung von Entwurfsproblemen als „verzwickte Probleme";
- die Hypothetizität des für Entwurfsprozesse relevanten Wissens;
- die Bedeutung von Visualisierung und „tacit knowledge".

Ich folge hier in gewisser Weise folgenden Überlegungen des Techniksoziologen Hanns-Peter Ekardt – allerdings von einem anderen Ausgangspunkt her: „Praktische Rationalität des Ingenieurs zeigt sich ... darin, dass und inwiefern sie (sinnvollen) Gebrauch von Wissen und von technischen Möglichkeiten macht. ... Der Handelnde weiß, dass er etwas weiß und inwiefern dieses Wissen in Bezug auf Situation und Aufgabe unter *Anwendungsvorbehalten* steht." (Ekardt 2001, S 123 – H.d.V.; G.B.)

2 Der Charakter von Entwurfsprozessen

Entwurfsprozesse umfassen den gesamten Prozess des „Findens" technischer Lösungen von der Aufgabenstellung über ihre Präzisierung, die Konzeptfindung und die Gestaltfestlegung im Rahmen eines präzisierten Entwurfs bis hin zur Erarbeitung der endgültigen Fertigungs- und Montageunterlagen mit Gebrauchs- und Entsorgungsanweisungen für ein Produkt. Ausgehend von einer vorgegebenen Zwecksetzung bzw. Aufgabenstellung, die als (technische) Funktion oder (technisches) Verhalten möglichst präzise formuliert werden muss (z.B. in Form eines Pflichtenheftes), besteht die Aufgabe von Entwurfsprozessen *erstens* (systemtheoretisch) in der Synthese einer Menge von geeigneten Elementen zu einem System mit einer Struktur, das diese Funktion oder dieses Verhalten (bei Beachtung vielfältiger Randbedingungen) zu erfüllen bzw. zu realisieren gestattet (funktionserfüllende Struktur). Diese – als technisches Sachsystem „vergegenständlichte" – (funktionserfüllende) Struktur muss – mit anderen Worten – in der Lage sein, den beabsichtigten „Übergang" von einem Zustand Z_1 („Anfangszustand") in einen Zustand Z_2 („Endzustand") zu bewirken (Transformationsprozess – vgl. Hubka 1973, S 12f.). *Zweitens* gilt es, einen gangbaren Weg zur Herstellung dieses Sachsystems anzugeben – wiederum eine Synthese einer Menge von geeigneten Elementen zu einem System mit einer Struktur, das das gewünschte technische Sachsystem zu realisieren (erzeugen) gestattet.

Deutlich wird, dass sich technische Entwurfsprozesse sowohl auf Lagepläne (technische Sachsysteme) als auch auf Aktionspläne (technische Herstellungsverfahren) beziehen.[7] Im Folgenden wird dazwischen nicht weiter unterschieden.

Philosophisch betrachtet handelt es sich beim technischen Entwurfsprozess hauptsächlich um (reduktive) Schlussweisen von der Folge auf den Grund,[8] für die typisch ist, dass sie – im Gegensatz zu deduktiven Verfahren – nicht logisch „zwingend" sind. Damit ist gemeint, dass es keine eineindeutige, exakt herleitbare Zuordnungsmöglichkeit von Funktion und Struktur eines technischen Sachsystems und damit verbunden keinen „one best way", sondern unterschiedliche Lösungsmöglichkeiten eines technischen Problems, eine „Lösungsschar" gibt. Auch deshalb gilt: „Der Prozess des Entwerfens lebt von der Phantasie, von der Kreativität, vom ‚inneren Auge' des Ingenieurs. In ihn fließen individuelle und institutionelle Erfahrungen, Leitbilder, Routinen, Muster ein". (Ekardt 2001, S 123)

Für das hier behandelte Thema ergeben sich aus dem Vorgenannten folgende Einsichten zum Entwurfshandeln:

Erstens wird es als eine konkretisierende Vorgehensweise gefasst: Vom abstrakten Prinzip (z.B. als Idee einer funktionserfüllenden Struktur) ausgehend, wird (häufig über Zwischenstufen, z.B. als Wirkpaarung), gestaltend, dimensionierend, bemessend und optimierend zum funktionsfähigen technischen (Sach-)System bei Berücksichtigung vielfältiger „Randbedingungen" vorangeschritten.[9]

Zweitens wird davon ausgegangen, dass es sich dabei um ein bewusstes, zur Zielerreichung notwendiges „Überschreiten" des Vorhandenen (sowohl des „Arte-Faktischen" wie des „Wissensmäßigen") in Form eines (planmäßigen, intuitiven, methodenbasierten, heuristischen, ...) „Suchprozesses" handelt, für den es – wie bereits genannt – kein logisch begründbares (Schluß-)Verfahren gibt,[10] d.h., dass aus den vorgegebenen Prämissen (vor allem hinsichtlich des zu erreichenden

---

[7] Aktionspläne, die sich auf den Gebrauch bzw. die Nutzung technischer Sachsysteme sowie auf die „Entsorgung" technischer Sachsysteme beziehen, sind zwar gleich bedeutsam wie die Aktionspläne, die sich auf die Erzeugung technischer Sachsysteme beziehen, sie werden jedoch nicht weiter thematisiert, da die hier interessierende Problematik identisch ist.

[8] Eine Reduktion ist ein „Schluß hypothetischen Charakters, bei dem von den Nachsätzen eines Schlußschemas auf den Vordersatz geschlossen wird. Im Unterschied zur Deduktion ... wird bei der R. stets von Bekanntem auf Hypothetisches geschlossen", wobei diese Hypothesenbildung (vor allem über die sogenannte progressive Reduktion) heuristisch von Wert ist (Wörterbuch 1991).

[9] Ekardt hat für dieses Vorgehen ein Zwei-Ebenen-Modell entwickelt, die eigentliche Praxis-Ebene und die ebene formaler Operationen *im Dienste* der eigentlichen Praxis (vgl. Ekardt 2001, S 123f.). Daraus lassen sich interessante Einsichten zu den möglichen und notwendigen Wechselwirkungen zwischen diesen beiden Ebenen herleiten, die im „Grenzfall" verselbständigt, d.h. isoliert voneinander, ohne Bezug aufeinander analysiert und bewertet werden können.

[10] „Es kann sein, daß sich der Handelnde irrt, wenn er die (beabsichtigte – G.B.) Handlung als ... relevant für den von ihm anvisierten Zweck ansieht. Sein Irrtum läßt jedoch die vorgeschlagene Erklärung nicht ungültig werden. Was der Handelnde glaubt ist hier die einzig relevante Frage." (Wright 1991, S 94).

Ziels, des verfügbaren bzw. zu generierenden Wissens, des Bereichs möglicher Lösungen usw.) ein Ergebnis nicht eineindeutig herleitbar ist.

Drittens erfolgt dieser Prozess in der Regel unter Informationsmangel bzw. bei unvollständiger bzw. „unscharfer" Information, z.B.

- sind zu Beginn des (als Planungsvorgang verstandenen!) Entwurfsprozesses nicht alle relevanten Informationen verfügbar;
- muss auf sich verändernde (einschließlich neue!) Zielvorgaben oder „Rand" bedingungen vor allem wissenschaftlicher, technischer, politischer, ökonomischer oder juristischer Art reagiert werden – von Pahl „Dynamisierung der Begleitumstände" genannt. (vgl. Pahl 1997, S 40)

Viertens muss selbst die Vielzahl der zu Beginn des Entwurfsprozesses verfügbaren Informationen (fast stets) reduziert werden, um sie „operationalisierbar" zu machen: „Die Nennung von Bedingungen, die ... zu berücksichtigen und zu kontrollieren sind, muß in ihrem Umfang handhabbar bleiben." (Poser et al. 1997, S 92) Diese „Komplexitätsreduktion" enthält einerseits eine wissenschaftliche Komponente („Welche Reduktion ist vom gegenwärtigen wissenschaftlichen und technischen Entwicklungsstand her gerechtfertigt und legitim, d.h. führt – absehbar – zu keiner ‚Verzerrung' des technischen Erscheinungsbildes bzw. relevanter Zusammenhänge?"). Andererseits basiert sie auf einem individuellen „Zugriff", vor allem auf dem Auswahl-, Bewertungs- und Entscheidungsverhalten des Bearbeiters, d.h. auf dem bewussten oder spontanen, reflektierten oder unreflektierten „Ausfüllen" oder „Ausschreiten" vorhandener (auch normativer) Räume innerhalb des Entwurfshandelns.

Deutlich wird, dass bereits durch diese Modalitäten beim Entwurfshandeln mit einer „verkürzten", „eingeschränkten" Lebenswelt operiert wird. Dieser idealisierte, reduzierte, selektive, modellhafte Zugriff auf die Lebenswelt ist unumgänglich. Wenn jedoch der geschlossene, kontrollierbare, reproduzierbare, isolierte Raum der Wissenschaft verlassen und in den unabgeschlossenen, offenen Raum der Lebenswelt gewechselt wird, dann ist zumindest die Möglichkeit einer Differenz zwischen Geplanten und Realisiertem nicht ausgeschlossen. Dafür gilt jedoch, Wehling zustimmend: „Auch ein auf Vermutungen, Meinungen und Ahnungen oder auf, wenn man so will, ‚begründete Irrtümer' gestütztes Handeln kann durchaus rational sein." (Wehling 2002, S 257)

3 Entwurfshandeln und „verzwickte Probleme"

„Der Versuch einer Problemlösung setzt voraus, dass ein Problem zuvor einigermaßen gestellt, konstituiert ist. Die Auftraggeber haben oft nur diffuse Vorstellungen von dem, was sie wollen oder wollen könnten. Auch der Kontext des späteren Bauwerks stellt sich anfänglich nicht so strukturiert und geordnet wie im Rückblick dar. Deshalb ist es richtiger, von der Gleichzeitigkeit von Problemkonstitution und Problemlösung zu sprechen." (Ekardt 2001, S 123)

Das Entwurfshandeln – so wird daraus deutlich – ist mit einer weiteren erschwerenden Besonderheit konfrontiert: Entwurfs- und Planungsprobleme in Technikwissenschaften und Ingenieurhandeln sind häufig nicht vollständig, „exakt“ oder „wohldefiniert“, sondern oft nur unvollständig formulierte, „schlecht“ definierte (vgl. Ropohl 1990, S 116), „ill structured“ (Heyman u. Wengenroth 2001, S 116), „bösartige“, „verzwickte“ („wicked“ – vgl. Buchanan 1992; Rittel u. Webber 1973, 1994) Probleme. Oder anders ausgedrückt: Es liegen häufig „verschwommene Ziele“ und „unklare Bedingungen“ (Pahl 1997, S 40) vor, womit sowohl „inexact investigations“ (Hronszky 1997) als auch eine „Intransparenz von Bearbeitungsvorgängen“ (Hubka u. Eder 1992, S 118f.) verbunden sind, die in „unscharfen Entscheidungen“ (Müller 1990, S 53) sowie einer „Hypothetizität“ (Banse 1996; Häfele 1993) des Ergebnisses des Problemlösungsprozesses ihren Niederschlag finden.

„Bösartig (‚wicked’) zu sein“ – womit die Terminologie von Horst Rittel aufgegriffen wird[11] – ist dabei keine Eigenschaft aus ethischer Sicht: „Wir benutzen den Ausdruck ‚bösartig’ in der Bedeutung, die den Begriffen ‚boshaft’ (im Gegensatz zu ‚gutwillig’), ‚vertrackt’ (wie in einem Teufelskreis), ‚mutwillig’ (wie ein Kobold) oder ‚aggressiv’ (wie ein Löwe, im Gegensatz zur Sanftheit eines Lamms) entspricht.“ (Rittel u. Webber 1994, S 21; vgl. auch Buchanan 1992) Buchanan ergänzt diese Überlegung mit dem Hinweis auf die damit verbundene „indeterminacy“ der Problemsituation bzw. des Problembearbeitungsprozesses, die „no definitive conditions or limits to design problems“ bedeute (Buchanan 1992, p 16).

Charakteristika derartiger „bösartiger“ Probleme sind vor allem (vgl. Rittel, Webber 1994, S 22ff.):

- Es gibt keine definitive Formulierung für ein bösartiges Problem;
- Lösungen für bösartige Probleme sind nicht richtig oder falsch, sondern gut oder schlecht;
- es gibt keine unmittelbare und endgültige Überprüfungsmöglichkeit für die Lösung eines bösartigen Problems;
- bösartige Probleme haben weder eine zählbare (oder erschöpfend beschreibbare) Menge potentieller Lösungen, noch gibt es eine gut umrissene Menge erlaubter Maßnahmen, die man in den Plan einbeziehen kann;
- jedes bösartige Problem ist wesentlich einzigartig;
- die Existenz einer Diskrepanz, wie sie ein bösartiges Problem repräsentiert, kann auf zahlreiche Arten erklärt werden; die Wahl der Erklärung bestimmt die Art der Problemlösung.

[11] Wie Richard Buchanan schreibt, wurde der Ansatz der „wicked problems“ von Horst Rittel in den sechziger Jahren des zwanzigsten Jahrhunderts als Alternative zum „linear, step-by-step model of the design process being explored by many designers and design theorists“ gewählt, denn dieses Modell teilte den Design-Prozess in zwei voneinander getrennte Phasen, die Problemdefinition als eine analytische und die Problemlösung als eine synthetische Sequenz (Buchanan 1992, p 13).

Dass jede Problemformulierung, -auswahl und -lösung ihren „Autor" hat, ist sicherlich wichtig, aber für das hier behandelte Thema nicht die entscheidende Quintessenz. Bedeutsamer scheint mir die Erkenntnis zu sein, dass damit die Testmöglichkeiten einerseits weiter an das „Gebaute" heranrücken müssten, andererseits aus naheliegenden Gründen Experimente sich nicht in ausreichender Zahl durchführen lassen und gezielte Beobachtungen nicht beliebig wiederholt werden können. Wir vertrauen so immer mehr hypothetischen Annahmen! Die „Gesellschaft als Labor", so wurde schon von Wolfgang Krohn und Johannes Weyer diagnostiziert (vgl. Krohn u. Weyer 1989).

Lediglich angemerkt sei, dass diese Besonderheiten der Problemsituation (bzw. der daraus resultierenden Problembeschreibung bzw. -formulierung) und des Umgangs mit ihr (z.B. im Problemlösungsprozess) auch einige methodische Besonderheiten bedingen (etwa die Heuristik).

4 Exkurs: Technikwissenschaftliches Wissen

Bevor auf Hypothetizität und Unvollständigkeit bzw. Visualisierung und tacit knowledge eingegangen werden kann, ist ein kleiner Exkurs zum technikwissenschaftlichen Wissen sinnvoll. Planungshandeln im Bereich der Technik basiert

- *erstens* auf „explizitem" wissenschaftlichem Wissen – vor allem naturwissenschaftliches und technikwissenschaftliches Wissen vorrangig in mathematisierter Art;
- *zweitens* auf Erfahrungswissen, gewonnen im Umgang mit (funktionierender wie nichtfunktionierender) Technik;[12]
- *drittens* auf sogenannten „außertechnischen" Wissenselementen, womit in erster Linie sozial-, rechts- und wirtschaftswissenschaftliche, zunehmend aber auch ethische Kenntnisse gemeint sind;
- *viertens* schließlich auf „implizitem" Wissen („tacit knowledge") in unterschiedlicher Weise.

Auf der Ebene des expliziten Wissens sind zusätzlich theoretisches oder gesetzesartiges Wissen („Wenn A, so – notwendig, mit einer bestimmten Wahrscheinlichkeit, unter gewissen Bedingungen, möglicherweise usw. – B.") sowie operationales, Projekt- oder Regelwissen („Wenn A hergestellt wird, dann tritt B ein.") zu unterscheiden.

---

[12] Denn es darf nicht übersehen werden, dass die Kenntnis reproduzierbarer Effekte häufig die Grundlage für technische Neuerungen darstellte und darstellt. „Die Technik (gemeint ist wohl die Technikwissenschaft, G.B.) geht ja nicht so vor, daß sie nur wissenschaftlich aufgeklärte Naturphänomene nutzt, sondern sie erfindet, probiert und arbeitet unbedenklich mit ihr nützlichen Wirkungen, auch wenn sie deren gesetzlichen Zusammenhang nicht kennt." (Rumpf 1973, S 96).

5 Hypothetizität und „Unvollständigkeit" des Wissens im Entwurfsprozess

Die mit technischer Sicherheit befassten Wissenschaften sind bemüht, auf der Grundlage von (theoretischen) Erkenntnissen und (praktischen) Erfahrungen mögliche Schadensursachen und -zusammenhänge zu erfassen, um so im Sinne instrumentellen, technisch-technologischen und organisatorischen Wissens Aussagen über Kausalabläufe oder signifikante Korrelationen zu erhalten.

Dieses weitgehend bestätigte, „sichere" Wissen z.B. über funktionale Abhängigkeiten und strukturelle Zusammenhänge oder über Ursache-Wirkungs- und Zweck-Mittel-Beziehungen unter je definierten Randbedingungen soll „Bereich der Faktizität" genannt werden. „Die Merkmale der Faktizität sind die ... fünf Kriterien aus Descartes' ‚Regeln zur Leitung des Geistes': Kausalität und Determinismus, Homogenität, Superponierbarkeit und Zerlegbarkeit, Reversibilität und Stabilität. Wenn ein Ingenieur irgendein technisches Gerät zu konstruieren hat, muß er seine Arbeit an diesen fünf Kriterien ausrichten. Bei eingeübten technischen Verfahren wird ... niemand in Zweifel ziehen, daß etwa die Konstruktion einer Brücke oder eines Radiosenders auf naturgesetzlicher Basis beruht, und keiner wird davon sprechen, es handele sich bei betrieblichen Absprachen lediglich um Hypothesen bezüglich der Funktionsfähigkeit der in Rede stehenden Einrichtung." (Häfele 1993, S 168)

Jenseits des Bereichs des faktischen, des „sicheren" oder „vollständigen" Wissens liegt jener Bereich, dem ich die Qualität „hypothetisch", „unsicher", „unvollkommen" zuerkennen möchte, der Bereich des Hypothetischen bzw. der Hypothetizität. Die Bedeutung dieses Wissens wird sofort einsichtig, wenn folgendes bedacht wird: Es gibt „nur eine Möglichkeit, bei vollständigem Wissen Zutreffendes zu erwarten, aber bei unvollkommenem Wissen unendlich viele Möglichkeiten, sich zu irren." (Tietzel 1985, S 9)

Was soll nun unter diesem „Bereich der Hypothetizität" verstanden werden? Zunächst ist daran zu erinnern, dass es beim technischen Herstellungshandeln um in die Zukunft reichende Hervorbringungen und Gestaltungen sowie deren mögliche Folgen. „Die Einsicht, daß, wieviel Wissen über Technikfolgen man auch immer akkumulieren mag, immer ein Rest nicht gewußter Technikfolgen übrigbleiben wird, beruht nicht zuletzt darauf, daß man Abschied nahm von der Vorstellung, das technische System sei ein sich seinerseits nach internen Dynamikregeln entwickelndes, gegenüber anderen Systemen abgeschottetes System." (Zimmerli 1992, S 14)

Worin sind nun die Ursachen dafür zu suchen? M.E. sind aus *ontologischen* („in den Dingen selbst liegenden"), *kognitiven* und *methodologischen* („mit der Generierung zusammenhängenden") sowie *normativen* („mit Werten und Bewertungsprozessen verbundenen") Gründen nicht alle möglichen Folgen und Wirkungen prognostizierbar (d.h. ex ante gedanklich erfassbar) und folglich auch nicht berücksichtigbar. „Quer" zu den ontologischen, kognitiven und methodologischen Problemen werden noch *methodische* Problemlagen bedeutsam, die in hohem Maße „handlungsleitend" das Problembewusstsein und -verständnis, die Ziel- und

Fragestellung, die „Angemessenheit" der methodischen Vorgehensweise und des (mathematischen) Ansatzes an die Problemstellung, die Datenauswahl und -reduktion sowie die Interpretation und Bewertung der Ergebnisse beeinflussen. All diese Gründe und Problemlagen sind hier allerdings nicht umfassend darlegbar (zu deren detaillierter Beschreibung vgl. Banse 1996). Sie führen zu einer „eingeschränkten Qualität" des technischen Wissens (hinsichtlich Zukünftigem!), womit entscheidend auch die Qualität des technischen Handelns und seines Ergebnisses (z.B. über Modellbildungen, theoretische Grundlagen, Leitbilder, Testmöglichkeiten, Lösungen im Grenzbereich des Wissens) beeinflusst wird. Daraus lässt sich unschwer ableiten, dass die umfassende und „sichere" Bestimmung der sachlichen Voraussetzungen und praktischen Folgen einer Entscheidung oder Handlung häufig (oder meistens?) nur eingeschränkt möglich ist: „Im Gegensatz zum Bereich der Faktizität gibt es im Bereich der Hypothetizität nicht die selbstverständliche Vorfindbarkeit, Angebbarkeit und Endgültigkeit, denn es sind ständig andere, hinterfragbare und neue Hypothesen aufzustellen. Der Bereich der Hypothetizität ist grundsätzlich offen und damit unendlich." (Häfele et al. 1990, S 401)

Das Wissen um dieses hypothetische bzw. „unsichere" Wissen bedingt dann entsprechende Reaktionen, z.B. bautechnische Sicherheitszuschläge, fertigungstechnische Toleranzen usw.

Wenn die Bedeutung von unvollständigem und hypothetischem Wissen für den Prozess der Technikgestaltung hervorgehoben wurde, dann ist zugleich auf den Einfluss von Nicht-Wissen zu verweisen, ein Tatbestand, der immer stärker analysiert wird (vgl. z.B. Beck u. May 2001; Böhle et al. 2001; Wehling 2002). Im Anschluss an Walther Ch. Zimmerli wird nach der Strukturierung von Nichtwissen und dem Umgang damit gefragt. Dieser unterscheidet vier Typen des Nichtwissens, die er folgendermaßen charakterisiert: „Zum einen wäre jenes Nichtwissen zu bedenken, das kategorial auf der Unmöglichkeit eines erststufigen Wissens beruht (die sich ihrerseits aus logischen oder empirischen Gründen herleiten mag). Wissen des Nichtwissens hieße in diesem Falle zu wissen, daß wir nicht wissen *können*. ... Hiervon ließe sich der Typ des zweitstufigen negativen Wissens unterscheiden, der darauf beruht, daß man bestimmte Folgen *noch nicht* kennt, und das heißt: zwar bereits über das Wissen verfügt, nach dem dieses Wissen generiert werden könnte, aber das Wissen noch nicht bereitgestellt hat. ... Nochmals anders verhält es sich mit jener Art des Nichtwissens, die darin besteht, daß das Wissen zwar bereits vorhanden ist, aber noch nicht auf den vorliegenden Fall oder Fälle vergleichbarer Art *angewendet* worden ist. ... Schließlich gilt es hiervon noch jenen Standard-Typ des Nichtwissens zu unterscheiden, der darin besteht, daß das zu berücksichtigende Folgenwissen zwar bereits besteht (und zwar sogar innerhalb der einschlägigen Disziplinengruppe), aber von den Individuen ... noch nicht gekannt wird." (Zimmerli 1991, S 1159)

Im Bereich des Nichtwissens lassen sich – davon ausgehend – folgende „Arten" voneinander abgrenzen (vgl. auch Banse 1996): Nichtwissen

- als „Nicht-wissen-können" oder „Nicht-genau-wissen-können";
- als „Noch-nicht-wissen" bzw. „Noch-nicht-genau-wissen";
- als „Nicht-genau-wissen".

Nicht-Wissen darf hier nicht in erster Linie als von einer Art verstanden werden, das *vor* jeglicher wissenschaftlicher Erkenntnis liegt (d.h., das durch weitere wissenschaftliche Erkenntnisse überwunden werden kann), sondern vor allem als von einer Art, das *zugleich mit* wissenschaftlicher Erkenntnis und ihrer technischen „Vergegenständlichung" produziert wird, d.h. als „Folge und Begleiterscheinung jedes Zuwachses an Wissen" (Wehling 2002, S 263). Der weitergehenden Analyse harren indessen *erstens* die Modalitäten, nach denen mit diesem „Nichtwissen" (und Unbestimmtheiten der Technik gehören zu diesem Nichtwissen) umgegangen, wie es „prozessiert" (und „kommuniziert") wird. Zweitens geht es um die – je konkrete! – Beantwortung der Frage, „wieviel" Wissen für rationales Handeln erforderlich ist – und wieviel Unwissenheit vertretbar ist" (Wehling 2002, S 258).

Was bedeutet das für die hier behandelte Thematik? Man beschreitet Wege, für die es kaum verallgemeinerungsfähige Erfahrungen, auf denen es aber gewiss Unvorhergesehenes und Unvorhersehbares gibt: „Regelmäßig entdeckt man unheilvolle Abhängigkeiten, die bis zum Eintritt einer Katastrophe unbekannt waren." (Lagadec 1981, S 517) Technisches Wissen und Technikgestaltung basieren eben weitgehend *auch* auf Erfahrungen, gewonnen im Versuch-Irrtum-Handeln, weil sich Technik hauptsächlich nur durch „Machen" entwickeln kann, durch praktische Lernprozesse im Umgang mit unvollständigem oder hypothetischem Wissen, die möglicherweise Gefahren schaffen, aber zugleich auch über Erfahrungen im Umgang mit eben diesen Gefahren neue Erkenntnisse generieren, wenn sich ein Handlungsschritt als – wenn auch oftmals „schmerzhafter" – Irrtum herausgestellt hat. Dabei ist – nicht unproblematisch – vorausgesetzt, dass der Wissens- und Erfahrungszuwachs aus Fehlschlägen größer ist als der aktuelle Schaden selbst, was durch die moderne Großtechnik jedoch zunehmend in Frage gestellt wird.

6 Visualisierung und Tacit Knowledge

In der eingangs zitierten Charakterisierung eines Plans durch Armin Grunwald ist ein Hinweis auf nichtsprachliche Elemente enthalten. Diese werden – wie bereits bemerkt – von ihm nicht weiter analysiert. Im technischen Entwurfshandeln und in den Technikwissenschaften spielen sie aber eine große Rolle, vor allem in Form von Zeichnungen und implizitem Wissen.

„Die modellhafte Anschauung als didaktisches Prinzip, welche mit der Visualisierung technischer Artefakte als Mittel der Beschreibung kausaler Zusammenhänge einherging, hatte ihre Wurzeln in den Bildungsbestrebungen der Renaissance." (Mauersberger 2000, S 170) Die technische Antizipation erfolgt überwiegend zunächst im Kopf, dann als Skizze auf dem Papier, später als fertiger Planentwurf oder ausgefeilte Konstruktionszeichnung. Moderne Informations- und Kommunikationstechnologien können das zwar unterstützen (CAD – computer aided design), aber nicht ersetzen. Denken des Ingenieurs ist überwiegend ein nichtverbales Denken, ein Denken in visuellen Kategorien, dessen Ergebnisse für das „Bauen" aber häufig in verbalisierte Ergebnisse „transformiert" oder „übersetzt" werden müssen (was mit einem Informationsverlust verbunden sein kann).

Den Grundgedanken des „tacit knowledge", des „stillschweigenden", „impliziten" Wissens (im Gegensatz zum expliziten Wissen) hat Michael Polanyi folgendermaßen formuliert: „We can more than we can tell." (Polanyi 1967, p 4). Vielleicht sollte man das im hier interessierenden Zusammenhang folgendermaßen umformulieren: „We know more than we can tell."

Hier soll keine „Theorie" des tacit knowledge entwickelt werden, die wohl auch eher in den Bereich des sogenannten Wissensmanagements gehört.[13] Es geht lediglich um einige Anmerkungen im Zusammenhang mit dem Entwurfshandeln. Die Bedeutung erhellt indes aus der „Eisberg-Metapher", wonach explizites Wissen nur 2/7 des interessierenden Ganzen ausmache (vgl. Schneider, S 1).

Unter tacit knowledge wird ein weitgehend personengebundenes, lokales Wissen verstanden, schwierig auszudrücken und kontext-spezifisch, damit schwer verallgemeiner- bzw. formalisierbar und vor allem kaum kommunizierbar, denn es kann nicht vollständig („verlustfrei") in lehr- und lernbares Regel- oder Gesetzeswissen überführt werden.[14] Im technikwissenschaftlichen Entwurfsprozess können ihm ganz unterschiedliche Funktionen zukommen, wenn es etwa als Noch-nicht-Verbalisiertes, als überblicksartige Visualisierung, als „inneres Auge" des Ingenieurs (Ferguson), als Routine, als Stereotyp oder als spontane Auswahl aus dem „Bildervorrat" auftritt.

Mit dem technischen Handeln und seiner theoretischen Analyse deutet sich auf dieser Grundlage zumindest ein weiteres Moment an, das „intuitives Erfassen" genannt sei. Intuition in nicht-mentalistischer Weise verstanden deutet m.E. darauf hin, sich wieder dessen mehr zu versichern, was die Griechen mit ihrem Begriff der τεχνη umfassten, nämlich eine Könnerschaft und Kunstfertigkeit, das „sich auf etwas verstehen". Die moderne Konstruktionswissenschaft spricht hier z.B. mittlerweile von der „heuristischen Kompetenz", worunter – in sicherlich noch nicht vollständig abgeklärter Weise – „die Fähigkeit verstanden werden soll, das Handeln den Bedingungen jeweils anzupassen. Erkennen von Wichtigkeit, Erfolgswahrscheinlichkeit und Dringlichkeit sowie Prozesskontrolle und Kontrolle des Anspruchsniveaus sind dabei wichtige Komponenten". (Pahl 1994, S 15) Auch technische Problemlösungsprozesse laufen nicht nur logisch sequentiell und

[13] Erschwerend käme der Tatbestand hinzu, dass es keine Einigkeit darüber gibt, was unter „tacit knowledge" verstanden wird: „Eine gerade entstandene skandinavische Dissertation fand in der Literatur 78 Begriffe zur Kennzeichnung stillschweigenden Wissens, die von Intuition über praktische Intelligenz, zu Organisationskultur reichen. Dabei werden zum einen unterschiedliche Begriffe für ähnliche Konzepte, zum anderen dieselben Begriffe für unterschiedlich gemeinte Konzepte verwendet; ein Missverständnisse anregender Befund." (Schneider 2002, S 8 – Bezug genommen wird auf Haldin-Herrgård 2001)

[14] Heymann und Wengenroth führen das zu der – m.E. nicht ganz unproblematischen – These, dass die Methodik des Konstruktionshandelns „im Zweifel den Handlungserfolg über den Deutungserfolg" stellen (Heymann u. Wengenroth 2001, S 120). Die Geschichte der Technik zeigt, dass zumindest immer der Versuch unternommen wurde und wird, technisches Geschehen zu „deuten".

methodenbewusst ab, Wissen wird nicht nur rational „verwaltet" aktualisiert, „abgerufen" und genutzt, gedankliche Abläufe sind nicht nur „transparent" und nachvollziehbar. Es ist eine außerordentlich starke Abhängigkeit vom Individuum, seinen Veranlagungen, seinen Kenntnissen, seiner Motivation u.ä. zu konstatieren, die neben Fachwissen und Kenntnis der Methodik dazugehören, um erfolgreich z.B. Entwurfsprobleme im Bereich der Technik lösen zu können (d.h., zumindest in diesem Bereich ist nicht alles für eine subjektunabhängige Nutzung verfügbar).

In diesem Zusammenhang sei daran erinnert, dass bereits im Jahre 1848 Friedrich Redtenbacher vom „Zusammensetzungssinn, Anordnungssinn und Formensinn" gesprochen hat, erforderlich, um den „Entwurf einer Maschine zu Stande" zu bringen (vgl. Redtenbacher 1848, S III). Das „gefühlsmäßige", „kunstgemäße" Moment im technischen Entwurfsprozess jener Zeit schildert Max Eyth in seinem Roman „Hinter Pflug und Schraubstock" am Beispiel eines englischen Brückenbauers mit folgenden Worten: „Oft genug war ich starr vor Erstaunen, wenn ich beobachtete, wie sehr Brücken bei ihm Gefühlssache sind, namentlich Gitterbrükken. Es ist nicht Erfahrung. Man hat keine Erfahrung von Dingen, die noch nie gemacht wurden. Es ist auch nicht Instinkt. Unsre Vorfahren wußten zu wenig von Häng- und Sprengwerken, um dieses Wissen zu vererben. Es ist ein Drittes, Unergründliches, Unerklärliches." (Eyth 1899, S 392)

7 Fazit

Technikgestaltung hat sich der Tatsache zu versichern, dass das zugrunde liegende bzw. gelegte Wissen prinzipiell unvollständig ist. „Planen" und „Bauen" erfolgen auf der Basis einer „bounded rationality", d.h. jeder Versuch, auf der Grundlage „vollständigen Wissens", „vollständiger Information" Entscheidungen treffen zu wollen, ist illusorisch. Die in der Technik auftretenden Aufgaben sind häufig nicht gut strukturiert, so dass sie sich einer formalisierten, algorithmisierten Lösung entziehen: Der Umfang des Problems ist vorab nicht umfassend definierbar, Ziele und Mittel stehen in unbekannter Beziehung zueinander, es ergeben sich bislang nicht antizipierte bzw. antizipierbare Handlungsalternativen (vgl. Heymann u. Wengenroth 2001, S 117, mit Bezug auf Simon 1981, S 148ff.).

Durch theoretische Einsichten, praktische Erfahrungen – einschließlich derer aus Stör- und Unfällen – und geeignete Experimente lassen sich vielfach – aber eben nicht immer!! – nichtgewollte Neben- und Gegenwirkungen als solche erkennen, störende Zufallseinflüsse aufdecken und das technische System sicherer gestalten, mithin das Spannungsfeld von Plan und Lebenswelt überbrücken. Das schließt ein, die Grenze unseres Wissens in steter Wechselwirkung von Theorie und Praxis, von Ziel und Resultat und unter sorgfältiger Prüfung der Ergebnisse schrittweise zu überschreiten, wohl wissend, dass damit immer auch „Nicht-Wissen" generiert wird.

Auf diese Weise „tasten" sich die Akteure der Technikgenese in die Zukunft, in (sozio-)technisches Neuland: in wissenschaftlicher Hinsicht, wenn die angestrebte Aufgabe vom Ansatz her noch nicht lösbar ist; in technischer Hinsicht, wenn das

Ziel mit dem verfügbaren technisch-technologischen Entwicklungsstand nicht umsetzbar ist; in ökonomischer Hinsicht, wenn der Mittelaufwand trotz wissenschaftlich-technischer Machbarkeit deren Verfügbarkeit übersteigt; in ökologischer, sozialer sowie politischer Hinsicht, wenn die sozio-technischen Auswirkungen auf Natur, Individuum und Gesellschaft noch nicht genügend geklärt sind.

Literatur

Albrecht H, Schönbeck Ch (Hrsg) (1993) Technik und Gesellschaft. Düsseldorf

Banse G (1996) Technisches Handeln unter Unsicherheit – unvollständiges Wissen und Risiko. In: Banse G, Friedrich K (Hrsg) Technik zwischen Erkenntnis und Gestaltung. Philosophische Sichten auf Technikwissenschaften und technisches Handeln. Berlin, S 105–140

Banse G (2000) Konstruieren im Spannungsfeld. Kunst, Wissenschaft oder beides? Historisches und Systematisches. In: Banse G, Friedrich K (Hrsg) Konstruieren zwischen Kunst und Wissenschaft. Idee – Entwurf – Gestaltung. Berlin, S 19–79

Banse G (2002) Sicherheit zwischen Faktizität und Hypothetizität. In: Kiepas A (Hrsg) Der Mensch angesichts der Rationalität. Katowice, S 32–44 (poln.)

Banse G (2003) Zur Wissenschaftstheorie der Technikwissenschaften. In: Kornwachs K (Hrsg) Technik – System – Verantwortung. Münster u.a. (in Vorbereitung)

Banse G, Kiepas A (2002) Vorwort. In: Banse G, Kiepas A (Hrsg) Rationalität heute. Vorstellungen, Wandlungen, Herausforderungen. Münster u.a., S 9–12

Banse G, Müller H-P (Hrsg) (2001) Erfindungen – Versuch der historischen, theoretischen und empirischen Annäherung an einen vielschichtigen Begriff. Münster u.a.

Bechmann G, Petermann Th (Hrsg) (1994) Interdisziplinäre Technikforschung. Genese, Folgen, Diskurs. Frankfurt a.M., New York

Bechmann G, Rammert W (Hrsg) (1994) Technik und Gesellschaft. Jahrbuch 7. Konstruktion und Evolution von Technik. Frankfurt a.M., New York

Beck U, May St (2001) Gewußtes Nicht-Wissen und seine rechtlichen und politischen Folgen. Das Beispiel der Humangenetik. In: Beck U, Bonß W (Hrsg) Die Modernisierung der Moderne. Frankfurt a.M., S 247–260

Böhle F, Bolte A, Drexel I, Weishaupt S (2001) Grenzen wissenschaftlich-technischer Rationalität und „anderes Wissen". In: Beck U, Bonß W (Hrsg) Die Modernisierung der Moderne. Frankfurt a.M., S 96–105

Buchanan R (1992) Wicked Problems in Design Thinking. In: Design Issues, No 2/1992, pp 5–21

Duddeck H (federführend) (2001) Empfehlungen zur Lehre von Technik mit stärkerem Bezug auf Werteprobleme. In: Duddeck H (Hrsg) Technik im Wertekonflikt. Ladenburger Diskurs „Handeln der Ingenieure in einer auf andere Werte orientierten Gesellschaft". Opladen, S 285–293

Ekardt H-P (2001) Ingenieurrationalität. Bauingenieure als „Techniker" oder Professionals. In: Bundesingenieurkammer (Hrsg) Ingenieurbaukunst in Deutschland. Jahrbuch 2001. Hamburg, S 122–125

Eyth M (1899) Hinter Pflug und Schraubstock. Stuttgart

Ferguson ES (1993) Das innere Auge. Von der Kunst des Ingenieurs. Basel u.a.

Grunwald A (1996) Das lebensweltliche Apriori in der Begründung technikwissenschaftlicher Sätze. In: Banse G, Friedrich K (Hrsg) Technik zwischen Erkenntnis und Gestaltung. Philosophische Sichten auf Technikwissenschaften und technisches Handeln. Berlin, S 51–75

Grunwald A (2000a) Handeln und Planen. München

Grunwald A (2000b) Technik für die Gesellschaft für morgen. Möglichkeiten und Grenzen gesellschaftlicher Technikgestaltung. Frankfurt a.M., New York

Häfele W (1993) Natur- und Sozialwissenschaften zwischen Faktizität und Hypothetizität. In: Huber J, Thurn G (Hrsg) Wissenschaftsmilieus. Wissenschaftskontroversen und sozialkulturelle Konflikte. Berlin, S 159–172

Haldin-Herrgård T (2001) Epitomes of Tacit Knowledge. Paper submitted to 22nd McMasters World Congress, Hamilton, Canada, 17–19 January

Heymann M, Wengenroth U (2001) Die Bedeutung von „tacit knowledge" bei der Gestaltung von Technik. In: Beck U, Bonß W (Hrsg) Die Modernisierung der Moderne. Frankfurt a.M., S 106–121

Hronszky I (1997) On some Epistemic Questions of 'Inexact' Investigations. In: Foray G (Ed.) Images and Reality. Proceedings of the 1996 Miscolc Conference. Miscolc, pp 39–47

Hubka V (1973) Theorie der Maschinensysteme. Grundlagen einer wissenschaftlichen Konstruktionslehre. Berlin, Heidelberg u.a.

Hubka V, Eder WE (1992) Einführung in die Konstruktionswissenschaft. Übersicht, Modell, Anleitungen. Berlin u.a.

Jünger FG (1980) Die Perfektion der Technik (1939). 6. Aufl. Frankfurt a.M.

Krohn W, Weyer J (1989) Gesellschaft als Labor. Die Erzeugung sozialer Risiken durch experimentelle Forschung. In: Soziale Welt, Heft 3/1989, S 349–373

Kubicek H, Seeger P (Hrsg) (1993) Perspektive Techniksteuerung. Interdisziplinäre Sichtweisen eines Schlüsselproblems entwickelter Industriegesellschaften. Berlin

Lagadec P (1981) Das große Risiko. Technische Katastrophen und gesellschaftliche Verantwortung. Nördlingen

Mauersberger K (2000) Die Entwicklung des maschinentechnischen Wissens im Spannungsfeld von Visualisierung und Abstraktion. In: Banse G., Friedrich K (Hrsg) Konstruieren zwischen Kunst und Wissenschaft. Idee – Entwurf – Gestaltung. Berlin, S 169–191

Müller J (1990) Arbeitsmethoden der Technikwissenschaften. Systematik, Heuristik, Kreativität. Berlin u.a.

Müller J, Franz L (1990) Zur dialektischen Wechselwirkung von methodenbewußtem Denken und Operationen im beruflichen Alltagswissen in Problemlösungsprozessen beim Konstruieren. In: Wissenschaftliche Zeitschrift der Technischen Universität Magdeburg, Heft 4/1990, S 63–66

Pahl G (1994) Psychologische und pädagogische Fragen beim methodischen Konstruieren. Ergebnisse des interdisziplinären Diskurses. In: Pahl G (Hrsg) Psychologische und pädagogische Fragen beim methodischen Konstruieren. Köln, S 1–40

Pahl G (1997) Wissen und Können in einem interdisziplinären Konstruktionsprozeß. In: Putlitz G Frhr. zu, Schade D (Hrsg) Wechselbeziehungen Mensch – Umwelt – Technik. Stuttgart, S. 35–65

Polanyi M (1967) The tacit Dimension. Garden City, New York

Poser H, Hubig Ch, Jelden E, Debatin B (1997) Algorithmus und Unsicherheit. In: Mackensen R (Hrsg) Konstruktionshandeln. Nicht-technische Determinanten des Konstruierens bei zunehmendem CAD-Einsatz. München, Wien, S 83–152

Redtenbacher F (1848) Resultate für den Maschinenbau. Mannheim

Rittel HWJ, Webber MM (1973) Dilemmas in a General Theory of Planning. In: Policy Sciences, no 2/1973, pp 155–169

Rittel HWJ, Webber MM (1994) Dilemmas in einer allgemeinen Theorie der Planung. In: Reuter WD, Rittel HW (Hrsg) Planen, Entwerfen, Design. Ausgewählte Schriften zu Theorie und Methodik. Stuttgart, S 13–35

Ropohl G (1990) Technisches Problemlösen und soziales Umfeld. In: Rapp F (Hrsg) Technik und Philosophie. Düsseldorf, S 111–167

Ropohl G (2001) (Hrsg) Erträge der Interdisziplinären Technikforschung. Eine Bilanz nach 20 Jahren. Berlin

Rumpf H (1973) Gedanken zur Wissenschaftstheorie der Technikwissenschaften. In: Lenk H, Moser S (Hrsg) Techne – Technik – Technologie. – Philosophische Perspektiven –. Pullach b. München, S 82–107

Scheer J (2000) Versagen von Bauwerken. Bd. 1 Brücken. Berlin

Schnädelbach H (1984) Einleitung. In: Schnädelbach H (Hrsg) Rationalität. Philosophische Beiträge. Frankfurt a.M., S 8–14

Schnädelbach H (1991) Vernunft. In: Martens E, Schnädelbach H (Hrsg): Philosophie. Ein Grundkurs. Bd. 1. Reinbek b. Hamburg, S. 77–115

Schneider U (2002) Rethinking and Retheorizing Tacit Knowledge. S 1–17. Im Internet www.iwp.uni-linz.ac.at/lxe/lehre_born/ wiwi01/Schneider.pdf (22.10.2002)

Simon H (1981) The Sciences of the Artificial. 2nd ed. Cambridge, Mass.

Spur G (1998) Technologie und Management. Zum Selbstverständnis der Technikwissenschaft. München, Wien

Tietzel M (1985) Wirtschaftstheorie und Unwissen. Überlegungen zur Wirtschaftstheorie jenseits von Risiko und Unsicherheit. Tübingen

Weber M (1991) Wissenschaft als Beruf. In: Weber M (1991) Schriften zur Wissenschaftslehre. Stuttgart, S 237–273

Wehling P (2002) Rationalität und Nichtwissen. (Um-)Brüche gesellschaftlicher Rationalisierung. In: Karafyllis NC, Schmidt JC (Hrsg) Zugänge zur Rationalität der Zukunft. Stuttgart, S 255–276

Wörterbuch (1974) Plan. In: Klaus G, Buhr M (Hrsg) Philosophisches Wörterbuch. 10. Aufl. Bd. 2. S 938–939

Wörterbuch (1991) Reduktion. In: Hörz H, Liebscher H, Löther R, Schmutzer E, Wollgast S (Hrsg) Philosophie und Naturwissenschaften. Wörterbuch zu den philosophischen Fragen der Naturwissenschaften. Bd. 2. Berlin, S 788

Wright GH von (1991) Erklären und Verstehen. 3. Aufl. Frankfurt a.M.

Zimmerli WCh (1991) Lob des ungenauen Denkens. Der lange Abschied von der Vernunft. In: Universitas, Heft 12, S 1147–1160

Zimmerli WCh (1992) Technikfolgenabschätzung – Wissenschaft oder Politik? In: Mitteilungen der TU Braunschweig, Heft I/1992, S 12–20

II. Technik und Gesellschaft

Technik und Kulturhöhe

Peter Janich

Vorwort

Das Verhältnis von Technik und Kultur ist in der heutigen, öffentlichen Meinung durch eine Reihe fest etablierter Klischees bestimmt. Die deutsche Alltagssprache hält eine Reihe von Suggestionen bereit, die man sozusagen als Indiz für das nehmen kann, was man immer schon gedacht hat, solange man nicht danach gefragt wurde.

Ziel dieses Aufsatzes ist es, eine philosophische Reflexion über das Verhältnis von Technik und Kultur anzustellen. Der Weg zu diesem Ziel wird von der Kultur-Förmigkeit der Technik zur Technik-Förmigkeit der Kultur führen. Doch dies ist ein Vorgriff. Zunächst geht es um die Klischees, die von Alltags- und Bildungssprache bereitgehalten werden – vor allem im Deutschen.

1 „Kultur"

Kultur ist heute ein allgegenwärtiges Modewort, vor allem in der Form von Bindestrichkulturen wie Streitkultur, Unternehmenskultur, Badekultur, Esskultur usw. Es scheint nichts mehr zu geben, was nicht mit dem Wort „Kultur" eine Bindestrichvereinbarung eingehen könnte und dadurch die Sache selbst interessanter und wertvoller macht. Um diese Wort-Politik oder Wort-Psychologie soll es hier jedoch nicht gehen.

Das Wort Kultur ist vielmehr auch zur Einteilung von Aufgabenbereichen üblich. Es gibt ein Kulturressort, eine Kulturpolitik, in großen Zeitungen eine Kulturredaktion, einen Kulturstaatsminister und einen Kulturetat. Kultur ist eine öffentliche Aufgabe.

Dabei fällt auf: Technik kommt in ihr nicht vor. Erst wenn Technik alt ist und ins Museum wandert oder unter Denkmalschutz gestellt wird, d. h., erst wenn Technik schön wird, wird sie Teil der Kultur. Aber die Technik der Industrieproduktion, die Technik unter der Motorhaube des Autos, die Computertechnik usw. sind keine Gegenstände, an die man durch das Wort Kultur erinnert wird.

Erinnerung wert ist freilich die Herkunft des Wortes „Kultur": Es leitet sich ab vom lateinischen Verbum cultivare, und es bezeichnet die menschliche Tätigkeit, in die Natur nach eigenen Zwecken einzugreifen. Der Ackerbauer und der Viehzüchter, aber auch der Steinbrecher und der Straßenbauer, der Holzfäller und der Bergmann, d. h. jeder für den menschlichen Lebensunterhalt Tätige, der sich bei der Natur bedient, ist ein „Cultivator". Im heutigen Deutsch ist diese ursprüngliche Bedeutung nur noch im Zusammenhang von Bakterien- und Obstbaumkulturen erhalten.

Schon diese kurze Erinnerung an die Abstammung des Wortes Kultur zeigt, dass mit Kultur ursprünglich bezeichnet war, was wir heute Technik nennen.

2 „Technik"

Das deutsche Wort ist über das französische aus dem griechischen Adjektiv technike und dem Substantiv Techne abgeleitet, und es heißt so viel wie Kunst, künstlich, in den lateinischen Entsprechungen ars und artefactum.

In der vor allem durch Aristoteles prominent gemachten Einteilung zwischen Natur und Kultur ist das Technische, das Künstliche, das vom Menschen naturwidrig und kunstvoll nach Zwecken Hervorgebrachte. Es sind die handwerklich herstellenden Handlungen, die Poiesis, die zu (lateinisch) Artefakten, zu technischen Produkten führt.

Schon bei Aristoteles[1] war die Gegenüberstellung von Natur und Technik eine solche von Aspekten. Ein und dasselbe Objekt, das der Mensch handwerklich bearbeitet hatte, konnte dadurch künstliche Eigenschaften gewinnen und zugleich einige natürliche behalten.

In moderner Alltagssprache kann man drei unterschiedliche Bedeutungen von Technik bzw. technisch unterscheiden: einmal spricht man von der Technik im Sinne der Beherrschung eines Handlungsschemas, etwa, wenn man von der Technik eines Pianisten, eines Malers, einer Tänzerin oder Sängerin, oder irgendeines handwerklich oder künstlerisch Schaffenden spricht. Zum Zweiten spricht man von Technik im Zusammenhang mit etablierten Verfahren, etwa einer Guss- oder einer Informationstechnik (nicht selten in einer wenig sprachbewussten Vermengung mit dem Wort Technologie). Und zum Dritten bezeichnet man mit Technik den ganzen Bereich der Produkte handwerklicher und ingenieurmäßiger Konstruktion.

Lehrbücher der Ingenieurwissenschaften im weitesten Sinne bemühen sich ebenfalls, einen Technikbegriff zu entwickeln und eine möglichst umfassende Definition zu geben. Dort heißt es üblicherweise, Technik diene dem Transport, der Transformation und der Speicherung von Stoff, Energie und Information. Diese Bestimmung ist für den sprachkritischen Philosophen insofern provozierend, als

[1] Aristoteles befasst sich in mehrfachem Zusammenhang mit Technik, etwa in seiner Physikvorlesung, in der Metaphysik (Buch Lamda, 3.1070a) (Technik als das vom Menschen handelnd Hervorgebrachte im Unterschied zu dem von Natur aus Gewordenen) und in der Nikomachischen Ethik. Dort wird Technik explizit als das bezeichnet, was durch poietische Hervorbringung im Gegensatz zur Praxis steht. Vgl Janich P (1996) Technik. In: Mittelstraß J (Hrsg) Enzyklopädie Philosophie und Wissenschaftstheorie, Bd. 4. Stuttgart, S 214–217; Janich P (1998) Die Struktur technischer Innovationen. In: Hartmann D, Janich P (Hrsg.) Die Kulturalistische Wende. Zur Orientierung des philosophischen Selbstverständnisses. Frankfurt a.M., S 129–177. Außerdem: Artikel „Technik" In: Ritter J, Gründer K (Hrsg) Historisches Wörterbuch der Philosophie, Bd. 10, S 940–952.

die drei (vermeintlichen) Gegenstandsbereiche Stoff, Energie und Information drei Wörter höchst unterschiedlicher Rollen in den Technik- und Naturwissenschaften betreffen. Energie ist ein in der Physik explizit durch Messverfahren definierter Parameter. Stoff ist dagegen ein in den Einleitungen von Chemiebüchern allgegenwärtiges Wort, das allerdings innerhalb der Fachwissenschaften niemals eine Definition erfährt[2]. Und Information ist ein bestenfalls sekundär definierter Grundbegriff eines Wissenschaftsbereichs, der sich einerseits mathematische Kommunikationstheorie nennt und andererseits als höchst erfolgreiche Ingenieurdisziplin eine lange Schleppe unverarbeiteter sprachphilosophischer Anhängsel nach sich zieht[3]. Die ingenieurwissenschaftlichen Bestimmungen von „Technik" sind also zumindest inhomogen, wohl aber insgesamt unüberlegt.

Philosophisch betrachtet geht es um Technik in den drei erstgenannten Verwendungsweisen letztlich immer um die Beherrschung von Mitteln nach Zwecken, seien diese Mittel nun Handlungsschemata (wie beim Pianisten), Verfahren (wie bei der Gusstechnik) oder Produkte und Folgen von Handlungen (wie bei Ingenieur-Konstruktionen).

War oben darauf hingewiesen worden, dass die ursprüngliche Wortbedeutung von „Kultur" genau dem entspricht, was man heute unter Technik versteht, so zeigt sich hier umgekehrt, dass „Technik" genau den Bereich bezeichnet, der einen Kernbereich der Kultur ausmacht. Mit anderen Worten, ein erster, genauerer Blick auf die Wortverwendungen steht im direkten Gegensatz zu den Üblichkeiten der deutschen Alltags- und Bildungssprache.

3 Deutsche Bildungssprache

Im Unterschied zu den romanischen und angelsächsischen Sprachen gibt es im Deutschen einen prägnanten Unterschied von „Kultur" und „Zivilisation". Bei „Kultur" denkt der gebildete Deutsche an Bach, Goethe und Dürer, bei („technischer") Zivilisation an Auto, Zentralheizung und Wasserspülung.

Dabei ist bereits vergessen, dass „Zivilisation" (als Form etablierter Technik) abgeleitet ist vom Lateinischen civis, Bürger. Der Bürger ist der Bewohner einer Burg oder einer von Stadtmauern umfriedeten Stadt; heute lebt niemand mehr in Burgen oder innerhalb von Stadtmauern, sondern in der City. (Ich übergehe hier den politischen Aspekt des Übergangs vom bourgeois (als dem Burg- oder Stadt-

[2] Vgl. Psarros N (1999) Die Chemie und ihre Methoden. Eine philosophische Betrachtung. Weinheim ; Hanekamp D (1996) Protochemie. Vom Stoff zur Valenz, Würzburg

[3] Janich P (1998) Informationsbegriff und methodisch-kulturalistische Philosophie In: Ethik und Sozialwissenschaften. Streitforum für Erwägungskultur 9, Heft 2, S 169–182; Janich P (1999) Die Naturalisierung der Information. In: Sitzungsberichte der Wissenschaftlichen Gesellschaft an der Johann Wolfgang Goethe-Universität, Bd. XXXVII, 2. Frankfurt a.M., S 36

bewohner) zum „citoyen", dem aufgeklärten (Staats-)Bürger der Französischen Revolution.[4]

Auch dieser kurze Blick auf die Ursprungsbedeutung des Wortes Zivilisation verweist darauf, dass es dabei gerade nicht um handwerkliche oder ingenieurmäßig Produkte geht, sondern um ein geregeltes Zusammenleben der Menschen in einer städtischen Gemeinschaft, also um Sitte, Moral, Recht und Staat.

Schon ein flüchtiger Blick zeigt also, dass die Technik, deren Etabliertheit sich als Zivilisation äußert, dem Sprachgebrauch nach der Kultur entzogen, aus der Kultur ausgebürgert wurde – wie gesagt, im Deutschen. Der Kultur-Charakter von Technik und Zivilisation ist im üblichen deutschen Sprachgebrauch übersehen, ignoriert oder zumindest unterbewertet.

An diese drei Befunde zu den Stichworten Kultur, Technik und der deutschen Rede von Zivilisation sei nun eine philosophische Kritik angeschlossen. Diese Kritik soll konstruktiv sein und in zwei Schritten vorgehen. Im ersten wird Technik als Kulturleistung ausgewiesen, im zweiten ein Technikmodell für Kultur vorgeschlagen. Damit soll das einleitende Versprechen eingelöst werden, von der Kulturförmigkeit der Technik zur Technikförmigkeit der Kultur zu gelangen.

4 Technik als Kulturleistung

Technik in ihrer ursprünglichen, von Aristoteles bestimmten Bedeutung ist der Gegenbegriff zu Natur. Natur ist das, was den Grund aller Veränderung in sich selbst trägt, damit auch neben qualitativer Veränderung und örtlicher Bewegung den Grund für Werden und Vergehen, den Grund für die eigene Existenz. Technisch ist dagegen, was der Mensch naturwidrig hervorbringt. Technik ist das Zweckrationale, das für den Philosophen (seit Aristoteles) deshalb von besonderer epistemologischer Wichtigkeit ist, weil der Mensch die Natur nur nach dem Vorbild des eigenen Handelnkönnens, des technischen Eingriffs, der Naturwissenschaften also verstehen kann.

Demgegenüber nehmen Naturalisten an, dass Technik nur die angewandten, nach menschlichen Zwecken genutzten Naturgesetze sind, die vom Menschen ganz unabhängig da und im günstigen Falle durch den Menschen in den Naturwissenschaften erkannt sind.[5]

Gegen diesen Streit zwischen einer kulturalistischen und einer naturalistischen Religion lässt sich einwenden, dass unstrittig ist: Technik (in den drei oben erläuterten Bedeutungen des Wortes) einschließlich der in naturwissenschaftlicher Forschung genutzten technischen Mittel ist nicht wieder von Natur aus, sondern durch

[4] Vgl. Riedel M (1971) Artikel „Bürger, bourgeois, citoyen". In: Ritter J (Hrsg) Historisches Wörterbuch der Philosophie, Bd. 1. Darmstadt

[5] Zum Verhältnis von Technik und Naturwissenschaft vgl. Janich P (1997) Kleine Philosophie der Naturwissenschaften. München; Janich P (1992) Grenzen der Naturwissenschaft. München

menschliches Handeln in der Welt. Menschen sind Handwerker, Ingenieure, Techniker und Laborforscher.

Der erwähnte Streit der Religionen spitzt sich zu beim Handlungsbegriff.[6] Ist „Handeln" etwas spezifisch Menschliches und Kultürliches, oder ist es nur natürlich im selben Sinne, wie die Bewegungen und Regungen, die Hervorbringungen und Erscheinungsformen der Tiere und Pflanzen natürlich sind?

Die heute bei weitem dominanteste Auffassung sagt, dass Tiere in ihren Leistungen den Menschen sehr ähnlich sind und sich zumindest als Exemplare betrachten lassen, in denen wir Vorstufen der naturgesetzlichen Evolution zum Menschen erblicken dürfen bzw. sollen. Die technischen Hervorbringungen des Menschen seien nur etwas weiter entwickelt als die tierischen Produkte wie Nester, Bienenwaben und Spinnennetze. Es ist heute geradezu ein Modetrend, von der Kultur der Tiere im Unterschied zur Natur des Menschen zu reden[7], den Tieren hohe und höchste Weihen zuzusprechen etwa in der doch so menschlichen Leistung des Täuschens und Lügens, der zweckrationalen Übervorteilung des Rivalen und in der Fürsorglichkeit der den Nachwuchs lehrenden Elterngeneration. Nach dieser Modemeinung spricht nichts dagegen, dass Tiere handeln, Erkenntnisse haben und ihre eigene Kultur hervorbringen. Sollte sich diese dem Menschen noch als Schwundstufe präsentieren, könnte es ja immer noch an mangelnder Wertschätzung des Tieres durch den Menschen oder an mangelnder Erkenntnisfähigkeit des Menschen gegenüber dem Tier liegen.

Demgegenüber lässt sich, weniger in die Höhen überzogener biologischer Theorien entschwunden, mit den Umständen des täglichen Lebens argumentieren: Menschen müssen lernen, in die jeweilige Kultur hineinzuwachsen. Unbestritten unterscheidet den Menschen vom Tier seine ungewöhnlich lange Lerngeschichte, seine späte Pubertät, sein Zwang, nicht wie das neugeborene Junge von Tieren eben in der Natur zu sein, sondern sich in der Kultur orientieren und bewähren zu müssen. Dazu zählt, dass eine elementare Unterscheidung erworben werden muss, nämlich die zwischen Handlungen, die den Menschen von der Gemeinschaft als Verdienst oder Verschulden zugerechnet wird, und den anderen Regungen und Bewegungen, den anderen Vorgängen am und im eigenen Körper, den anderen Widerfahrnissen und Umständen.

Gerne übersehen Naturalisten, die eine Tier und Mensch gemeinsame Natur betonen, dass auch sie der sittlichen und rechtlichen Verpflichtung unterworfen sind, die von der Gemeinschaft kommen. Keine naturwissenschaftliche Erklärung für die Konstitution und Leistung des eigenen Organismus kann davon befreien. Der Mensch ist für die Folgen seines Handelns moralisch und rechtlich verantwortlich. Der Mensch muss deshalb im Unterschied zum Tier mühsam ein Handlungsvermögen erwerben (und differenziert sich in der Gemeinschaft durch den Grad, wie weit ihm dieses gelingt): Er muss als selbstbestimmt lebendes Individuum Zwecksetzungsautonomie, Mittelwahlrationalität und Folgenverantwortlichkeit entwi-

[6] Eine methodische Handlungstheorie mit einer Anwendung in der Sprachphilosophie ist entwickelt. In: Janich P (2001) Logisch-pragmatische Propädeutik, Weilerswist

[7] Vgl. Etwa: Frans de Waal (2002) Der Affe und der Sushi-Meister. Das kulturelle Leben der Tiere. München, Wien

ckeln. Keine der drei Bestimmungen trifft auf Vermögen von Tieren zu. Das Handlungsvermögen orientiert sich an kultürlichen Normen und differiert historisch und geographisch, sozial und politisch nach den jeweiligen Umständen. Dennoch kann in einer philosophischen Handlungstheorie hinzugefügt werden, dass zum Handlungsbegriff, bestimmt durch Zurechnung von Verdienst und Schuld, zählt: Handlungen können unterlassen werden; zu Handlungen kann man sinnvoll auffordern; Handlungen können ge- und misslingen, sei es bezogen auf die Absichten des Handelnden, sei es bezogen auf etablierte Regeln; Handlungen können Erfolg und Misserfolg haben, indem sie ihren Zweck erreichen oder verfehlen.

Diese Bestimmungen des Handelns, die damit das Handeln von einem naturwissenschaftlich kausal erklärbaren Verhalten (im Sinne von behaviour, nicht im Sinne von conduct) zu unterscheiden erlaubt, ist einschlägig auch für eine ganz spezifisch menschliche Form des Handelns, nämlich dem Sprechen. Auch sprachliches Verhandeln ist Handeln.

Was bedeutet diese spezifisch menschliche Leistung, handeln zu können, für den Begriff der Technik?

5 Drei Handlungstypen für Technikbegriffe

Handlungen lassen sich nach verschiedenen Aspekten unterscheiden und einteilen. Hier sei zunächst die Gegenüberstellung von kinetischen, poietischen und praktischen Handlungen betrachtet.

Kinetische, also Bewegungshandlungen, sind von natürlichen Bewegungen von Mensch und Tier zu unterscheiden. In natürlicher Hinsicht sind die Tiere in ihren Bewegungen den Menschen weit überlegen. Aber der Mensch lernt Gehen, Schwimmen, Radfahren, Autofahren, Tanzen; er entwickelt Sportarten wie den Eiskunstlauf, das Turmspringen, Golf- und Tennisspielen, und er lernt Musizieren auf dem Klavier oder der Geige, der Flöte oder mit der Posaune. Er entwickelt eine Gestensprache, lernt Schreiben und vollzieht das ganze Leben in Bewegungen, bei denen das Natürliche nur vorkommt im Reflex, etwa um beim Ausrutschen auf der berühmten Bananenschale den Sturz zu vermeiden, beim elektrischen Schlag, oder um beim Anfassen eines heißen Gegenstandes die Hand zurückzuziehen, vor einem Objekt die Augenlider zu schließen, und eine Fülle weiterer, natürlich-angeborener Bewegungsmuster. Neugeborene Menschenkinder können sogar tauchen und unter Wasser schwimmen, verlieren diese Naturfähigkeit und müssen sie später als die Kunst des Schwimmens und Tauchens, des Atmens und Atemanhaltens neu erlernen.

Der Mensch hat zur Beschreibung solcher Fähigkeiten nur seine menschliche Sprache. Deshalb liegt es nahe, dass er seine Beobachtungen auch z. B. an heranwachsenden Raubvögeln oder Räubern unter Säugetieren anthropomorph als Lehren und Lernen von Fähigkeiten beschreibt. Ebenso tendiert der Mensch dazu, beim Tier nach Gelingen und Misslingen, nach Erfolg und Misserfolg zu beschreiben, was er an ihm beobachtet. Dennoch kann es gar keine Frage sein, dass es nicht den geringsten Anhaltspunkt für die drei Bestimmungen des Handlungsvermögens beim Tier gibt, nämlich die Zwecksetzungsautonomie, die Mittelwahlrationalität und die Folgenverantwortlichkeit. Dies gilt bereits ohne Frage für die kinetischen Handlungen des Menschen.

6 Poiesis

Das herstellende Handeln steht unter einer fatalen historischen Belastung. Den großen griechischen Philosophen war die eigene, körperliche Tätigkeit im Verhältnis zum Philosophieren und Politisieren derart unwürdig erschienen, dass sie – trotz häufigen Rückgriffs auf das Handwerk zu Erläuterungszwecken etwa in der Ethik – für die Abwertung des Banausos (wörtlich: Handwerker) verantwortlich sind. Die Mundwerker haben im europäischen Geistesleben das Diktat über die Handwerker übernommen. Und völlig verwirrt präsentiert sich das Lateinische, wenn es aus dem Griechischen Poiesis lateinisch den Poeten macht, der gerade nichts handwerklich herstellt, sondern Verse schmiedet und damit allenfalls ein metaphorischer Handwerker ist.

Die Abgrenzung der Poiesis gegenüber der Kinesis als Aspekt des Handelns ist nicht trivial. Zum einen gibt es ohne Kinesis keine Poiesis. Zum andern ist nicht jede Kinesis auch schon poietisch, weil man etwa beim Pfeifen eines Liedes, das sicher ein Handeln ist, nicht von einem Produkt sprechen kann. Ja selbst bei bleibenden Folgen (wie dem Ordnen von Büchern in einem Regal) hat man es nicht mit einem Produkt zu tun, an das zu denken ist, wenn die poietischen Handlungen eines Schreiners oder Maurers betrachtet werden.

Eine nähere Bestimmung leistet, von Poiesis nur dort zu sprechen, wo Produkte geschaffen werden, die zur eigenen oder fremden Verwendung dienen und dabei einer gewissen Neuinterpretation ihres Mittelcharakters für (neue) Zwecke offen stehen.

Die Poiesis ist der Prototyp einer Handlung, für den die Zweck-Mittel-Rationalität die zentrale Rolle spielt. Wer etwas herstellt, setzt sich zuerst den entsprechenden Zweck, fasst einen entsprechenden Plan und ergreift dann die entsprechenden Mittel. Dabei ist das Wort „Mittel“ in der deutschen Alltagssprache mehrdeutig: einerseits ist selbstverständlich die zum Ziel führende Handlung das Mittel, andererseits bezeichnet man gerne die erforderlichen Werkzeuge oder das erforderliche Material als Mittel zur Realisierung eines Zwecks. Manche Autoren sprechen hier von Gütern.

In Handwerk und technischer Herstellung ist der strikte Bezug zwischen Mittel und Zweck unstrittig: ex post steht immer fest, ob ein Mittel geeignet war für die Realisierung eines Zwecks. Dennoch ist diese Verbindung nicht im selben Sinne eineindeutig, wie dies für den Zusammenhang von Ursache und Wirkung in Kausalerklärungen angenommen wird. Vielmehr kann ein und derselbe Zweck durch verschiedene Mittel, also auf verschiedenen Wegen erreichbar sein, und umgekehrt kann ein und dasselbe Mittel für verschiedene Zwecke tauglich sein. Damit kommen dort, wo technisches Handeln eine tragende Rolle spielt (wie z. B. in den experimentellen Naturwissenschaften) spezifische Probleme in den Blick.

(1) Für eine Technikgestaltung und eine vorausschauende Technikfolgenbeurteilung[8] gibt es prinzipielle Grenzen. Der Erfinder und Erzeuger technischer Produkte kann auch bei bester Planung nicht vorhersehen, welche Umdeutungen die nach bestimmten Zwecken bereitgestellten technischen Mittel später durch andere Verwender finden. Jedes Produkt erzeugt gewissermaßen eine neue historische Situation, in der andere Agenten mit den dinglichen Überbleibseln früherer Technik völlig neu verfahren können. (Es ist nicht zufällig von Psychologen für die Bestimmung von „Intelligenz" aufgegriffen worden, die Phantasie und Flexibilität eines Probanden für unkonventionelle Umdeutungen von Mitteln für neue Zwecke heranzuziehen.)

(2) Das reduktive Vorgehen der Naturwissenschaften von „höheren", komplexeren Beschreibungsebenen auf niedrigere, „elementarere", findet ihre Grenzen in der Nicht-Eineindeutigkeit der Verknüpfung von Mittel und Zweck. Wenn etwa in der naturhistorischen Forschung der Evolutionsbiologie eine Hierarchie von Komplexitätsebenen in Organismusmodellen angenommen wird, um die Entstehung des Menschen aus Einzellern nachzuzeichnen, dann handelt es sich um Verhältnisse von Modellbildungen[9]. Höhere Systemeigenschaften „emergieren"[10] aus niedrigeren im Sinne einer gelungenen Modellbildung für die Emergenzprozesse oder Emergenzverhältnisse zwischen zwei verschiedenen Modellierungen desselben Gegenstandes. Modelle sind aber zweckmäßige Mittel. Ein und dasselbe zu Modellierende kann mit verschiedenen Modellen erfasst werden, wie umgekehrt auch ein und dasselbe Modell für verschiedene Modellierungen brauchbar sein kann. Das heißt, es greift zu kurz, das reduktive Vorgehen der Naturwissenschaften dort, wo es sich nicht einfach um einen logisch-definitorischen Zusammenhang der verschiedenen Systemebenen handelt, auf einen durchgängigen Kausalnexus zu reduzieren. Vielmehr hängen die verschiedenen, auseinander (angeblich)

---

8 Zum Begriff der Technikfolgenbeurteilung im Unterschied zur Technikfolgenabschätzung (TA) vgl. Gethmann CF, Janich P, Sax H (1993) SAPHIR. Technikfolgenbeurteilung der bemannten Raumfahrt. Systemanalytische, wissenschaftstheoretische und ethische Beiträge: ihre Möglichkeiten und Grenzen. Köln; Grunwald A (1998) (Hrsg) Rationale Technikfolgenbeurteilung. Konzeption und methodische Grundlagen. Heidelberg; Grunwald A, Sax H (1994) (Hrsg) Technikbeurteilung in der Raumfahrt. Anforderungen, Methoden, Wirkungen, Berlin. Die Verbindung von Technikfolgenbeurteilung mit einer philosophischen Theorie des Handelns findet sich in: Grunwald A (2000) Handeln und Planen, München.

9 Eine Ausarbeitung dieser Überlegungen findet sich in: Gutmann M (1996) Die Evolutionstheorie und ihr Gegenstand. Beitrag der methodischen Philosophie zu einer konstruktiven Theorie der Evolution, Berlin; Weingarten M (1992) Organismuslehre und Evolutionstheorie. Hamburg; Janich P, Weingarten M (1999) Wissenschaftstheorie der Biologie. München.

10 Zu einer Kritik naturalistisch verstandener Emergenztheorien vgl. Janich P (2002) Kultur des Wissens – natürlich begrenzt? In: Hogrebe W (2002) (Hrsg.) Grenzen und Grenzüberschreitungen, XIX. Deutscher Kongress für Philosophie. Bonn.

emergierenden Systemebenen von den jeweils gewählten Mittel-Zweck-Zusammenhängen und den dabei getroffenen Auswahlen der Naturwissenschaftler ab.

(3) Ein Spezialfall dieses Zusammenhangs ist das sogenannte Körper-Geist-Problem.[11] Erläutert am einfachen Beispiel: Die Eigenschaft einer einfachen Rechenmaschine, richtige Rechenergebnisse zu produzieren, kann weder logisch-definitorisch aus der physikalischen Beschreibung des Rechners abgeleitet werden, noch folgt es kausal aus diesen. Rechenmaschinen dienen bekanntlich nicht dazu, beliebige Ergebnisse zu liefern, sondern dienen dem Zweck, richtige Resultate zu produzieren. Die (zu einer mathematischen Aussage auf der Metastufe stehende) Behauptung, ein Rechenresultat sei richtig (oder wahr), kann schon deshalb nicht aus der physikalischen Beschreibung der Rechenmaschine logisch-definitorisch folgen, weil in diesen das Wort „richtig“ (oder „wahr“) nicht vorkommt. Kausal kann die Richtigkeit der Resultate nicht aus der physikalischen Beschreibung des Rechners folgen, weil im Falle eines Defekts der Rechenmaschine, also im Falle falscher Rechenergebnisse, niemand auf die Widerlegung der physikalischen Gesetze schließen würde, nach denen die Rechenmaschine gebaut ist und funktioniert. Wenn aber falsche Rechenergebnisse keine Falsifikation physikalischer Sätze leisten, kann im Umkehrschluss nicht von einer zutreffenden physikalischen Beschreibung des Rechners auf die Gültigkeit der Rechenergebnisse geschlossen werden. Defekte Rechner verfehlen nur einen menschlichen Zweck, d. h. sie sind keine geeigneten Mittel, die menschliche Leistung des Rechnens maschinell zu substituieren.

Zur dritten Form des Handelns, der Praxis, kann hier nur kurz ein Aspekt angedeutet werden. In seiner Nikomachischen Ethik hat Aristoteles Poiesis (inklusive Kinesis) und Praxis unterschieden. Mit den oben angedeuteten handlungstheoretischen Mitteln lässt sich diese Unterscheidung so aufnehmen: Bei Poiesis werden Zwecke festgehalten und nach zweckmäßigen Mitteln gesucht. In der Praxis dagegen geht es um die Zwecke selbst, um ihre Setzung, Modifikation, Rechtfertigung oder Ähnliches.

Man sieht, dass die Klassifikation von Handlungen nach kinetisch, poietisch und praktisch nur verschiedene Aspekte der Beschreibung gegebenenfalls ein und desselben Handlungszusammenhangs betrifft. Auch wo durch Körperbewegungen ein handwerkliches Herstellen nach Zwecken betrieben wird, unterliegen diese in der Regel einem Rechtfertigungsgebot.

Nicht selten begegnet man in der Debatte um das Verhältnis von Geistes- oder Kulturwissenschaften zu Natur- und Technikwissenschaften der Auffassung, es sei ein Zeichen niederer Gesinnung, immer nach dem Zweck zu fragen, statt ein (moralisch wertvolles) zweckfreies Handeln in den Blick zu nehmen. Solche Auffassungen leben von einer schlichten Verwechslung. Zweckmäßig hat nichts mit nützlich oder schädlich zu tun. Ob Natur- und Technikwissenschaften in ihren Leistungen nützlich oder schädlich sind, hängt von einer entsprechenden Bewertung ihrer Forschungszwecke und von Nebenfolgen ihrer Realisierung ab. Aber

[11] Janich P (1993) Das Leib-Seele-Problem als Methodenproblem der Naturwissenschaften. In: Elepfandt A, Wolters G (Hrsg) Denkmaschinen? Interdisziplinäre Perspektiven zum Thema Geist und Gehirn. Konstanz, S 39–54

dass diese Forschung selbst zweckrational und damit ihre Maßnahmen zweckmäßig sind, hat damit nichts zu tun.

Darüber hinaus darf wohl gefragt werden, wieso auch Praxen, in denen es um eine (moralische, rechtliche oder politische) Rechtfertigung von Zwecken geht, nicht selbst zweckrational sein dürfen. Hier können diese Fragen nicht weiter verfolgt werden. Vielmehr soll mit den drei Bedeutungen von „Technik" in den Handlungstypen Kinesis, Poiesis und Praxis ein Begriff der Kulturhöhe bestimmt werden.

7 Kulturhöhe[12]

Für jegliches Handeln spielen Reihenfolgen von Teilhandlungen eine entscheidende Rolle. Tatsächlich besteht das menschliche Alltagsleben, die Tätigkeiten des Berufes (vom Handwerker über den Naturwissenschaftler bis zum Politiker) nicht aus isolierten Einzelhandlungen, sondern aus Handlungsketten. Häufig (wenn auch nicht immer) hängt dabei der Erfolg, also das Erreichen des Zwecks, von der Einhaltung zweckmäßiger Reihenfolgen der Teilhandlungen ab. Dies gilt trivialerweise schon bei kinetischen Handlungen: Wer einen weiten Sprung machen möchte, wird zuerst anlaufen und dann springen und nicht umgekehrt.

Ein naturalistischer Fehlschluss wäre es, die Richtung von Geschehnissen (einschließlich der Handlungen) naturgesetzlich durch den zweiten Hauptsatz der Wärmelehre auszeichnen oder gar definieren zu wollen. Denn die hier unbestrittene, wiederholt und ohne Ausnahme zu machende Beobachtung bestimmter Abläufe (z. B. des Vermischens von heißem und kaltem Wasser in einem Behälter zu warmem, nie jedoch die Entmischung von warmem Wasser zu einer Portion heißen und einer Portion kalten Wassers) bedarf immer einer eindeutigen Kennzeichnung der beschriebenen Zustände nach früher und später, die der beschreibende und handelnde Mensch bereits mitbringen muss. Handlungen selbst sind zeitlich, genauer modalzeitlich strukturiert: Man handelt immer, um etwas (in der Zukunft liegendes) zu erreichen, zu vermeiden oder aufrecht zu erhalten. Und dazu zieht man das Handlungsvermögen heran, das in der Vergangenheit erworben wurde. So kommt die Reihenfolge von Ereignissen durch das Handeln als eindeutige in die Welt.

Dramatisch wichtig wird dies im Bereich der Poiesis. Darauf hat zuerst Hugo Dingler[13] mit seinem Operationalismus (etwa im Bereich der Geometriebegrün-

[12] Der Begriff der Kulturhöhe ist erstmals verwendet in: Janich P (1998) Die Struktur technischer Innovationen. In: Hartmann D, Janich P (Hrsg) Die Kulturalistische Wende. Zur Orientierung des philosophischen Selbstverständnisses. Frankfurt a.M., S 129–177. Daran schließt sich eine Debatte an, die jüngst fortgeführt ist in: Gutmann M, Hartmann D, Weingarten M, Zitterbarth W (2002) (Hrsg) Kultur, Handlung, Wissenschaft. Für Peter Janich. Weilerswist. Dort etwa Schneider HJ, Technikgeschichte als Paradigma für Kulturverstehen? S 302–321.

dung) hingewiesen. Eines seiner Beispiele: Wer eine bemalte Holzstatue herstellen möchte, muss zuerst schnitzen und dann malen. Und beim Hausbau müssen zuerst das Fundament gelegt, dann die Wände gebaut und dann das Dach aufgesetzt werden; das Decken des Daches geschieht immer von der Traufe zum First, relativ zu dem generell unterstellbaren Zweck, dass das Dach dem Schutz vor Niederschlägen dient.

So ist die Poiesis das Paradebeispiel für die Reihenfolge von Teilhandlungen in Handlungsketten, die nur bei Strafe des Misserfolgs verletzt werden darf. Philosophisch wird daran ein „Prinzip der methodischen Ordnung" geknüpft, das verbietet, in beschreibender oder vorschreibender Rede andere als die zum Erfolg führenden Reihenfolgen zu nennen.

Faktisch ist dies ohne Einschränkung anerkannt: Niemand würde eine Gebrauchsanweisung, eine Bauanleitung oder ein Kochrezept akzeptieren, das durch Vorschreiben falscher Schrittfolgen regelmäßig zu Misserfolg führte. Und auch Berichte, Geschichten, Erzählungen werden nicht akzeptiert, wenn durch Vertauschung der Schritte etwas anderes erreicht wird als das behauptete Resultat.

Mit diesem Grundprinzip des methodischen Philosophierens lässt sich nun der technische Fortschritt als Erreichen einer Kulturhöhe charakterisieren. Dazu zwei einfache Beispiele:[14]

Das Rad ist ein poietisches Produkt. Wird definitorisch verlangt, dass Räder frei drehbar auf Achsen oder fest auf frei drehbaren Achsen sitzen, kann es in der Natur (wegen der Stoffwechselkohärenz der Organismen) keine Räder geben.

Die Entwicklungsgeschichte vom Wagenrad über die Seilrolle zum Flaschenzug, zum Zahnradgetriebe und zum Schneckengetriebe ist eine methodisch-konstruktive Kette von jeweils neuen Verwendungsbestimmungen des technisch bereits Erreichten.

Ebenfalls unumkehrbar, wenn auch abhängig von kontingenten empirischen Entdeckungen, ist das Beispiel des Drahtes. Nachdem die Herstellung metallischer Drähte zu mechanischen Verwendungen beherrscht wurde, konnte entdeckt werden, dass über sie auch elektrische Ladung abfließt (schon in der griechischen Antike war bekannt, dass die Reibung von Bernstein, griechisch elektron, an einem Tierfell eine Anziehung von Fasern und Haaren gegen die Fallrichtung bewirkt). Draht wird also vom Mittel zur mechanischen Befestigung zum Stromleiter für neue Zwecke und Techniken umgedeutet.

Die beiden Beispiele von Rad und Draht, das konstruktive und das empirische, weisen dieselbe Form technischer Handlungsrationalität aus, die auf der jeweils erreichten Höhe neue Zwecksetzungen durch Umdeutungen verfügbarer Mittel in Anspruch nimmt. Die Schritte sind jeweils unumkehrbar. Aussagen über die ältere Verwendung im Mittel-Zweck-Schema sind nicht (im Popperschen Sinne) durch die jüngere Technik falsifiziert. Es findet auch kein Paradigmenwechsel im Sinne

---

[13] Dingler H (1911) Die Grundlagen der Angewandten Geometrie. Eine Untersuchung über den Zusammenhang zwischen Theorie und Erfahrung in den exakten Wissenschaften. Leipzig 1911. Dingler H (1955) Die Ergreifung des Wirklichen. München

[14] Die beiden Beispiele sind detaillierter ausgeführt in dem in Anmerkung 12 genannten Titel „Die Struktur technischer Innovationen".

Th. S. Kuhns statt. Vielmehr lässt sich von einer Koexistenz verschiedener Verwendungen desselben Mittels sprechen – wie dies ja vom eigentlichen Vater des Begriffs der Inkommensurabilität verschiedener Paradigmen, Ludwig Fleck, für den Bereich der Medizin als fruchtbare Situation behauptet war. Räder werden weiterhin für Wägen, Flaschenzüge, Getriebe usw. verwendet, und ebenso Drähte für Zäune, mechanische Zwecke, aber auch als elektrische Leiter usw. Dennoch lässt sich durch die methodische Ordnung zwischen den einzelnen Entwicklungsebenen eindeutig und unumkehrbar ein technischer Fortschritt (innerhalb des jeweiligen Entwicklungsstranges) auszeichnen. Wiederum sei hinzugefügt, dass diese an archaischen Beispielen vorgetragenen Einsichten auch für Entwicklungsschritte etwa in modernster Automobil- oder der Computertechnik gelten.

8 Fazit: Die Technikförmigkeit der Kultur

Die vorangehenden Beispiele sollten einen in der Diskussion regelmäßig vernachlässigten Aspekt der Kultur hervorheben. Dies steht nicht in Konkurrenz zu anderen Aspekten der Kulturgeschichte, etwa der Geistes- oder der Kunstgeschichte. Allerdings bleibt für diese anderen zu prüfen, ob ihnen ebenfalls die Technikförmigkeit der Entwicklung zugesprochen werden kann.

Hier sollte vor allem auf die methodische Ordnung kinetischer, poietischer und praktischer Handlungen hingewiesen werden. Im Sinne einer Analogie lässt sich eine Betrachtung des ontogenetischen Erwerbs von Handlungsvermögen in der individuellen Biographie auf phylogenetische übertragen. (Allerdings soll hier kein Analogon zum biogenetischen Grundgesetz im Sinne Ernst Haeckels behauptet werden, wonach die Ontogenese die Phylogenese wiederhole.) Es gibt eine Art von kulturhistorischem Grundgesetz, wonach jedes Individuum die Kulturhöhe seiner Gemeinschaft durch eine individuelle Lerngeschichte „erwerben muss", um sie zu besitzen.

Was W. Goethe mit seiner Aufforderung „Was du ererbt von deinen Vätern hast, erwirb es, um es zu besitzen!" gemeint haben mag, zeigt sich hier als Aufgabe für das Individuum, eine technische Partizipationskompetenz im Leben unserer Zivilisation zu erwerben. Es geht also nicht nur um den Erwerb sittlicher und rechtlicher sozialer Kompetenzen, sondern auch um den Erwerb von Handlungsvermögen, die sich adäquat als technische beschreiben lassen. Und hier sollte wieder nicht der enge Sprachgebrauch von „Technik" zugrunde gelegt werden, sondern ein weitestmöglicher; auch eine kommunikative Sprachkompetenz zählt zu ihr.

Eine Beseitigung des Reflexionsdefizits, wie es sich im Deutschen von der Alltags- und Bildungssprache bis zu naturalistischen und formalistischen Wissenschaftsverständnissen zeigt, ja schließlich in naturalistischen Welt- und Menschenbildern seinen Niederschlag findet, kann über den Weg der Kulturförmigkeit von Technik zur Technikförmigkeit von Kultur Aufklärung leisten. Diese ist einschlägig nicht nur für Technik-, sondern auch für Kulturwissenschaften und Kulturphilosophie.[15]

Literatur

Dingler H (1911) Die Grundlagen der Angewandten Geometrie. Eine Untersuchung über den Zusammenhang zwischen Theorie und Erfahrung in den exakten Wissenschaften. Leipzig

Dingler H (1955) Die Ergreifung des Wirklichen, München

Gethmann CF, Janich P, Sax H (1993) SAPHIR. Technikfolgenbeurteilung der bemannten Raumfahrt. Systemanalytische, wissenschaftstheoretische und ethische Beiträge: ihre Möglichkeiten und Grenzen, Köln

Grunwald A (1999) (Hrsg) Rationale Technikfolgenbeurteilung. Konzeption und methodische Grundlagen. Heidelberg

Grunwald A (2000) Handeln und Planen. München

Grunwald A, Sax H (1994) (Hrsg) Technikbeurteilung in der Raumfahrt. Anforderungen, Methoden, Wirkungen. Berlin

Gutmann M (1996) Die Evolutionstheorie und ihr Gegenstand. Beitrag der methodischen Philosophie zu einer konstruktiven Theorie der Evolution, Berlin

Gutmann M, Hartmann D, Weingarten M, Zitterbarth W (2002) (Hrsg) Kultur, Handlung, Wissenschaft. Für Peter Janich. Weilerswist

Hanekamp D (1996) Protochemie. Vom Stoff zur Valenz. Würzburg

Janich P (1992) Grenzen der Naturwissenschaft. München

Janich P (1993) Das Leib-Seele-Problem als Methodenproblem der Naturwissenschaften. In: Elepfandt A, Wolters G (Hrsg) Denkmaschinen? Interdisziplinäre Perspektiven zum Thema Geist und Gehirn. Konstanz, S 39–54

Janich P (1996) Technik. In: Mittelstraß J (Hrsg) Enzyklopädie Philosophie und Wissenschaftstheorie, Bd. 4. Stuttgart, S 214–217

Janich P (1997) Kleine Philosophie der Naturwissenschaften. München

Janich P (1998a) Die Struktur technischer Innovationen. In: Hartmann D, Janich P (Hrsg) Die Kulturalistische Wende. Zur Orientierung des philosophischen Selbstverständnisses. Frankfurt a.M., S 129–177

Janich P (1998b) Informationsbegriff und methodisch-kulturalistische Philosophie. In: Ethik und Sozialwissenschaften. Streitforum für Erwägungskultur 9, Heft 2, S 169–182

Janich P (1999) Die Naturalisierung der Information. In: Sitzungsberichte der Wissenschaftlichen Gesellschaft an der Johann Wolfgang Goethe-Universität, Bd. XXXVII, 2. Frankfurt a. M., S 36

Janich P (2001) Logisch-pragmatische Propädeutik, Weilerswist

Janich P (2002) Kultur des Wissens – natürlich begrenzt? In: Hogrebe W (Hrsg) Grenzen und Grenzüberschreitungen, XIX. Deutscher Kongress für Philosophie, Bonn (im Erscheinen)

[15] Dieser Ansatz ist näher ausgeführt in: Janich P (2003) Beobachterperspektive im Kulturvergleich. Versuch einer methodischen Grundlegung, erscheint. In: Srubar I (Hrsg) Konstitution und Vergleichbarkeit von Kulturen, Tagungsband.

Janich P (2003) Beobachterperspektive im Kulturvergleich. Versuch einer methodischen Grundlegung. Erscheint in: Srubar I (Hrsg) Konstitution und Vergleichbarkeit von Kulturen

Janich P, Weingarten M (1999) Wissenschaftstheorie der Biologie, München

Psarros N (1999) Die Chemie und ihre Methoden. Eine philosophische Betrachtung, Weinheim usw.

Riedel M (1971) Artikel „Bürger", „bourgeois", „citoyen". In: Ritter J (Hrsg) Historisches Wörterbuch der Philosophie, Bd. 1. Darmstadt

Weingarten M (1992) Organismuslehre und Evolutionstheorie, Hamburg

Technikgestaltung gestern und heute.
Dargestellt am Zusammenhang von Energieversorgung und Zivilisation

Michael F. Jischa

1 Einführung

In reifen Gesellschaften ist das Leben in hohem Maße von Technik durchdrungen. Dennoch findet eine gesellschaftliche und politische Diskussion, nach welchen Kriterien Technik gestaltet werden sollte, kaum statt. Es scheint so zu sein, dass Technik einfach geschieht. Die technische Entwicklung ist offenkundig ein sich selbst verstärkender dynamischer Prozess, für den niemand verantwortlich zeichnet.[1] Forscher und Entwickler, Unternehmen und Geldgeber so wie wir alle, die Kunden und Nutzer von Technik, sitzen in einem Boot.

Dieser Beitrag ist aus einer Einführung und einer Zusammenfassung meiner Vorlesung „Zivilisationsdynamik" entstanden, gehalten im Wintersemester 2001/2002 im Rahmen des Studium generale der TU Clausthal. Dabei lag mein Hauptaugenmerk auf den Wechselwirkungen von Technik einerseits und politischen Strukturen sowie Veränderungen in der Gesellschaft andererseits. Insbesondere wollte ich vornehmlich Fragen von der Art stellen, aber auch versuchen, diese zu beantworten: Warum, wohin und wodurch entwickelt sich die Menschheit? Welches sind die Kräfte der Veränderung, welche die der Beharrung? Wie lassen sich unterschiedliche Entwicklungsgeschwindigkeiten erklären? Wie können Systeme und Strukturen lernen? Wie kann Entwicklung (gleich Fortschritt?) beschrieben werden? Warum gibt es arme und reiche Gesellschaften?

Fünf Thesen bilden den Ausgangspunkt dieses Beitrags:

1. Die Geschichte der Menschheit ist ein evolutionärer Prozess, nennen wir ihn Zivilisationsdynamik.
2. Nur der Mensch kann seine eigene Evolution beschleunigen, durch von ihm selbst geschaffene Innovationen: durch die Sprache seit 500.000 Jahren, die Schrift seit 5000 Jahren, den Buchdruck seit 500 Jahren und die (insbesondere digitalen) Informationstechnologien seit etwa 50 Jahren.
3. Die Menschheitsgeschichte ist die Geschichte eines sich durch Technik ständig beschleunigenden Einflusses auf immer größere Räume und immer fernere Zeiten.

---

[1] Vgl. hierzu den Beitrag von Armin Grunwald in diesem Band (Anm. d. Hg.).

4. Sind die Kräfte der Veränderung größer als die Kräfte der Beharrung, so tritt ein Strukturbruch ein. Wir sprechen von einer Verzweigung, einer „Revolution“. Die neolithische Revolution setzte vor etwa 10.000 Jahren ein. Die von Europa ausgegangene wissenschaftliche und industrielle Revolution ist nur wenige hundert Jahre alt. Die digitale Revolution hat soeben begonnen.
5. Jede strukturelle Veränderung beruht auf einer Ausweitung von Handlungsräumen.

Die letzte These soll mit Bild 1 verdeutlicht werden. Handlungsräume entstehen, sie werden erweitert oder verengt. Dabei sind drei in Faktoren dominierend:

- Ressourcen, natürliche wie künstliche, eröffnen Möglichkeitsräume. Ob daraus Handlungsräume werden, hängt von den beiden anderen Faktoren ab.
- Leitbilder prägen Gesellschaften in hohem Maße: Von den Göttern zu dem einen Gott, und später zur Wissenschaft als der neuen Religion, so lässt sich der Wandel der abendländischen Leitbilder beschreiben.
- Institutionen: Damit sind formelle wie auch informellen Strukturen gemeint, Rahmenbedingungen und Rechtssetzung sowie Infrastruktur.

Abb. 1. Handlungräume

Zwischen diesen drei Faktoren gibt es zahlreiche Wechselwirkungen mit positiven und negativen Rückkopplungen. Warum (oder warum nicht) Gesellschaften erfolgreich und innovativ sind, hängt von deren Wechselspiel ab. Damit lässt sich der überaus unterschiedliche Verlauf einer Geschichte der Regionen erklären.

Es handelt sich hierbei um die klassische Frage, ob technischer und ökonomischer Wandel den kulturellen und politischen Wandel verursachen, oder umgekehrt. Karl Marx vertrat einen ökonomischen Determinismus. Er war die Auffassung, das technologische Niveau einer Gesellschaft präge ihr ökonomisches System, das wiederum ihre kulturellen und politischen Merkmale determiniert. Auf der anderen Seite vertrat Max Weber einen kulturellen Determinismus. Nach ihm hat die protestantische Ethik die Entstehung des Kapitalismus erst ermöglicht, somit maßgeblich zur industriellen und demokratischen Revolution beigetragen. Für beide Auffassungen lassen sich Belege aus der Geschichte finden. Im Folgenden werde ich in einem Schnelldurchgang durch die Menschheitsgeschichte das Wechselspiel zwischen den drei Faktoren Ressourcen, Leitbilder und Institutionen skizzieren. Dabei wird insbesondere die Rolle der Technik thematisiert werden.

Als Ressource wird beispielhaft die Energie betrachtet, deren Bereitstellung ganz maßgeblich die technische Entwicklung beeinflusst hat. Aus dem Geschichtsunterricht sind wir es gewohnt, die Epochen der Menschheitsgeschichte an Materialien festzumachen wie Steinzeit, Bronzezeit oder Eisenzeit. Ich halte die Energie für die interessantere Ressource, um das Wechselspiel zwischen technischer und gesellschaftlicher Entwicklung zu beschreiben. Generell ist die Bedeutung physischer Ressourcen, ob mineralische Rohstoffe oder Energierohstoffe, in der Regel überschätzt worden. Die Bedeutung der Leitbilder, der Werte und Normen einer Gesellschaft, die zumeist einen direkten Einfluss auf Institutionen wie etwa Rahmenbedingungen und Rechtssetzung haben, ist dagegen häufig unterschätzt worden.

2 Die Anfänge der Zivilisation

Die älteste Gesellschaftsform bezeichnen wir als die Welt der Jäger und Sammler. Die Gesellschaft war in Stände und Clans organisiert, sie war egalitär und demokratisch. Es gab keine zentrale Macht, Anführer bei kriegerischen Auseinandersetzungen wurden auf Zeit bestimmt. Erste technische Geräte waren Werkzeuge aus Stein, Holz oder Knochen wie etwa Faustkeile, Wurfspieße und Äxte.

Die Menschen der Urzeit haben in allen in Naturvorgängen das Wirken von Göttern und Dämonen gesehen. Diese freien und unberechenbaren übernatürlichen Mächte wurden durch Opfer, Gebete, Beschwörungen und kultische Handlungen freundlich gestimmt. Die Welt war geheimnisvoll und voller Zauber, wir sprechen von einer magischen Weltbetrachtung. Das Leitbild der damaligen Zeit waren Götter, die durch Naturkräfte wie Blitz, Donner, Dürre oder Überschwemmungen wahrgenommen wurden. Als Energieressource standen das Feuer und die menschliche Arbeitskraft zur Verfügung.

Vor etwa 10.000 Jahren setzte eine erste durch Technik induzierte strukturelle Veränderung der Gesellschaft ein, die zu einer starken Ausweitung von Handlungsräumen führte, die neolithische Revolution. Sie kennzeichnet den Übergang von der Welt der Jäger und Sammler zu den Ackerbauern und Viehzüchtern. Pflanzen wurden angebaut und Tiere domestiziert, die Menschen begannen sesshaft zu werden. Die Agrargesellschaft entstand. Aus der Erschließung des Schwemmlandes an Euphrat und Tigris entwickelte sich die erste, die sumerische Zivilisation. Das Sumpfdickicht war fruchtbares Schwemmland und fruchtbringendes Wasser zugleich. Die Unterwerfung der Natur durch Be- und Entwässerungsanlagen sowie durch Dammbau war die erste große technische und soziale Leistung der Menschheit. Die systematische Zusammenarbeit vieler Menschen war hierzu erforderlich. Ein derartiges organisatorisches Problem konnte nicht von relativ kleinen und überschaubaren Stämmen gelöst werden. Es entwickelte sich eine erste regionale Zivilisation neuer Art.

Anlage und Wartung von Bewässerungssystemen waren Grundbedingung für das Leben der Gemeinschaft. Anführer wurden erforderlich, mündliche Anweisungen wurden ineffizient und mussten durch neue Medien wie Schrift und Zahlen ersetzt werden. Die Sumerer entwickelten vor etwa 5500 Jahren die erste Schrift, eine Bilderschrift aus Piktogrammen und Lautzeichen. Zahlen und Maße entstanden als Erfordernis der Praxis. Denn die Sumerer waren die erste Gemeinschaft, die einen Mehrertrag erwirtschaftete. Und dieser musste erfasst werden.

Damit standen die Sumerer vor einem neuen Problem, das bis heute die gesellschaftliche und politische Diskussion beherrscht: wie soll dieser Mehrertrag verteilt werden? Die Antwort der Sumerer war folgenschwer. Sie entschieden sich für eine ungleichmäßige Verteilung und schufen damit eine privilegierte Minderheit und eine dies akzeptierende Mehrheit. Damit war die ökonomische Basis der Klassendifferenzierung gelegt.

Entscheidende Veränderungen lagen im Wandel des Charakters und der Funktion der Götter. Während diese früher Naturkräfte verkörperten, so verschob die große gemeinschaftliche menschliche Aktion der Unterwerfung der Natur und die Erschließung des Schwemmlandes die Kräfte zwischen Mensch und Natur zugunsten ersterer. Die Menschen begannen, die eigene Kraft und insbesondere die der Herrscher zu verehren, neben den nichtmenschlichen Kräften. Die weltliche Macht der Herrschenden wurde zunehmend durch religiöse Funktionen gestützt. Sie wurden so zum Mittler zwischen den Göttern und der Gemeinschaft. In der ägyptischen Zivilisation, der zweiten Zivilisation in der Menschheitsgeschichte, wurde dies auf die Spitze getrieben: der Pharao wurde zu einem Menschengott.

In der Agrargesellschaft kam eine neue Energiequelle hinzu. Neben dem Feuer und der menschlichen Arbeitskraft wurde zunehmend tierische Arbeitskraft eingesetzt. Domestizierte Tiere wie etwa Rinder konnten Wagen oder Pflüge ziehen.

Auch das gesellschaftliche Leitbild wandelte sich. Während in den vorzivilisatorischen Gesellschaften Gottheiten in den Naturkräften erfahren wurden, so wurden nunmehr Natur und Menschenmacht gleichzeitig vergöttert. Der Gegenstand der Verehrung hatte gewechselt, aber weiterhin wurde die Macht vergöttert und angebetet.

3 Die physikalische Weltbetrachtung

Ab etwa 600 v. Chr. findet der für die menschliche Entwicklung so bedeutsame Übergang von der magischen zu physikalischen Weltbetrachtung statt. Die Natur wird entzaubert, ihr wird das Geheimnisvolle genommen. Die umgebende Welt wird von Naturgesetzen beherrscht gesehen, welche den Ablauf der Erscheinungen eindeutig beschreiben und die Vorhersage kommender Ereignisse gestatten. So erkannten die Griechen, dass die Nilfluten durch saisonale Regenfälle im Inneren Afrikas verursacht werden.

Eine zentrale Rolle bei der Erklärung von Naturvorgängen spielte die Mechanik. Das Wort bedeutet im Griechischen so viel wie Werkzeug oder Werkzeugkunde. Die Entwicklung der Mechanik wurde maßgeblich von der Einstellung des Altertums zur Technik geprägt. Die körperliche Arbeit galt als niedrig und unfein. Der freie Mann widmete sich den Staatsgeschäften, der Kunst und der Philosophie. So lesen wir in einem der Dialoge Platons: „Aber du verachtest ihn (den Techniker) und seine Kunst und würdest ihn fast zum Spott Maschinenbauer nennen, und seinem Sohn würdest du deine Tochter nicht geben, noch die seinige für deinen Sohn freien wollen.“ Bei Aristoteles lesen wir: „Ist denn nicht der Mechaniker einen Betrüger, der Wasser durch Pumpwerke zwingt, sich entgegen dem natürlichen Verhalten bergaufwärts zu bewegen?“

Die antike Technik beschränkte sich zumeist auf mechanische Spielereien. So gab es einen Automaten, der nach dem Einwurf eines Geldstücks Weihwasser spendete, oder eine Einrichtung zum automatischen Nachfüllen von Öl für Lampen. Ein Meister seines Faches war damals Heron von Alexandria, von dem der häufig zitierte pneumatische Tempeltüröffner stammt. Dessen Wirkungsweise sei kurz skizziert. Wird über einem unterirdisch angebrachten Wasserbehälter ein Opferfeuer entzündet, so nimmt der Druck der Luft wegen der Erwärmung und der damit verbundenen Ausdehnung über der Wasseroberfläche zu. Dadurch wird das Wasser über eine Rohrleitung in einen daneben liegenden beweglichen Behälter gedrückt, der schwerer wird als ein entsprechendes Gegengewicht. Wasserbehälter und Gegengewicht treiben über Seile oder Kettenzüge die Tempeltüren an. Die Türen werden so lange geöffnet gehalten, wie das Feuer für die Aufrechterhaltung des hohen Druckes sorgt. Wird das Feuer gelöscht, so nimmt der Druck wegen der Abkühlung ab, und der Wasserstand in den festen Behältern steigt wieder an. Da durch wird der bewegliche Wasserbehälter leichter, und das Gegengewicht kann die Türen wieder schließen. Dies wird auf die Gläubigen der damaligen Zeit einen nachhaltigen Eindruck gemacht haben. Hier wurde Technik ausgenutzt, um durch Herrschaftswissen Macht über die Gesellschaft auszuüben.

Die Römer haben nicht an einer Weiterentwicklung des griechischen Weltbildes gearbeitet. Es entstanden jedoch grandiose Ingenieursleistungen insbesondere auf dem Gebiet der Bautechnik. Hier sind die Wasserversorgungsanlagen zu nennen, wofür das uns erhaltene Aquädukt von Nimes ein schönes Beispiel ist. Es gab offene Wasserleitungen und unterirdische Druckleitungen, die um 100 n. Chr. in Rom eine Gesamtlänge von ungefähr 400 km erreicht hatten.

Die Götterwelt der Römer war durch wenig Tiefsinn und durch Toleranz bis hin zur Beliebigkeit charakterisiert. Die pragmatische Integration von Göttern aus besetzten Regionen führte dazu, dass es Gottheiten und Halbgötter für alles und für jeden gab. Der Polytheismus der Römer war quasi ausgereizt. Mit dem Judentum gab es um die Zeitwende zwar schon eine gut 1000 Jahre alte monotheistische Religion. Diese war jedoch in hohem Maße exklusiv, Missionierung fand nicht statt. Mit dem Aufstieg des Christentums entwickelte sich eine zweite monotheistische Religion, die einen ausgesprochen inklusiven Charakter aufwies. Sie wurde zur Staatsreligion im römischen Reich und damit zur beherrschenden Religion der westlichen, der späteren industrialisierten Welt.

In dem 1000 Jahre währenden Mittelalter wurde keine eigenständige Naturforschung betrieben. Römische Technik wie der Bau von Straßen, Brücken, Wasserleitungen und Wasserpumpen wurde nicht weiterentwickelt. Die kulturelle Prägung erfolgte durch die Kirche, das geistige Leben war auf die Klöster beschränkt. Fragen nach der Struktur der sichtbaren Welt lagen einer auf das Jenseits gerichteten Metaphysik des Christentums völlig fern.

4 Aufklärung und Wissenschaft

Vor gut 500 Jahren begann jenes große europäische Projekt, das mit den Begriffen Aufklärung und Säkularisierung beschrieben wird. Es beruhte auf vier Bewegungen: der Renaissance, dem Humanismus, der Reformation und dem Heliozentrismus. „Das Wunder Europa", wie es mitunter genannt wird, führte zur Verwandlung und zur Beherrschung der Welt durch Wissenschaft und Technik.

Im 15. Jahrhundert tauchten neue Akteure auf: Künstleringenieure, Experimentatoren und Naturphilosophen. Die neue Wissenschaft entstand durch heftige Auseinandersetzung mit dem tradierten Wissen. Leonardo da Vinci hat die Einheit von Theorie und Praxis klar erkannt und dies sehr plastisch formuliert: „Wer sich ohne Wissenschaft in die Praxis verliebt, gleicht einem Steuermann, der ein Schiff ohne Ruder oder Kompass steuert und der niemals weiß, wohin er getrieben wird. Meine Absicht ist es, erst die Erfahrung anzuführen und sodann mit Vernunft zu beweisen, warum diese Erfahrung auf solche Weise wirken muss.... Die Weisheit ist eine Tochter der Erfahrung: die Theorie ist der Hauptmann, die Praxis sind die Soldaten.... Die Mechanik ist das Paradies der mathematischen Wissenschaften, weil man mit ihr zur schönsten Frucht der mathematischen Erkenntnis gelangt."

Die Bedeutung des Experiments war der antiken und der mittelalterlichen Kultur gänzlich unbekannt. Aristoteles hatte die handwerklichen Arbeiter aus der Klasse der Bürger ausgeschlossen. Die Verachtung für die Sklaven erstreckte sich auch auf deren Tätigkeiten. Das griechische Wort banausia bedeutet ursprünglich handwerkliche Arbeit. Aristoteles hatte geglaubt, ohne Rückgriff auf die Beobachtung durch reines Denken beweisen zu können, dass ein großer Stein schneller als ein kleiner zur Erde fallen müsse. Umso schlimmer für die Realität lautete die typische Antwort in der Antike auf Widersprüche zwischen dem Resultat des Denkens und der Beobachtung.

Die christliche Religion war das zentrale Leitbild des Mittelalters. Sie ging aus den nun folgenden Auseinandersetzungen, die den Übergang vom Mittelalter zur Moderne charakterisierten, geschwächt, diskreditiert und teilweise gelähmt hervor. Dieser Übergang hatte gesellschaftliche und politische Gründe, wobei auch hier die Technik eine zentrale Rolle spielte. Durch die Entstehung einer mächtigen Klasse der Kaufleute wurde die feudale Struktur des Mittelalters aufgelockert. Wachsendes Selbstbewusstsein und Macht der sich neu formierenden Bürgergesellschaft lässt sich nirgendwo plastischer erleben als in der Architektur jener Zeit in den oberitalienischen Städten wie etwa Florenz. Politisch verlor der Adel an Autorität, weil effizientere Angriffswaffen ihre Burgen bedrohten. An die Stelle von Pfeilen und Bogen, von Lanzen und Schwertern traten Kanonen und Schiesspulver, also technische Innovationen.

Die vier großen Bewegungen, die „das Wunder Europa" einleiteten, seien kurz skizziert. Die italienische Renaissance des 14. und 15. Jahrhunderts markierte die Wiedergeburt der Vertiefung in die weltliche Kultur der Antike sowohl in Kunst als auch in Wissenschaft. Dies führte zu einem Bruch mit der klerikalen Tradition des Mittelalters. Die zunehmende Beschäftigung mit dem Menschen und dem Diesseits statt der mittelalterlichen Versenkung in Gott und Vorbereitung auf das Jenseits nennen wir Humanismus. Die dritte große Bewegung, die Reformation, basierte auf offenkundigen Missständen in der Kirche wie Ablasshandel und Lebenswandel der Päpste. Ohne Technik hätte die Reformation diese enorme Durchschlagskraft wohl nicht erreicht, denn Luthers Flugschriften waren durch den kurz zuvor erfundenen Buchdruck mit beweglichen Lettern, der „ersten Gutenberg-Revolution", die ersten Massendrucksachen in der Geschichte. Hinzu kam die Wiederentdeckung des heliozentrischen, des ptolemäischen Weltbildes durch Kopernikus, Galilei und Kepler.

Diese vier europäischen Bewegungen bildeten die Grundlage für die wissenschaftliche Revolution des 17. und die sich anschließende industrielle Revolution des 18. Jahrhunderts. Die zunehmende Durchdringung von Wissenschaft und Technik, basierend auf der Einheit von Theorie und Praxis, dem Experiment, führte zu niemals zuvor da gewesenen Veränderungen in der Gesellschaft.

Die klassischen Naturwissenschaften begannen mit Galilei. Die ersten bedeutenden Leistungen im Sinne unserer heutigen Mechanik, jener grundlegenden Disziplin zur Erklärung der Welt, sind von Galilei im Jahr 1638 in seinen berühmten „Discorsi" niedergelegt worden. Es seien hier die Gesetze des freien Falles und des schiefen Wurfes sowie seine theoretischen Untersuchungen über die Tragfähigkeit eines Balkens erwähnt, die den Beginn der Festigkeitslehre darstellten. Bei letzterem handelt es sich um die wohl älteste Formulierung eines nichtlinearen Zusammenhangs, dass nämlich die Festigkeit eines belasteten Balkens von seiner Breite linear aber von seiner Höhe quadratisch abhängt.

Das Streben galt zunehmend dem Verständnis und der Erforschung der Gesetze, nach denen die Naturvorgänge ablaufen. Gelingt dies, so wird die Natur wie ein offenes Buch in allen Bereichen vollständig erfasst und berechenbar sein. Sie wird damit vorausberechenbar, das ist die zentrale Vorstellung des mechanistischen Weltbildes.

Newton ist der geniale Vollender der Grundlegung der klassischen Mechanik. Seine größte Leistung war, zu erkennen, dass für die irdische Körper und die Himmelskörper dasselbe allgemeine Gravitationsgesetz gilt. Mit seinem dynamischen Grundgesetz: „ Die zeitliche Änderung des Impulses ist gleich der Summe aller von außen angreifenden Kräfte „ schuf er die zentrale Beziehung der klassischen Mechanik.

Das mechanistische Weltbild der klassischen Physik ist von großer Überzeugungskraft und Einheitlichkeit. Es hat gewaltige Erfolge bewirkt. Nunmehr konnten die drei Keplerschen Gesetze über die Bewegungen der Planeten um die Sonne bewiesen werden. Alsdann wurden die Planeten Neptun und Pluto aufgrund von Vorausberechnungen und nachfolgender gezielter Suche entdeckt. Weitere Triumphe kamen hinzu. Die thermodynamischen Zustandsgrößen Druck und Temperatur wurden auf mechanische Größen, den Impuls und die kinetische Energie der Moleküle, zurückgeführt.

Das Universum schien im 18. Jahrhundert wie ein Uhrwerk zu funktionieren. Aber wer ist der Uhrmacher? Laplace soll auf Napoleons Frage, warum in seinem berühmten Werk „Himmelsmechanik“ Gott nicht erwähnt sei, geantwortet haben:“ Sire, diese Hypothese habe ich nicht nötig gehabt.“ Es ist die Zeit, in der man die Wissenschaft zu vergötzen begann. Sie wurde für viele zur neuen Religion. Das Leitbild Wissenschaften begann, das Leitbild Religion zu ersetzen.

Am Vorabend der industriellen Revolution war die Energieversorgung vergleichbar mit jener des Altertums. Zur Nutzung des Feuers, der menschlichen und tierischen Arbeitskraft traten ab etwa dem 10. Jahrhundert eine verstärkte Nutzung der Wind- und Wasserkraft hinzu. Wassermühlen wie auch Windmühlen waren schon lange bekannt; sie wurden bislang, wie der Name sagt, jedoch nur für den Betrieb von Mühlen verwendet. Wasserräder wurden nunmehr universell einsetzbar, ihre Leistung konnte zumindest über kurze Entfernungen mittels Transmissionswellen, -rädern, -gestängen und -riemen übertragen werden. Sie trieben Walkereien, Hammerwerke, Pochwerke zum Zerkleinern von Erz, Sägewerke, Stampfwerke für Papierbrei, Quetschwerke für Oliven und Senfkörner sowie Blasebälge an.

Im 15. Jahrhundert begann eine weitere durch Technik induzierte Innovationswelle mit dem Aufschwung des Erzbergbaus. Dieser wurde zwar schon zu früheren Zeiten betrieben, so etwa im Altertum im vorderen Orient und ab dem 10. Jahrhundert im Harz. Vor allem Deutschland wurde das Zentrum berg- und hüttenmännischer Technik; deutsche Bergleute wirkten vielfach als Lehrmeister im Ausland. Mit immer tiefer werdenden Schächten wurde das Beherrschen des Grubenwassers zu einem zentralen Problem. Auch hier wurde mit großem Erfolg die Wasserkraft eingesetzt: für Pumpen zum Entwässern der Bergwerke, für Winden zum Betrieb der Förderkörbe und für Maschinen zur Bewetterung der Stollen. Es ist bemerkenswert, dass man mit Feldgestängen die Energie der Wasserräder über beträchtliche Entfernung vom Tal in die Höhe leiten konnte. Dies war sozusagen ein Vorgriff auf die elektrischen Überlandleitungen unserer heutigen Zeit, freilich mit bescheidenerem Wirkungsgrad.

Der bevorzugte Baustoff und Energieträger war nach wie vor das Holz. Der ständig steigende Bedarf an Bauholz, Brennholz und Holzkohle zur Verhüttung der Erze führte zu gewaltigen Abholzungen. Da in den Mittelmeerregionen die Waldgebiete durch Abholzungen in der antiken Zeit drastisch dezimiert worden waren, verlagerte sich der Schwerpunkt der Güterproduktion zwangsläufig in das waldreichere Mittel- und Nordeuropa. Als Konsequenz nahmen auch dort durch

Holzeinschlag und Rodung, denn die wachsende Bevölkerung erzwang eine Vermehrung von Anbauflächen, die Waldflächen dramatisch ab.

England hatte seine Waldregionen im 17. Jahrhundert weitgehend abgeholzt. Für den Bau der englischen Schiffsflotte musste schon vor dieser Zeit auf Importholz, vorwiegend aus Nordeuropa, zurückgegriffen werden. Dadurch entstand insbesondere in England ein gewaltiger Innovationsdruck, die entscheidende Triebfeder für die industrielle Revolution.

Kernelemente der von England im 18. Jahrhundert ausgegangenen industriellen Revolution waren die Mechanisierung der Arbeit, die Dampfmaschine als neue Energiewandlungsmaschine sowie die Erkenntnis, aus verschwelter Steinkohle Steinkohlenkoks herzustellen, womit die Verhüttung von Erzen sehr viel effizienter erfolgen konnte als zuvor mit Holzkohle. Kohle und Stahl standen am Anfang der industriellen Revolution; Bergbau und Metallurgie waren die technischen Disziplinen, die es zu fördern galt.

Gewaltige Verdrängungen fanden in außerordentlich kurzen Zeiträumen statt: Kohle ersetzte Holz als Energieträger, Eisen verdrängte Holz als Baustoff, die Dampfmaschine ersetzte das Wasserrad. Obwohl auch jetzt noch Energietransport nur über geringe Distanzen möglich war, kam es zu einer in der bisherigen Geschichte der Menschheit beispiellosen Zunahme der Produktion von Gütern.

Im 19. Jahrhunderts wurde das Transportwesen einschneidend umgestaltet: die Eisenbahn ersetzte die Pferdekutsche, das stählerne Dampfschiff verdrängte das hölzerne Segelschiff. Europa erlebte durch die gewaltige Zunahme der Produktivitätskräfte sowie hygienische wie medizinische Fortschritte eine dramatische Bevölkerungsexplosion. In der zweiten Hälfte des 19. Jahrhunderts wurde das Erdöl neben der Kohle zum zweiten bedeutenden primären Energieträger; Mitte des 20. Jahrhunderts kam das Erdgas hinzu. Ende des 19. Jahrhunderts gelang die direkte Kopplung von Dampfmaschine und Stromerzeugung durch Werner von Siemens. Der elektrische Strom als Sekundärenergieträger erlaubte den Energietransport über große Distanzen und eine dezentrale Energieentnahme.

Die Verknappung von Ressourcen war und ist ein typischer Auslöser für Innovationen. Neben der Erzverhüttung durch Steinkohlenkoks an Stelle von Holzkohle nenne ich zwei entscheidende technische Entwicklungen des 20. Jahrhunderts: die Entwicklung der Kernreaktoren zur Stromerzeugung sowie die Entwicklung von Glasfaserkabeln in der Informationstechnologie. Ohne letztere Substitutionsmaßnahme hätten die Informationstechnologien nicht diesen Aufschwung nehmen können, denn Sand als Ausgangsstoff für Glasfasern kommt ungleich häufiger vor als Metalle wie Kupfer oder Aluminium. Die Kupfervorräte der Welt würden nicht ausreichen, Netze heutigen Zuschnitts zu realisieren.

Der zentrale Treiber der Industriegesellschaft war die Technik. In der späten Agrargesellschaft durch Handel akkumuliertes Kapital wurde zunehmend in Produktionsunternehmen, den Kapitalgesellschaften neuen Typs, investiert. Geprägt durch Mechanisierung und Fabrikarbeit entstand die Massengesellschaft. Das 19. Jahrhundert war von einer unglaublichen Fortschrittsgläubigkeit gekennzeichnet: Wissenschaft und Technik verhießen geradezu paradiesische Zustände für die Gesellschaft.

Das Leitbild Wissenschaft wurde verkürzt zu Rationalismus und Determinismus. Mit der französischen Revolution entstand als politisches Leitbild der Nationalismus, begleitet durch einen zunehmenden Patriotismus bis hin zum Chauvinismus. Eine im 19. Jahrhundert kaum für möglich gehaltene Pervertierung erlebte das 20. Jahrhundert: totalitäre kommunistische und faschistische Systeme übten eine totale Macht über die Gesellschaft durch Technik aus. Man stelle sich einmal vor, derartige Systeme hätten über die heutigen technischen Überwachungsmöglichkeiten verfügt!

5 Die Situation heute

Wie stellt sich die Situation heute dar? Der Übergang von der Agrar- zur Industriegesellschaft war gekennzeichnet durch eine starke Abnahme der Beschäftigten in der Landwirtschaft und eine entsprechend große Zunahme in der industriellen Fertigung. Etwa seit den siebziger Jahren ist bei uns und in vergleichbaren Ländern die Anzahl der in der Industrie Beschäftigten deutlich gesunken, während deren Anteil im Informationsbereich stark zugenommen hat. Wir befinden uns offenbar im Übergang von der Industriegesellschaft hin zu einer Gesellschaft neuen Typs. Welcher Begriff sich hierfür einbürgern wird, scheint derzeit noch offen zu sein. Die Bezeichnungen Informations-, Dienstleistungs-, nachindustrielle oder postmoderne Gesellschaft werden vorgeschlagen.

Entscheidend ist, dass Informations- und Kommunikationstechnologien globaler Natur sind. Sie erfordern Systeme großer Art, Standardisierung und internationale Kooperation. Dies ist im Prinzip nicht neu, denn auch Stromnetze und Eisenbahnnetze machen eine Standardisierung erforderlich. Sich durch die Wahl einer anderen Spurweite beim Eisenbahnnetz vor einer Invasion schützen zu wollen, wie Russland es getan hatte, wäre im Zeitalter der Informationsnetze vollends eine ruinöse Strategie. Die durch Technik erzwungene internationale Kooperation und Standardisierung führt zwangsläufig zu einer Erosion nationaler Macht und zu einer erhöhten Mobilität der Gesellschaft.“ Der flexible Mensch“ wird gebraucht, wie Richard Sennett es formuliert hat. Globalisierung scheint derzeit das zentrale Leitbild in der Wirtschaft zu sein, Liberalisierung und Deregulierung werden als Erfolgsrezepte propagiert. Die uralte Frage, wie viel Markt bzw. wie viel Staat wir uns leisten wollen oder können, ist aktueller denn je. Hervorzuheben ist, dass auch hier wiederum die Technik mit den Stichworten Digitalisierung, Computer und Netze der entscheidende Treiber ist.

Was für ein Leitbild hat unsere Gesellschaft für die Entwicklung und Gestaltung von Technik? Haben wir dafür überhaupt ein Leitbild? Vor gut 200 Jahren sagte Napoleon zu Goethe: Politik ist unser Schicksal. Wirtschaft ist unser Schicksal, so Rathenau vor knapp 100 Jahren. Heute sollten wir sagen: Technik ist unser Schicksal. Nach welchem Leitbild wir Technik gestalten und entwickeln wollen, sollte mit hoher Priorität im politischen und gesellschaftlichen Raum diskutiert werden.

Eines ist heute deutlicher denn je. Technischer Fortschritt beeinflusst mit beschleunigter Dynamik nicht nur unsere Arbeitswelt, sondern zunehmend auch unsere Lebenswelt. Somit betrifft er alle Mitglieder unserer Gesellschaft, auch diejenigen, die sich mit den rasant entwickelnden Informationstechnologien nicht auseinander setzen wollen oder können.

In der Vergangenheit ist der technische Fortschritt offenbar ein sich selbst steuernder dynamischer Prozess gewesen, den niemand verantwortet hat. Ob dies in Zukunft so bleiben muss, oder ob wir uns hierzu Alternativen vorstellen können, soll und muss nach meiner Auffassung thematisiert werden. Natürlich ist Technik schon immer bewertet worden, nämlich von jenen, die Technik produziert und vermarktet haben. Als bisherige Bewertungskriterien reichten technische Kriterien wie Funktionalität und Sicherheit sowie jene betriebswirtschaftlicher Art aus.

Das Leitbild Nachhaltigkeit, das in Politik und Gesellschaft etabliert zu sein scheint, verlangt mehr: Technik muss zusätzlich umwelt-, human- und sozialverträglich seien. Kurz, Technik muss zukunftsverträglich sein.[2] Hierzu benötigen wir eine Disziplin, die mit Technikbewertung oder Technikfolgenabschätzung bezeichnet wird. Deren Etablierung in Lehre und Forschung sowie Institutionalisierung durch geeignete Einrichtungen, in denen Experten der Natur- und Ingenieurwissenschaften mit jenen der Geistes- und Gesellschaftswissenschaften zusammenarbeiten, tut not. Andernfalls wäre unsere Gesellschaft offenkundig bereit zu akzeptieren, dass wie in der Vergangenheit „Technik einfach geschieht."

[2] Vgl. hierzu die Beiträge in: A. Grunwald (2002, Hg.): Technikgestaltung für eine nachhaltige Entwicklung. Edition Sigma, Berlin (Anm. d. Hg.).

The Social Shaping of Technology: A New Space for Politics?

Yutaka Yoshinaka, Christian Clausen, Annegrethe Hansen

1 General introduction

The social shaping of technology (SST) perspective has developed as a response to techno-economically rational and linear conceptions of technology development and its consequences. It has brought together analysts from different backgrounds with a common interest in the role of social and political action for socio-technical change. Thus, SST is a broad term, covering a large domain of studies and analyses concerned with the mutual influence of technology and society on technology development. In this chapter we emphasise the political dimensions of social shaping, through a focus on the socio-technical processes entailed in technology development and change. Our perspective is based on the understanding that technological development is a social process. As such, it unfolds through processes with political implications, involving actors, occasions and strategies that help bring about technological change. Our intention is to pursue a broader view on the political dimensions of technological decision-making, and a broader treatment of socio-technical space, maintaining a focus on the inclusion and exclusion of actors, salient issues, and how they are dealt with and resolved.

Our analysis is based on lessons from a distinct selection of Danish technology assessment (TA) initiatives which provide the basis for illustrating this point. How influence comes about, not in a deterministic sense, but that things could be otherwise, in contrast to traditional technical, economic or social rationales. Furthermore, that such influences produce effects, which are non-neutral and distributed, as the processes of shaping themselves have been. Despite the claimed use of the social shaping concept in the assessments, the SST perspective in the respective Danish assessments do differ in a number of respects – institutional background, theoretical background, participatory ambitions etc. – the consequences of which will also be discussed.

The chapter develops the notion of SST through socio-technical spaces. Here a heterogeneous set of elements, comprising of techniques, social actors, attribution of meanings, and problem definitions, etc. together set the stage for technology development. Within the framework of socio-technical spaces, the TA activities are analysed to illustrate how social shaping can be identified in a range of instances: from actual influences on specific technology developments, to influences on larger societal discourses and policy conceptions.

Shifts in the boundaries of the socio-technical spaces, through the inclusion and exclusion of actors, are demonstrated to have opened up new dimensions of technology. It is claimed that these activities may all be characterised in terms of 'social shaping", that is, they all extended the scope of technology analysis, actors and consequences, compared to more traditional industrial and industrial policy analyses. We suggest that the SST perspective will contribute to the further consideration and development of TA strategies and technology policy.

Our interest in exploring the SST perspective in relation to technology development and TA has mainly two motivations. On the one hand, there has been an interest on our part in the analysis of specific technologies and technology developments, both first hand, as well as learning from insights of colleagues, into the mutually shaped character of the social and the technical in processes of socio-technical change. On the other hand, there has been an interest in exploring the concurrent role of social shaping in the creation of socio-technical spaces, in which certain actors experience inclusion and exclusion. TA activities are one example, in their diversity, of such a space.

The final discussion will deal with the different ways in which the social shaping worked, and how spaces changed through the creation and repression of particular spaces. Our claim is that from an SST standpoint, TA has broadened the influence of a range of social actors on technological development, at various levels of technological change. TA has contributed to the shaping of technology through social processes and with political implications, via the allocation of resources for analysis, debate and participation, and thus the creation of new spaces. Constructive use of the dimension of influence for reflexive strategies in technology development and in TA, open up to how critique may be raised and how complexities of the socio-technical processes of change may be dealt with. Rather than a reductionist and thus narrow range of interventions, TA strategies may broaden the spectrum of actor positioning and of localising and sizing up the socio-technical political arena.

2 Socio-technical spaces and political processes

2.1 The technical, the social, and their mutual shaping

Approaches such as Actor Network Theory (ANT) and Social Construction of Technology (SCOT) are characterised by their *lack* of any absolute distinction between technology and its social context (Callon 1986; Pinch and Bijker 1987). SST as a tool for analysis has developed since its inception, and has increasingly come to include the viewpoint that the technical and the social dimensions are intertwined and must be regarded as one common unit of analysis (Williams and Sørensen 2002). Technology and society are seen as co-constructions, mutually shaping one another. They are to be studied, for this reason, without any sort of *a priori* distinction, as to whether a problem may be legitimated as being distinctly technical, or social, in scope. The SST approach to technological change is then, not to be concerned with technical, social or economic forces as sole attributes determining the course of technological development or outcome of change. Rather, the technical as well as the social contribute to *socio-technical* transformations, and constitute stages, situations and actions in the process.

SST's treatment of the technical and the social therefore deals with these dimensions as *negotiated* orders – in how problems are raised, as well as in how they come to be resolved. In this light, technology manifests socio-technically accomplished characteristics, as outcomes of negotiations among involved actors (e.g. at the exclusion of some, in relations to others). Furthermore, negotiations come to entail problem definition and resolution, as to what is deemed technical vs. social. What kind of problems may be raised regarding the technology, at which times, by whom and for whom, are matters that form the basis of negotiations that unfold, part and parcel of the process of technological development. Through these processes, the boundary between the technical and the social come to be drawn, in the complex dynamics among social actors and their relation to the technology. The boundary and its shifts influence the scope of action that may be exercised by individual actors upon the technology, where particular facets of the technology are opened up to problematisation and are worked on to accommodate particular needs (Latour 1992). Actor-visions, strategies and resources play into these dynamics, and particular actors' status may change as a consequence of such interactions. The social dimensions of the technology too are shaped, to support and to sustain particular needs, e.g. through the establishment of new actors and institutions. This mutual shaping takes on the form of socio-technical co-constructions, through what may be characterised as a series of socio-technical trade-offs.

The SST approach may seek to identify spaces and situations in which socio-technical change can be analysed, addressed and politicised. But instead of taking the driving forces or the concerns for granted, the approach opens up for a wider basis of action as to what may be deemed salient, as well as to what the scope of relevant actors, their positions, and their interaction may entail. In this regard, the SST approach is sensitive to political processes through which actor positions are identified, negotiated, and redefined, in conjunction with the way technology becomes manifest. From this perspective, the socio-technical issues and problem-solving strategies through which technology development may be addressed, and influenced, take on more varied and tangible dimensions. Focus remains on the part of the range of (possible) relevant actors and their condition of involvement. We will elaborate on this point with the aid of Danish TA cases as illustration.

2.2 Revisiting TA to illustrate social shaping concerns

SST's line of inquiry is of particular pertinence from the standpoint of TA. For example, the early *reactive* approach to TA was unable to confront technology in terms of its societal context, in its attempt to rectify deficiencies in technology by way of hindsight. It failed to take hold of many of the early options (and conflicts) that may have existed, but were not explored, in the development of a particular technology. What followed from such TA was a narrow range of solutions (to technical problems worked upon by experts) identified after-the-fact through primarily technical means.

The more *proactive*, comprehensive approach to TA emerged in Denmark in the late 1970's and early 1980's together with a *dialogue*-oriented approach. This entailed, in turn, some possibility of addressing *potential* negative impacts of technology. A broadened spectrum of initiatives for promoting constructive technological development was thus laid open to exploration, in accordance with societal needs (Remmen 1991, 1995). Although these newer initiatives in Danish TA have, to some extent, reflected concerns which parallel SST (Hansen and Clausen 2000), they still share with reactive TA the basic idea that technology impacts (that is, determines) society in particular ways. This idea must again be seen in contrast to the view that technology and society are mutually shaped. SST's pertinence in this respect lies in that whatever 'impact' technology is seen to bear on society, the social is implicated in how these deficiencies manifest themselves (on some social actors) and are sustained (by other actors). There are, in other words, problematisations and choices in the process of technological development that were once open to discussion and influence, yet have failed to be addressed, reflected on, or pursued. Such deficiencies come to manifest themselves as 'impacts'. The choices are, from a social shaping standpoint, significantly variable in the degree to which they may be open to influence and intervention, and significantly harder to open up to scrutiny and intervention once they are closed.

So the framing of TA activities on the notion of 'impacts' is problematic, as impacts themselves are complex entities that are constituted among actors. Technology's 'working' attributes are a product of how these attributes manifest themselves in an interplay with individual actors' interpretations and strategies, constraining and enabling the actors' particular scope of action. Success and failure, are thus treated in a symmetrical way (Bijker 1995). In this respect, specific TA strategies may be analysed and valued or problematised for their role in a social shaping process.

2.3 Technology and socio-technical spaces of shaping

Activities facilitating technological transition through promotional programmes or implementation of new or alternative technology serve as occasions, which highlight existing practices in relation to visions and strategies of change. The problem issues that may be involved are more often manifold, than merely a question of whether or not to facilitate a transition through regulation and promotion. By problematising technological development and the implication of social dimensions in its various stages and contexts – from inception to design, planning, implementation and uses – SST allows for identification of ways of organising the shifting socio-technical agenda and interactions of relevant actors. The ordering among the actors and their positions with respect to technology development helps underscore, that there is some degree of openness that may be attributed to the technological issues at hand, indeed that issues are relative and flexible to interpretation (Bijker 1995).

In the social shaping perspective, technological development is in this way guided by a notion of actors-as-bearers of (and as such, a notion of such actors' room for manoeuvre in) the institution and sustenance of technical change. Particular problem issues and their actor configurations represent at particular points in time, particular spaces of influence on the course and nature of the technological development. However, actors succeed or fail in the recruitment and mobilisations of others through strategies entailing elements of collaboration, participation and influence. In this process, certain actors, particular issues, as well as socio-technical choices are either included or excluded from the realm of the technological problem being worked with. Technology development can thus be analysed as socio-technical processes in particular spaces constituted through processes being of a political nature in their working and outcome. The reciprocity of influences between promotion of technological development and implementation and social mechanisms to modulate its integration into the social fabric (including facilitative and regulative measures) are to be understood not as 'centrally controlled' but as unfolding and distributed – with some degree of coordination by the actors involved (at times in tension between actors with contradictory agendas). Such interests as to social shaping relate not only to the conception and development stages of technology, but also to the implementation and routinisation technology into local contexts of practice.

Through the notion of socio-technical spaces, the location, characteristics, and boundaries of such openings will be dealt with. Here, the original idea of 'social spaces' in SST (Clausen and Koch 1999, 2002), has been further developed as *socio-technical spaces,* thus denoting the heterogeneous nature of the elements which constitute and influence such a space. Generally speaking, the spaces are reflected in the diversity and differentiation of the involved actors' visions and strategies entailing the development at hand, as these actors and their actions begin to unfold and relate to one another. The degree to which there are such spaces, in which actors' scope of action and particular strategies may be pursued, is not necessarily something that *all* actors are aware of, and can equally share. The spaces are, themselves, also constituted and have an unfolding character in the actions of actors, while some actors enter the scene of development at a later stage than others. Viewed from an analytical standpoint, the openness reflects that indeed, technology is open, in various degrees, at various stages, and at different levels, influenced through social actors and by socio-technical means.[1] This scope of influence for the individual actor is albeit dependent on the actor's positioning (resources, alliances, problem issues) in relation to other actors. As technologies inevitably play a part in the mediation of social relations, although short of determining them, they occasion the meeting as well as contrasting of perspectives and

[1] Please compare the paper of Armin Grunwald included in this volume with respect to the issue of the malleability of technology.

interests. The processes of change are thus interesting from the view of how technology and actor positions are addressed, and how technology development and problem issues are raised and played out in the process. Social shaping provides a theoretical and methodological anchoring to such inquiry. The SST is therefore well suited for analytically organising socio-technical spaces, for exploring and expanding the potential social and political choices.

3 Cases: Spaces for social shaping in Danish TA

3.1 Introduction and methodology

The motivation for using TA experiences as cases for illustrating the SST perspective in technology analysis, has been the explicit acknowledgement of conflicts and negotiations of technology development, which was a part of the structuring of the Danish TA activities. In contrast to the traditional US OTA approach, 'unintended consequences' were neither regarded as interest-free nor, in some cases, even unintended, in the Danish approaches (Teknologirådet 1980, Teknologistyrelsen 1984).

In the following, examples of Danish TA activities from over the past 20 years will be referred. Danish TA activities have been read, in their own right, as well as in perspective, to demonstrate the social shaping dimension in TA, and in turn, also the role of TA in the shaping of new technologies. It has been the aim to contribute to a growing body of research on 'social shaping of technology' by identifying the variety of understandings in different TAs. However, for the sake of the technology assessors, it should be noted that the 'social shaping' *term* has been used explicitly, only in a few of the TAs themselves.

Despite a strong element of social shaping of technology in the Danish TAs, the assessments were carried out from different theoretical, institutional and political perspectives. These are presented in the following account of Danish TAs, emphasising the roles of diverse actors, their strategies and the outcomes in terms of TAs' contribution to co-shaping of technology and society. The notion of 'socio-technical space' for the social shaping of technology is used as a guide and as a tool for analysis, to characterise TA projects and the broader perspectives they are part of.

Sources for the historical account are a number of TA background reports, the TA reports themselves, as well as analyses of the TAs in question. Reference to outcomes is made from the original TAs, evaluation reports of the assessments, and to some extent, also from the authors' own experiences. Aims as well as secondary or unintended effects are analysed as basis for a discussion of the character of the 'social shaping'. Our interest has been here the role of the actual TAs; if there have been discrepancies in the aims of the funding and the executing institution, these have (mostly) been omitted in our analysis.

3.2 Comprehensive TAs in IT and in biotechnology

Some comprehensive TA projects within IT and biotechnology serve to illustrate the shaping of technology through a space dealing with technology policy and regulation. For government undertakings in both the IT and the biotechnology domains, there had been an awareness and recognition in the studies as to potential actor interests. From their very outset, the TA activities represented a diversity of viewpoints concerning the technological developments in IT and in biotechnology, and the assessments aimed at uncovering these viewpoints, as to let them be included in policy and regulation. The TAs themselves, thus played an active part.

The TA projects on IT were undertaken as part of the Danish government's industry-related stake on IT development in the beginning of the 1980s. It reflected the efforts by the government to facilitate IT development through national policy initiatives aimed at promotion as well as the removal of potential barriers, whilst attending to unintended consequences related to the technological development by suggesting regulative measures. Similar, although more modest initiatives could be found in new biotechnology programmes also.

In a range of comprehensive IT projects, the technological visions of an array of actors were uncovered regarding innovative IT-based services, and potential consequences for employment, industrial structure, and public investments were analysed. It was demonstrated how liberalisation in some cases lead to the offering of new services, while the lack of regulation and standards in other cases limited innovation.

The assessments were focussed on the financial service sector, the retail sector and the news and information services, where the policy aims were directed at the concurrent development of new services and sector structures. The representation of relevant actors, and their particular interests with respect to developments in the IT domain, varied between projects. In some, interest groups were directly included in the analyses via interviews and participation, while in others, consumers and users were 'constructed', in anticipation and as a basis for market estimation and technology development. Here a broad range of consumer and user preferences were envisioned, encompassing private consumers' trust, as well as degrees as to their ability and willingness to communicate about private economic matters via the computer.

The strong anchoring of the IT-based TA projects in the existing and potential actor positions point to the opening up of the scope of issues that may be relevant and useful to address even in the early stages of IT development. These issues are not pre-given in the technology, isolated from users and situations of use. They manifest in the technology's confrontation with users in the course of its development, where actor visions and preferences indeed come into play in differentiating how particular aspects of the technology are elaborated. Technology is thus shaped with respect to users, and how particular configurations of users come to be elaborated, in anticipation of the technology's potential and its concrete integration into practice. Neither technical nor social dimensions are thus given beforehand, nor are they absolute and unaltering. They together transform how technology is constituted in social settings and shape socio-technical change. In turn, the implications are that who are included in the space constituted by TA, and who are left out, bear upon the course of shaping that the technological development takes on.

The TA projects on IT consequently contributed to economically dominated industrial policy: on the one hand, by demonstrating the mutual shaping of technology and interests, and on the other hand, by revealing the roles of structural conditions, potential users and technophilia critique in technology development.

The actor orientation had a similarly notable placing in the biotechnology assessments. These were characterised by the identification of interest groups and their respective resources, as basis for exploring potentials for a socially and environmentally acceptable production structure. The biotech TAs covered the majority of industrial sectors in which new biotechnology was expected to find application, including the pharmaceutical, food industry, energy, chemical and agricultural sectors.

Biotechnology-related visions, concerns and actions of a wide-ranging scope of actors were surveyed and reported, regarding salient biotechnology as well as regulatory and policy developments within the domain. The actors represented R&D institutions, companies, environmental and consumer organisations, trade unions, industrial associations, agricultural and pharmaceutical organisations, as well as patient organisations etc.

The assessments basically assumed, a priori, that industrial and technological structures would be decisive for the rate and direction of biotechnology development, were these left unquestioned. However, at the same time, they construed TA as a facilitator for raising relevant questions on behalf of interest groups with limited resources, making a difference on the rate and direction of development in biotechnology. In other words, the biotech TAs aimed at giving voice to groups that were affected by intended as well as unintended consequences. They contributed to the shaping of technology by pointing out the negative environmental consequences and the lack of research on any alternative courses of developments within biotechnology. They provided inputs to public and political debates within this technological domain. Here environmental organisations such as the NGOs, critical academia (both researchers and students), as well as new regulatory institutions played central roles for bringing this focus to the fore and for influencing subsequent environmental regulation.

The comprehensive TAs also came to form some of the basis for other types of more constructive activities among affected groups. Via the identification of potential technological 'development paths' and via the construction of 'users' or the (potentially) 'affected', the TA activities formed a basis for both regulatory negotiations and supportive/counter-activities.

So despite very limited ambitions for direct participation of alternative actors and interests, or for the co-shaping of technology in these comprehensive TA projects, silent actors (and issues) were given a voice. They became participants nonetheless, in discussions concerning telecommunication and biotechnology developments. Inherent and unintended consequences expressed by alternative actors were extensively reflected in the broad technology development debate.

Technology development within these domains were thus shaped, by the insights that were drawn by a diverse range of actors involved in and affected, through social learning and experiences in the initial TA strategies and lessons which the processes had come to bear.

3.3 TA on working life IT

A large number of working life TA-projects are found within IT, and are the TA activities with the strongest, and most explicit social shaping agenda. The assessments emerged from critical research and student activities within engineering and sociology, and from critical consultant and GTS activities on socio-technical aspects of new production technologies. Most of the assessments were carried out in cooperation with trade unions. These assessments were mainly initiated by researchers and consultants with a perspective of having an active hand in improving working environment, through a combination of technology and organisational changes. The choice of strategy for participatory TA was consequently highly coloured by sediments of former policy and change concepts, which had been tried out in a range of collaboration projects between company management, employees and shop stewards.

It was essential for many of the working life IT projects to explicitly include user demands and ideas as well as workers' knowledge in technology development. Another central feature in many of the projects was to address the trade unions' possibilities for influencing IT development. Potential consequences for employment, qualifications, working environment, work organisation, redundancy and the like were analysed as outcomes of technological and organisational change. In relation to these issues the space constituted by TA on working life IT concerned itself with the active problematising of the occasions and timing of change, to explore choice as to technological options and design.

Examples of analytical projects were the FMS (flexible manufacturing systems) and CIM (computer integrated manufacturing) projects. According to the Danish Ministry of Industry's Technology Administration, analyses included:

- working conditions (work health, wage systems, work organisation etc.)
- qualifications and training requirements (demands for new qualifications and qualifications made superfluous)
- possibilities for influence on technical and organisational choices
- competitiveness and developing systems for small enterprises
- employment possibilities for different occupational groups

The idea that FMS and CIM would have specific potential consequences, as named above, was abandoned for approaches emphasising instead the socio-technical character of technological change. Outcome was here dependent on the chosen solutions and the processes of change, drawing into the premises of the analysis the actors involved and the spaces which constituted particular strategies for raising problem issues and approach to their solution.

The approach to technology was one of exploring (through participation) strategies for influencing implementation. Opening up for the involvement of workers as future 'users' of the technology, was to contribute to the organising, coordinating, and decision-making surrounding *potential* choices with respect to their existing experiences with work processes, and immediate knowledge and competencies which the work involved. While the assessments were in tuned to some pre-given organisational and work conditions as having bearing on changes entailed in the implementation of new technologies, they remained, at the same time, open to exploring possibility for change from the standpoint of workers, where these conditions were actively exploited. In this sense, the technology was open to influence both in terms of pre-existing organisational and work practices (and needs), as well as in terms of the potential for socio-technical transformation in new organisational and work practices.

The UTOPIA project was an example of a more constructive approach, aimed at developing collaborative methods in technology design. Here a number of professionals comprising of graphic workers (printers), computer experts and sociologists, succeeded in developing a software system together, for graphic text and image processing. This system successfully integrated the working life and training demands of workers and trade unions. Other TA projects were carried out, aimed at reducing Tayloristic and hard labour conditions that had been a consequence of previous technological development in the large abattoirs (Jørgensen 1988) and in the fishing industry (Remmen 1991).

These working life projects contributed to distinct normative elements in the social shaping approach in their efforts to recruit workers and trade unions as 'actors': in the FMS/CIM projects by pushing for an analysis of the scope of action and the potentials for participation and training; in the abattoir and fishing industry projects by supporting alternative solutions locally; and finally, in the UTOPIA project by letting researchers and workers participate directly in design of technological solutions. This recruitment was at least partially successful, in that technology policy became a more explicit strategy of the trade unions and that participation in technology development was demonstrated as a possibility.

More optimistic observers have pointed to the positive and active role of workers in technology and institutional development; however, analytically, the outcome of the social shaping processes of technology and working life was highly debated, since the workers' and trade unions' influence on technology development remained limited.

In later years, the inclusion of actors within the space of participatory practices in TA, and the discourse surrounding the rationale for such inclusion, has shifted. Trade unions no longer participate – in some, they are explicitly not being invited. Whereas the ambition in the earlier TAs was to enhance workers' influence on the working environment, employers' arguments for current employee involvement are based on an efficiency and market point of view.

3.4 Social experiments in ICT

Another substantial TA activity in IT from the 1980's took the form of 'future experiments' in peripheral and rural areas. These IT-projects had normative social shaping ambitions by participative experiments and the inclusion of potential users. In addition, they demonstrated constructive influences of participants on both technology and market developments.

The planning and implementation of these technological experiments, which were funded by the government, constituted an important part of the Danish TA dialogue and participatory experiences with the use of ICT and the development of a new telecommunication infrastructure (Cronberg 1992). They were carried out primarily by the Institute of Local Government Studies in conjunction with university researchers, out of a concern about regional and labour market concentration and marginalisation resulting from ICT development. There was an element of constructive policy formulation implied in the TA activity, where the Institute of Local Government Studies stood for the formulation of policy suggestions aimed toward the exploitation of the new technologies in the peripheral areas. The experiments included the establishment of tele-communication centres which provided interested local inhabitants with telecommunication devices and related artefacts, as well as professional guidance and courses in word processing and small enterprise book-keeping.

The activities represented a space in which ICT underwent direct social shaping with respect to user-situations, by way of appropriation. The experiments provided learning among potential users about the technology and about how to organise user learning. Reciprocally, R&D as well as suppliers of the devices learned about non-professional users and use, who had a different set of expectations than may have been anticipated in professional and established use-settings. Through these experiments, both suppliers and users contributed to new services and markets in their inception.

A concrete illustration of the contribution of such experiments to the development of new technological applications can be found in Cronberg (1992). Here a group of farmers developed the idea of establishing a video-link from the stables and fields, to their local veterinarian and the agricultural extension service (plant advisor). This was meant to fill the gap between telephone calls and on-site veterinary visits and designed and expected to be of use in disease or pest diagnosis and prevention. The idea led to the identification of a range of new market opportunities and to further experimental work in company R&D departments.

The positive conclusions about 'influence' have been criticized for applying only in very specific situations, i.e. that these experiments failed to affect the overall trajectory of ICT development. The criticisms deal, in part, with the experiments having being far removed from the main 'centres' of technological design and development; having the character of simply extending use of a concurrent development, yet failing to seriously question the technology-push rationale of major actors in the field, and the broadband network aspirations of the ICT industry and government. The technological development, despite the ICT experiments, was driven very much by the IT industry, in line with the government's technology and R&D policies. From a social shaping perspective, however, one may question the critique. To what degree overall initiatives in technology development or policies come to determine individual and situated uses, is just as problematic an assumption as would be the idea that the outcome of local social experiments necessarily need to be assessed in terms of their impact on the industry strategies. The notion of spaces would attempt to come to terms with such shortcomings, emphasizing the bridging that the notion can contribute to, between such spaces of development (the situated setting of social learning, and the sites of technical innovation by the major actors).

Despite traces of participation in IT technology development, and despite the fact that participation has become part of the rhetoric in IT management, a marked difference can be noted in the participation agenda between that of the mid-1980's and the late 1990s in Denmark. This, in turn, has implications for what is meant by social shaping. Whereas the experiments in the 1980's were driven by visions of IT as 'enabler' of growth (whether in peripheral geographical regions or among the socially marginalised), the participatory visions of the late 1990's deal with rationalisation, intended to make person-to-person services superfluous. The participation which characterises ICT developments in the 1990s (Danielsen 2001; Fuglsang et al. 2001), is thus still relevant as being constructive and participatory in perspective, and as such relevant for social shaping. But it is much more pragmatic and perhaps less reflexive, with a delimited focus, on a much narrower group of participants.[2]

3.5 A Danish approach to consensus conferences

As a TA activity on a national level, Danish consensus conferences represent a highly institutionalised, yet fairly open space for problematising technology. This form of TA is aimed at prompting and stimulating public debate, occasioning public interest and awareness in technology from a variety of perspectives. It also has the aim of ultimately influencing public policy, primarily through the formulation of a summary document prepared by a lay panel, providing input to politicians with policy suggestions with respect to the technology in question.

The consensus conference constitutes a space for social shaping involving the hosting institution (e.g. the Technology Board) and its practices (for selection of participants and organising the debate), the organisational principles, the lay panel, the experts, media coverage and the responding politicians. As a TA activity, it thus points to the involvement of a range of actors who take concrete action in bringing a set of issues to debate and elaboration. The issues may be rather

[2] Research into ICT-based management concepts suggests that the participatory aspects are even less prevalent in the US versions of these concepts than in the (northern) European adoption of these concepts (Clausen et al., 2001).

diffuse in the planning stages, but in the course of the conference take concrete form.

The space that is constituted by the consensus conference is one in which the lay panel is initially enrolled by the host, and subsequently actively contribute to the agenda-setting and mobilisation of other actors, such as the expert panellists. In the process, other actors such as the media and the general public are recruited by way of particular problem issues of interest raised in the course of the conference and the elaboration, clarification, and finally some form of consensus regarding what has been addressed.

To date, consensus conferences have been held in Denmark on a range of topics, including biotechnology in industry and agriculture (1987), mapping the human genome (1989), infertility treatment (1993), gene therapy (1993), and GMOs (1999), but to name a few.[3] The initial selection of a particular topic of consensus conference is undertaken by a host institution, (e.g. the Technology Board), in response to suggestions from parliament, groups of concerned citizens or from the TA community.

Danish consensus conferences illustrate that technological development is amenable to influence, through a space in which particular actors and their interactions draw the contours of social discourse and specific problematisations concerning the technology. The lay panel, to a great extent, contributes to the initial opening up of viewpoints and to the setting of focus as to what aspects of the technology may be put to question. They mediate and form, in some sense, the relations between experts and policy makers that the Board of Technology, as a traditional facilitator, cannot. The lay panel has to a great degree influence on the issues it wants to address, through its role in the composition of the expert panel.

Consensus conferences have created a space in which the public may be of influence in the process of technology development. Both with respect to the actual holding of the conference and its central element of lay panel participation, as well as in the public debate which is prompted through the media, the public is constructed as an actor with a part to play in potentially influencing political agenda. Many questions would otherwise not be formulated and reflected upon so extensively in public; and actors with different positions would not be confronted with one another without the consensus conference setting.

But the consensus conferences also play an important role in the widening of disciplinary and interest-based debates, while it serves to sustain and broaden a common socio-technical discourse. For example, both biotechnology optimists and biotechnology sceptics are confronted with questions of utility, negative consequences and with ethical aspects. Consensus conferences have demonstrated a

[3] The background for the many biotechnology-related consensus conferences (and other biotech activities) was the allocation of TA funds from the biotechnology programme to the Danish Technology Board in 1987. Some of these resources co-financed a number of the biotech consensus conferences. In addition, the Board of Technology redistributed a substantial part of the resources to NGOs research and debate activity, and to debate-creating activities within organisations for public enlightenment.

public interest in systematically putting up complex technological topics for debate. It has cultivated a public tradition and expectation with respect to the public's (lay panellists') competence in formulating technology policy in a manner that is of public interest. Also in political and government bureaucracy discussions, much broader views on technology development and the roles of different actors are considered, as a result of the inclusion of a lay perspective on expert knowledge by way of consensus conferences.

4 Social shaping perspectives in TA

As demonstrated, Danish TA activities were formulated on the background of a strong technology policy agenda on the one hand, and on technology critique on the other. The critique built on a variety of existing research and organisational activities: critical research environments within natural science, social science, and the humanities, as well as NGO and trade union activities. Although TA activities were often based on ongoing activities and reflected current research and policy agendas, they were defined separately. They were characterised by being transdisciplinary but each used different theoretical approaches and strategies for dealing with social and technical dimensions. From our reading of the Danish TA activities, we have identified and presented four different socio-technical spaces of TA activities, characterised by their different agendas, actors, institutional settings and theoretical approaches. In this section we will discuss the spaces and their strategic potential in the co-shaping of technology. The theoretical departure of the TA strategies is an important key to understanding the framing and ordering of the technical and social dimensions, the perceived roles of players and institutions, and the localisation of relevant TA spaces.

The comprehensive TAs had a strong evolutionary economics component and, in the case of new biotechnology, also a strong component dealing with risk and environmental consequence analysis, based on the natural sciences. The more or less prevalent Marxist component, however, came to the fore somewhat differently in IT and in biotech assessments, respectively. Whereas in IT assessments, the structural analysis described a rather 'fixed' technology development in which the state was regarded as playing a central role as regulator, in biotech assessments, with their enrolment of a larger number of interest groups, a more distinct role was assigned to these interests in technology development and regulation. On the one hand, industrial technologies were thus given a very central role in explaining societal development; at the same time, however, it was claimed that the privileged role of technology developers could be altered a little, by giving employers and citizens a voice or a platform for participation.

The Danish Ministry of Industry was the initiator of both comprehensive IT and biotech assessments. The IT assessments were co-funded for a longer period by different ministries, which contributed to the IT assessments' more explicit policy addressees. In addition to ministry support of the assessments, telecommunication companies also contributed to the funding of the assessments - and later also to financing research and education. This closer relationship to especially the ICT industry potentially narrowed down policy recommendations. The biotech assessments with their more explicit inclusion of a larger variety of actors contributed to broader societal debate but (consequently) were also weaker on specific policy suggestions. Contributing to this was the presence of a larger variety of actors in the public debate on biotechnology. Environmental, consumer, third world and other organisations were very active in initiating public debate and influencing policy. Finally, differences in the character of the two technologies may contribute to the ways questions are asked and by whom.

Many of *the working life projects*, with their origin in a combination of backgrounds in engineering and/or computer science, industrial consulting and trade unions, had a more direct participative as well as explicit social shaping agenda for TA activities. The assessments had the positive ambition of influencing technology development and organisational structures through worker participation. In some cases this perspective was extended, to include a combination of diverse perspectives from traditionally separate spheres of design/use or production /consumption.

In addition, the majority of the working life projects had their background in industrial sociology. Thus, the assessments on the one hand emphasised the role of the pre-given conditions for change, and on the other hand, acknowledged the possibilities for employees to analyse and exploit these conditions as stepping-stones for change. With the trade unions' co-funding of training and participation, the assessments became a supplement to more traditional trade union policies of regulation and technology – as well as compensation agreements.

Although participatory TAs are referred to as having influenced participatory practices in technology development, the participants invited, and the reasons why they were invited, have shifted. In the referred current participatory projects, trade unions play a more marginal role – in some they are explicitly not wanted. Whereas the ambition in the earlier TAs was to enhance workers' influence on the working environment, employers' arguments for current involvement of employees are based on an efficiency and market point of view.

The *ICT experiments* were influenced by being formulated by the Institute of Local Government Studies-Denmark. Reference here was to the concerns about consequences of ICT for rural and peripheral communities. Contributing to these concerns was the calculated cost of connecting the peripheral communities to the net, calculations which were made in some of the comprehensive TAs (Falch et al 1994). The experiment-based TAs had the normative ambition of showing the importance of connecting the peripheral and rural areas, not only by projecting the negative consequences for these communities, were they not connected, but also by showing potential gains for the communities in the active training and involvement of citizens. It turned out that these groups also became important in constructing new markets and new applications of ICT.

Like the working life projects, the assessments were successful in constructing the active inclusion of actors in the shaping process. It was a point in itself to demonstrate the possibility of constructing this participation and thus extend 'social shaping' with otherwise excluded actors.[4] Compared to the working life projects, the ICT *experiments* had a larger element of 'educating users'. But as mentioned, the projects also showed elements of direct social shaping, where participants suggested new applications and new markets for ICT.

The Danish Technology Board's *consensus conferences* were much more closely related to the political system than the other TA activities discussed, first, with their parliamentary, and later governmental, status. The results of the conferences were commissioned to be communicated to the Parliament and other political decision makers. In this way, decision makers were presented with the consensus as well as with nuanced views on certain technological developments.

The Danish consensus conferences have become an important source of information about issues dealing with technology. This is especially true for the case of politicians, but also for many interested individuals amongst the general public and professionals alike. The lay panels raised a number of common concerns regarding new technologies, concerns which had increasingly been excluded from technology development and policy. An important role of the consensus conferences was thus to contribute and expand agendas for political, public, science and company debate.

Without having any pretence as to being representative in its constitution, the lay panel fulfils its duties with neither predefined nor vested interests. Consensus conferences have contributed to the construction of 'the lay', an alternative group of actors, mediating through their presence and active involvement the relations between politicians, professional groups, and the public at large via the media. Otherwise silent actors are, in this way, given a platform for influencing technology policy, regulation and public as well as professional debate.

5 Concluding remarks

The social shaping of technology approach is basically aimed at analysing social shaping processes from a viewpoint, where the technical and the social dimensions, success and failure, are treated in a symmetrical way. In this respect, specific TA strategies have been analysed and valued or problematised for their role in a social shaping process. But the SST analysis may also serve as a reflexive basis for social learning processes and strategic considerations in the application and staging of TA. This could be concerned with the choice of TA strategy as well as the identification of relevant actors, their respective technological visions, and

[4] However, the motivation for the assessments, i.e. of supporting and integrating the marginalised in the peripheral areas, is now somehow reversed. A number of newer university research argue, perhaps with stronger actors as their focus, for IT as a means of connecting academics and highly qualified people in the peripheries with the centres, and seeing these actors as the ones who would contribute to the survival of local their communities.

the framing of relations between actors themselves. SST perspectives may help maintain a focus in the specific application of a TA strategy and guide the translation of relevant interests into strategic concerns in order to widen the scope of social influence and social choice. SST can in this way be seen as a perspective, suited to open new insights in ways and spaces where technology may be treated and influenced by broader players and interests than is normally the case.

A socio-technical space for shaping implies a context, where socio-technical ensembles can be analysed, addressed and politicised. As we have illustrated, 'space' is mainly an occasioning as well as a result of socio-technical processes, where social players interact with each other and with technological artefacts and programmes for change. Some actors and agendas are included in such a space, leaving others excluded. But, as we have illustrated, a socio-technical space can be seen as a target for strategic concerns in TA and other concerns about socio-technological change. A space for shaping of technology can be framed by a TA concept along with its general approach, methods and actor network building capacity and the institutional context of its application. A TA project can also play a role as co-constituting a socio-technical space for shaping of technology. Here, the shaping is an immediate outcome of its broader framing of technical and social dimensions and its interaction with the driving technological players, their visions and promotional programmes. In a broader sense, the notion of 'socio-technical space' can capture the interaction between transformative and conserving powers, leaving open a potential space for political action including a range of different players, agendas, interests and perspectives.

An important mechanism to open a new space or widening an existing space for shaping technology is illustrated in the meeting between diverse perspectives on technology in Danish TA activities as demonstrated above. The TA activities and the methods developed to a large degree responded to, and gave voice to, various new 'actors', NGOs, trade unions, local communities, consumers etc., in public debate as well as in technological and societal development. The assessments contributed to the construction of users or participants in the social shaping, either by making users and participants aware of certain developments and thus leading to action, or by making, for example, politicians and companies aware of the silent users or non-users. TA activities also created a space for problematisation as well as acceptance of technology and it contributed to new recipes for its use and to the translation of user experiences into new methods of design of socio-technological systems. Some projects established themselves as participants, not only in relation to the policymakers, but also as developers of competent laypersons in policy debates, as mediators between design and use, and in relation to a broader socio-technical space for technology development with many different players as well.

We have pointed at some lessons from Danish TA, calling to attention potentials for turning concerns about technological development into new strategies for dealing with more reflexive outcomes of change. This should however not be interpreted as new technology optimism, believing in the finding of new and unproblematic ways to control technological change. We have also pointed at the limited outcome of Danish TA in terms of direct influence on technological change. But our main concern has been that the ordering of the technical and the social, the thoughts and strategies behind such ordering, may be as important as are the established order and power relations, especially in specific construction processes.

TA activities, as explicitly designated activities, have almost disappeared in Denmark, with the exception of the Technology Board and health care TAs. Even so, TA elements and experiences are to be found in a number of new approaches, in academics as well as in company and policy strategies. Examples of the use of technology analyses, consequence and risk assessments, and assessment methods can be found in action oriented working life research, in socio-technical systems design, and in environmental management as well as top-down oriented change programmes related to quality and environmental management, etc.

Some of the analyses and assessments, formerly labelled 'TA' are now found within the broad framework of social shaping of technology (or 'science and technology studies', 'science, technology and society' and the like) in some university curricula and research. The SST approach allows analysis of the role of technological agendas, societal agendas, participation, and structural and political conditions as dynamic elements in the construction of socio-technological developments. Hence, TA is seen as one element in the social shaping of technology – as policy instrument, as recipe, as space creator or problematiser – interacting with all the other elements in the social shaping of technology. So, even though the TA activities (as single approaches) have demonstrated limitations for a broader understanding of the socio-technological context, we claim that TA played (and still plays) an important role, for the wider dynamics in the social shaping of technology. And that TA, instead of being regarded as single events, should be treated, valued and analysed as an important contributor to the social shaping of technology and to technology analysis altogether. In this way, a social shaping approach can contribute to TA becoming an enabling strategy, both in policy as well as management contexts of socio-technical design.

References

Andersen IE, Jæger B (1999) Scenario workshops and consensus conferences: Towards more democratic decision-making. Science and Public Policy, Vol 26, No 5: 331–340

Andreasen J (1987) Adressaten ubekendt. En analyse af behov for datakommunikation i Danmark frem til 1995. Institut for Samfundsfag, DTH og Roskilde Universitetscenter

Ascher W (1979) Problems of Forecasting and Technology Assessment. Technological Forecasting and Social Change Vol 13: 149–156

Berloznik R, Langenhove L van (1998) Integration of technology assessment in R&D management practices. Technological Forecasting and Social Change Vol 58, No 1–2: 35–46

Bijker WE (1995) Of Bicycles, Bakelites and Bulbs. Toward a theory of sociotechnical change. MIT Press, Cambridge, MA

Bijker WE, Law J (eds) (1992) Shaping Technology/Building Society. Studies in Sociotechnical Change. MIT Press, Cambridge, MA

Callon M (1986) Some elements in a sociology of translation. Domestication of the scallops and fishermen of St Brieuc Bay. In: Law J (ed) Power, Action and Belief. A new sociology of knowledge? Sociological Review Monograph, No 32, pp 196–233. Routledge & Kegan Paul, London

Clausen C, Langaa Jensen P (1993) Action-oriented approaches to technology assessment and working life in Scandinavia. Technology Analysis and Strategic Management, Vol 5, No 2: 83–97

Clausen C, Williams R (1997) The Social Shaping of Computer-Aided Production Management and Computer Integrated Manufacture. European Commission, Social Sciences, COST A4, Vol 2. The Social Shaping of Computer-Aided Production Management and Computer Integrated Manufacture

Clausen C, Koch C (1999) The role of spaces and occasions in the transformation of information technologies. Technology Analysis and Strategic Management Vol 11, No 3: 463–82

Clausen C, Olsen P (2000) Strategic Management and the Politics of Production in the Development of Work. A Case Study in a Danish Electronic Manufacturing Plant. Technology Analysis & Strategic Management, Vol 12, No 1: 59–74

Clausen C, Hansen A (2002) The role of TA in the social shaping of technology. In: Banse, Grunwald, Rader (eds) Technology Assesment in the IT Society, Campus Verlag, Berlin

Clausen C, Koch C (2002) Spaces and occasions in the social shaping of information technologies: The transformation of IT systems for manufacturing in a Danish context. In: Sørensen K, Williams R (eds) Shaping Technology, Guiding Policy, pp 223–248. Edward Elgar Publishing, Cheltenham

Clausen C, Lorentzen B, Baungaard Rasmussen L (eds) (1992) Deltagelse i teknologisk udvikling. Fremad

Cronberg T, Friis D (eds) (1990) Metoder i teknologivurdering. Teknik-Samfund Initiativet, SSF, Publikation 8

Cronberg T, Sørensen KH (1995) Similar concerns, different styles. A note on European approaches to the social shaping of technology. In: Similar concerns, different styles? Technology studies in Western Europe. European Commission, Social Sciences, COST A4, Vol 4

Cronberg T (1992) Technology Assessment in the Danish Socio-Political Context, TVI, DTU, Lyngby

Cronberg T, Duelund P, Jensen OM, Qvortrup L (eds) (1991) Danish Experiments – Social Constructions of Technology. The Committee on Technology and Society, The Danish Social Science Research Council

Danielsen O (2001) Teknologivurdering i Danmark – karakteristiske træk. Konferencen Teknologi og Globalisering, Teknologirådet 31. Oktober 2001. Publication forthcoming

Edge D (1988) The Social Shaping of Technology, Edinburgh PICT Working Paper No 1, RCSS. University of Edinburgh, Edinburgh

Einsiedel EF, Jelsøe E, Breck T (2001) Publics at the technology table. The consensus conference in Denmark, Canada and Australia. Public Understanding of Science Vol 10, No 1: 83–98

Falch M, Henten A, Skouby KE (1994) Telekommunikation og beskæftigelse. Nye krav til kvalifikation og organisation. DATE, Institut for Samfundsfag, DTU

Fuglsang L, Jæger B, Sterlie M (2001) Ældre i informationssamfundet. (The elderly in the information society). Arbejdspapir Nr 1, Juni 2001 (Working paper No 1, June 2001). Roskilde University, Denmark

Guston DH., Bimber B (no publication year given) Technology Assessment for the New Century. Working Paper No 7. Edward J. Bloustein School of Planning and Public Policy, Rutgers University, 33 Livingstone Ave, New Brunswick, NJ 08901

Hagedoorn-Rasmussen P (2000) Ledelseskoncepter fra ide til social dynamik – politiske processer på tværs af organisatoriske grænser. Ph.D. thesis, preprint, RUC April 2000

Hansen A, Clausen C (2000) From participative TA to TA as 'participant" in the social shaping of technology. TA-Datenbank-Nachrichten, Nr 3, 9. Jg., Institut für Technikfolgenabschätzung und Systemanalyse, Forschungszentrum Karlsruhe

Hansen A, Clausen C (forthcoming) Social shaping in technology assessment/Technology assessment in social shaping. Policy lessons from Danish TA. Technology in Society

Hansen A, Hansen N, Lindgaard Pedersen J (1991) Forskning og udvikling af bioteknologi, Teknologinævnet og ITS, DTH

Hennen L (1999) Uncertainty and modernity. Participatory technology assessment: a response to technical modernity? Science and Public Policy, Vol 26, No. 5: 303–312

Hetman F (1973) Society and the Assessment of Technology. OECD, Paris

Industri- og Handelsstyrelsen (The Danish Ministry of Industry's Industry and Trade Administration) (1988) Teknologivurdering. Bibliografi, Danish Ministry of Industry

Joss S (1999) Introduction. Public participation in science and technology policy – and decision-making – ephemeral phenomenon or lasting change? Science and Public Policy, Vol 26, No 5: 290–293

Jæger B, Manniche J, Rieper O (1990) Computere, lokalsamfund og virksomheder. Evaluering af Egvad Teknologiforsøg og Erhvervsprojektet i Ringkøbing Amt. AKF Forlaget, København

Jørgensen MS (1988) Udvikling af en model for teknologivurdering på baggrund af en analyse af den danske levnedsmiddelsektor. Forskningsrapport Nr 24, Inst. f. Samfundsfag, DTH

Jørgensen U, Sørensen OH (2002) Arenas of development. A space populated by actorworlds, artefacts, and surprises. In: Sørensen K, Williams R (eds) Shaping Technology, Guiding Policy, pp 197-222. Edward Elgar Publishing, Cheltenham

Kass G (2000) Public debate on science and technology. Issues for legislators. Science and Public Policy Vol 27, No 5: 321–326

Kvistgård M et al (1983) Gensplejsning, bioteknologi og samfundsudvikling. Beskrivelse, teori og metode. Udfordring for Danmark i 1980erne. IS, DTH, Lyngby

Latour B (1992) Where are the missing masses? The sociology of a few mundane artifacts. In: Bijker WE, Law J (eds) Shaping technology/Building society: Studies in sociotechnical change, pp 225–58. MIT Press, Cambridge MA

Menkes J (1979) Epistemological issues of technology assessment. Technological Forecasting and Social Change Vol 15, No 1: 11–23

Munch B (1995) Danish approaches in social studies of technology. In: Cronberg T, Sørensen KH (eds) Similar Concerns, Different Styles? Technology Studies in Western Europe. Proceedings of the COST A4 workshop, pp 41–89. European Commission

Olsson L (1999) Teknisk Baksyn. Om svårigheter att förutse framtiden. Teknikpolitiska analyser, NUTEK, Sverige

Pinch TJ, Bijker WE (1987) The social construction of facts and artifacts. Or how the sociology of science and the sociology of technology might benefit each other. In: Bijker

WE, Hughes TP, Pinch T (eds) The Social Construction of Technological Systems. New directions in the sociology and history of technology: 17–50. MIT Press Cambridge, MA

Remmen A (1991) Clean Technologies in the Fish Processing Industry, A Constructive Technology Assessment. Workshop, University of Twente, The Netherlands

Remmen A (1991) Constructive technology assessment. In: Cronberg T, Duelund P, Jensen OM, Qvortrup L (eds) Danish Experiments – Social Constructions of Technology, pp 185–200. New Social Science Monographs. Copenhagen

Rip A, Misa TJ, Schot J (eds) (1995) Managing Technology in Society. The approach of Constructive Technology Assessment. Pinter, London

Russel S, Williams R (2002). Concepts Spaces and Tools for Action? Exploring the policy potential of the social shaping perspective. In: Williams R, Sørensen K (eds) Shaping Technology, Guiding Policy, pp 133-152. Edward Elgar Publishing, Cheltenham

Schot J (1997) The Past and Future of Constructive Technology Assessment. Technological Forecasting and Social Change Vol 54, No. 2-3: 251–268

Schwab F (2000) Konsens-Konferenzen über Genfood. Ist das PubliForum der Schweiz ein Sonderfall? Schweizerischer Wissenschaftsrat, Arbeitsdokument TA-DT26/2000

Skouby KE, Falch M, Henten A (1995) Social and economic impact of telecommunications, Centre for Tele-Information, DTU, Lyngby. CTI-report series, 95/2

Smits REHM, Leijten AJM, Geurts JLA (1987) The possibilities and limitations of technology assessment. In search of a useful approach. In: Technology Assessment. An Opportunity for Europe. The Hague: Ministry of Education and Science in cooperation with the Commission of the European Communities (DGXII/FAST)

Sørensen KH (ed) (1998) The Spectre of Participation. Technology and work in a welfare state. Scandinavian University Press, Oslo

Teknologinævnet (Danish Technology Board) (1992) Teknologivurdering i Danmark – en orientering

Teknologirådet (The Danish Ministry of Industry's Technology Council) (1980) Teknologivurdering i Danmark - en betænkning af et udvalg under Teknologirådet

Teknologistyrelsen (Danish Ministry of Industry's Technology Administration), (1984). Organisering af teknologivurdering i Danmark – erfaringer og perspektiver

Toft J (ed) (1988-1989). Gendebat 1–7, NOAH

Van den Ende J, Mulder K, Knot M, Moors E, Vergracht P (1998) Traditional and Modern Technology Assessment: Toward a Toolkit. Technological Forecasting and Social Change Vol 58, No 1–2: 5–21

Van Eindhoven JCM (1997) Technology Assessment. Product or Process? Technological Forecasting and Social Change Vol 54, No 2-3: 269–286

Van Lente H (1993) Promising technology – The Dynamics of Expectations in Technological Developments, chapter 1. Ph.D.-thesis. Faculteit Wijsbegeerte en Maatschappijwetenschappen, Universiteit Twente, Enschede

Webler T, Rakel H, Renn O, Johnson B (1995) Eliciting and Classifying Concerns. A Methodological Critique. Risk Analysis Vol 15, No 3: 421-436

Williams R, Edge D (1996) The social shaping of technology. Research Policy Vol 25, No 6: 865–899

Technikgestaltung durch Recht

Michael Kloepfer

1 Einleitung*

Wir leben in einer Zeit der Akzeleration, in der auch die Geschwindigkeit insbesondere der Technisierung unseres Umfeldes immer weiter zunimmt. Ohne Unterlass werden Technologien weiterentwickelt oder gänzlich neu geschaffen. Diesen dynamischen technischen Entwicklungsprozessen scheint das Recht, das im Grundsatz auf die Sicherung des *status quo* angelegt ist, grundsätzlich konträr entgegenzustehen.

Das Technikrecht, also die Gesamtheit der auf technische Gegebenheiten bezogenen Rechtsnormen (Kloepfer 2002b, S 18), scheint mitunter schon damit überfordert zu sein, die Ungefährlichkeit und die Gemeinwohlverträglichkeit der gegenwärtig vorhandenen Technik normativ zu gewährleisten. Zukünftige Technikentwicklungen, die nur schwer oder jedenfalls unsicher vorhersehbar sind, scheinen sich rechtlichem Zugriff weitgehend zu entziehen. Deshalb drängt sich das Bild eines Wettlaufs zwischen Technik und Recht auf, in dem das Recht notorisch zu spät kommt (vgl. etwa Berg 1985, S 401 ff.). Die Juristen scheinen einmal mehr die Nachhut gesellschaftlichen Fortschritts zu sein. Im Ergebnis, so scheint es, sind es die „unbeliebten Juristen“ (Wengler 1959, S 1705), die eine Entwicklung hin zur schönen neuen (Technik-) Welt übermäßig behindern. Für manchen Techniker oder Vermarkter technischer Produkte scheint die Abwesenheit von Recht deshalb ein Ideal zu sein.

Dies ändert sich sehr schnell, wenn es zu Unfällen durch technisches Versagen oder zu sonstigen technischen Fehlentwicklungen (z.B. zu Umweltschäden) kommt. Die rechtlich ungesteuerte Anwendung bestimmter Techniken kann zur Gefährdung oder Verletzung von Individual- und Gemeinschaftsgütern führen. Deutlich wird dies gegenwärtig insbesondere am weitgehend rechtsfreien Wildwuchs des Internet. Bei allen Chancen des Netzes kann dieses wichtige Belange des Persönlichkeitsschutzes und des Datenschutzes, des Schutzes der Jugend und des Urheberrechts in hohem Maße gefährden. Das führt zur Einsicht in die essentielle Funktion des Rechts, eine gemeinwohlverträgliche und die Interessen Dritter nicht schädigende Technikentwicklung sicherzustellen.

* Meinem Mitarbeiter, Herrn *Carsten Alsleben*, danke ich sehr für seine Mitarbeit.

2 Technikbegrenzungsrecht

Das Recht hat sich zum Fortschritt der Technik häufig recht ambivalent verhalten. Aus historischer Sicht hat es zunächst insbesondere durch die Einführung der Gewerbefreiheit die gesellschaftlichen Kräfte für Technikentwicklungen freigesetzt (Kloepfer 2002b, S 17). Die liberalstaatliche Idee wurde bezüglich der Technik jedoch zunehmend zurückgedrängt, als offenbar wurde, dass die fortschreitende Technikentwicklung zu ungewollten oder nicht mehr hinnehmbaren Ergebnissen führte. Die verwaltungsrechtliche Techniksteuerung wurde zu einem Instrument der Technikkontrolle und -begrenzung. Angesichts verheerender Eisenbahnunfälle oder Dampfkesselexplosionen diente sie vornehmlich zur Gewährleistung der Arbeitssicherheit und zur Abwehr von Gefahren für die öffentliche Sicherheit und Ordnung.

2.1 Technikrecht als Recht der Gefahrenabwehr

In Deutschland fand diese Entwicklung – in Anlehnung an das französische Modell – einen ersten normativen Höhepunkt im Erlass der preußischen Gewerbeordnung[1] von 1845, die u.a. das Recht der überwachungs- und genehmigungsbedürftigen Anlagen enthielt. Die ursprüngliche, auf der Gewerbefreiheit beruhende Genehmigungsfreiheit der Aufnahme von Gewerben wurde so für besondere Gewerbe immer weiter eingeschränkt. Dabei wurde und wird im Technikrecht im Nachhinein nicht nur mit Verboten gegen Störungen und ihre Verursacher vorgegangen. Entscheidend wird das der Technikrealisierung (z.B. der Anlagenerrichtung) vorausgehende Einschreiten des Rechts zur Abwehr von Gefahren. Das Instrumentarium der technikbezogenen Gefahrenabwehr reicht von eher informellen Anzeigepflichten über nur formelle bzw. auch materielle Erlaubnisvorbehalte bis hin zu Untersagungsermächtigungen (vgl. dazu Kloepfer, 2003, S 112 ff.).

Die Aufgabe, Gefahren, die von der Entwicklung oder Anwendung von Technik ausgehen, abzuwehren, zieht sich bis heute wie ein roter Faden durch das Technikrecht. Die Regelungen der alten preußischen Gewerbeordnung lebten in neuem Gewand – etwa als Vorschriften der Gewerbeordnung des Deutschen Reiches oder der Bundesrepublik Deutschland – bis weit in die Mitte des vergangenen Jahrhunderts fort und wurden erst 1974 durch die anlagenbezogenen Vorschriften des Bundes-Immissionsschutzgesetzes[2] ersetzt. Die anhaltende Diversifizierung des Umwelt- und Technikrechts führte zur Ausbildung weiterer Sonderregelungen. Genannt seien etwa die anlagenbezogenen Regelungen des Atomgesetzes[3]

---

[1] Preuß. GS. S 41.

[2] Gesetz zum Schutz vor schädlichen Umwelteinwirkungen durch Luftverunreinigungen, Geräusche, Erschütterungen und ähnliche Vorgänge – Bundes-Immisionsschutzgesetz (BImSchG) vom 15. März 1974, neu gefasst durch Bekanntmachung 14.05.1990, BGBl. I S 880, zuletzt geändert durch Art. 1 Gesetz vom 11.09.2002, BGBl. I S 3622.

[3] Atomgesetz vom 23.12.1959, BGBl. I S 814, i.d.F.d. Bekanntmachung vom 15.07.1985, BGBl. I S 1565, zuletzt geändert durch Art. 70 Gesetz v. 21.08.2002, BGBl. I S 3322.

von 1959, der Gesetze zur Regelung der Gentechnik[4] (1990) und über Magnetschwebebahnplanung (1994)[5] sowie weitere Sonderregelungen für gefährliche Anlagen wie die Sicherheit von Aufzügen[6], aber etwa auch das Verkehrszulassungsrecht (StVZO, LuftVZO etc.). Hinzu treten etwa das Gerätesicherheitsgesetz[7] von 1968, das Produktsicherheitsgesetz[8] (1997) oder etwa auch das Telekommunikationsgesetz[9] (1996) sowie viele Regelungen des Umweltrechts, soweit sie der Gefahrenabwehr dienen.

Die rasante Entwicklung der Technik lässt es jedoch zunehmend fraglich erscheinen, ob das althergebrachte Gefahrenabwehrrecht, das ja in seinen Grundzügen aus der Mitte des vorvorigen Jahrhunderts stammt, den heutigen Anforderungen noch gerecht wird. Eine Gefahr ist gemäß der gängigen Definition der Rechtswissenschaft eine Lage, in der bei ungehindertem Ablauf des objektiv zu erwartenden Geschehens ein Zustand oder ein Verhalten mit hinreichender Wahrscheinlichkeit zu einem Schaden für die Schutzgüter der öffentlichen Sicherheit oder Ordnung führen würde (vgl. Martens 1986, S 220, m.w.N.). Dies lässt sich für die meisten Techniken recht präzise handhaben. Mit dem Erfahrungsschatz mehrerer Generationen lässt sich, sofern altes Wissen nicht in Vergessenheit geraten ist, das Auftreten z.B. von Dampfkesselexplosionen relativ genau prognostizieren.

2.2 Technikrecht als Recht der Risikovorsorge

Wie sieht es aber mit neuen Technologien aus? Diese sind bei ihrer Einführung vielfach noch kaum erforscht. Zu den direkten und indirekten Folgen etwa der Gentechnik fehlen noch immer hinreichende Erfahrungswerte. Dies galt weitgehend auch bei Einführung der zivilen Kernkraftnutzung in Deutschland. Die Gefahrenprognose des Polizeirechts wird regelmäßig aufgrund empirischer Erkenntnisse getroffen. Wie aber soll man Prognosen über unbekannte oder noch kaum erforschte Technologien stellen? Ein Abwarten bis zum Erreichen der Gefahrenschwelle im polizeirechtlichen Sinne ist aufgrund der möglicherweise zu erwartenden Schäden nicht möglich. Der Staat steht vor dem Dilemma, dass er etwas

---

4 vom 20. Juni 1990, BGBl. I S 1080, i.d.F.d. Bekanntmachung v. 16.12.1993, BGBl. I S 2066, zuletzt geändert durch Art. 1 Gesetz vom 16.08.2002, BGBl. I S 3220.

5 BGBl. I S 3486.

6 Verordnung über Aufzugsanlagen – Aufzugsverordnung, in der Fassung vom 19.06.1998, BGBl. I S 1410; 2001 S 2785 Art. 332.

7 Gerätesicherheitsgesetz (GSG) v. 24.06.1968 (BGBl. I S 717) i.d.F.d. Bekanntmachung vom 23.10.1992 (BGBl. I S 1793).

8 Gesetz zur Regelung der Sicherheitsanforderungen an Produkte und zum Schutz der CE-Kennzeichnung (Produktsicherheitsgesetz) vom 22. April 1997, BGBl. I S 934; 2001 S 2785 Art. 89.

9 Telekommunikationsgesetz (TKG) vom 25.7.1996, BGBl. I, S 1120, zuletzt geändert durch § 19 des Gesetzes über Funkanlagen und Telekommunikationseinrichtungen vom 31.01.2001, BGBl. I S 170.

nicht weiß, was er eigentlich wissen müßte, um eine Entscheidung über Tätigwerden oder Untätigbleiben, über Art und Umfang der notwendigen Maßnahmen treffen zu können. Gleichwohl ist ein Handeln im Ungewissen erforderlich, um Vorsorge gegen Risiken zu treffen.

Der Begriff des Risikos (zum Ganzen Murswiek 1990, S 210 ff.) erfasst solche Situationen, in denen ein Schadenseintritt zwar für möglich erachtet wird, aber dennoch im Ungewissen liegt, jedenfalls noch nicht wahrscheinlich ist, so dass die Gefahrenschwelle nicht erreicht wird. Um bei bestimmten Technologien einen ausreichenden Abstand zur Gefahrenschwelle zu sichern, d.h. um den Eintritt von Gefahren von vornherein zu vermeiden, werden Maßnahmen der Risikovorsorge ergriffen. Die Risikovorsorge setzt bei einer wesentlich geringeren Wahrscheinlichkeit eines Schadenseintritts an als die Gefahrenabwehr. Weil dabei die rechtsstaatliche Zurückdrängung staatlicher Eingriffsmöglichkeiten auf die Gefahrenabwehr aufgegeben wird und die staatlichen Eingriffsmöglichkeiten auf diese Weise stark ausgeweitet werden, müssen für eine Risikovorsorge entsprechende Gründe vorliegen. Solche Gründe, die eine Risikovorsorge als gerechtfertigt erscheinen lassen, sind das besonders hohe Gefährdungspotential bestimmter Technologien, wie Atom- und Gentechnik, und der hohe Stellenwert einzelner Rechtsgüter, wie Leben und Gesundheit.

2.3 Verfassungsrechtliche Betrachtung

Dies ist im Übrigen keine rein pragmatische Erwägung, sondern diese Erkenntnis entspringt nach dem heutigen Verständnis auch der Wertung des Grundgesetzes. Dieses fordert im Hinblick auf die Rechte Dritter eine entsprechende Technikkontrolle, gibt aber andererseits im Hinblick auf die Rechte der Technikentwickler auch Grenzen der Technikkontrolle und -begrenzung vor.

Der Staat ist durch seine Bindung an die Grundrechte (Art. 1 Abs. 3 GG) verpflichtet, den Bürger vor negativen Auswirkungen der Technikentwicklung zu schützen. Vor allem die Rechte auf Leben und körperliche Unversehrtheit (Art. 2 Abs. 2 GG) sowie das grundrechtlich garantierte Eigentum (Art. 14 Abs. 1 GG) gilt es zu schützen. Gefährdet werden diese verfassungsrechtlich geschützten Güter des Bürgers aber bei der Technikentwicklung regelmäßig nicht unmittelbar durch den Staat, sondern durch die (ganz überwiegend) privaten Entwickler oder Betreiber technischer Anlagen und Geräte. Die Grundrechte binden jedoch im Regelfall nicht Private untereinander, sondern sind auf die Abwehr von Eingriffen des Staates gerichtet. Im Dreiecksverhältnis Bürger-Staat-Unternehmer würden die Grundrechte deshalb ins Leere laufen. Dem begegneten die Rechtswissenschaft (Murswiek 1985, passim; Klein 1994, S 489 ff.; Isensee, 2000 § 111, Rn. 86) und das Bundesverfassungsgericht (BVerfGE 39, 1, 41; 49, 89, 141 f.) mit der Ableitung von Schutzpflichten des Staates vor Eingriffen Dritter in die Grundrechtssphäre des Bürgers. Danach besteht eine Schutzpflicht immer dann, wenn ein Grundrecht, das zugleich eine objektive Wertaussage enthält, nur mit Hilfe des Staates gewährleistet werden kann. Verpflichtet zur Abwehr wird somit der Staat, der dieser Schutzpflicht nun seinerseits durch Eingriffe in die Rechtssphäre des störenden privaten Dritten nachkommt (dazu Murswiek1985, S 91). In welcher Weise der Staat seiner Schutzpflicht genügen muss, ist regelmäßig eine Frage der politischen Einschätzung insbesondere des Gesetzgebers. In Bereichen dynamischer Technikentwicklung ist eine Risikoprognose – wie erwähnt – oftmals mit erheblichen Unsicherheiten verbunden. Wenn aber ungewiss ist, ob und in welchem Umfang sich Risiken verwirklichen und in welchem Maße staatliche Gegenmittel wirksam sein könnten, muss dem Gesetzgeber ein besonders weiter Einschätzungs- und Gestaltungsspielraum zugestanden werden (Klein 1989, S 1637). Nachprüfbar, etwa im Rahmen einer Verfassungsbeschwerde ist daher auch nur, ober der Staat überhaupt Maßnahmen zur Erfüllung seiner Schutzpflichten getroffen hat und ob diese nicht gänzlich ungeeignet oder völlig unzulänglich sind (BVerfGE 77, 170, 215). Eine andere Wertung kann sich allerdings dann ergeben, wenn durch staatliches Unterlassen das Recht auf Leben und körperliche Unversehrtheit verletzt oder erheblich gefährdet wird (di Fabio 1994, S 49 f.). Je mehr also Rechtsgüter von überragender Bedeutung auf dem Spiel stehen, desto eher ist der Staat jedenfalls verpflichtet, schon das Risiko von Grundrechtsverletzungen abzuwehren, auch wenn unklar ist, ob sich das Risiko überhaupt verwirklichen wird (BVerfGE 56, 54, 81).

Andererseits darf dies aber grundsätzlich nicht dazu führen, dass die risikobelastete technische Entwicklung vollständig verhindert oder übermäßig behindert wird. Der Staat muss prinzipiell auch die Entfaltung der Technik gewährleisten, denn sie liegt nicht nur in seinem Interesse, sondern sie vollzieht sich vor allem in einem Bereich, der durch Grundrechte geschützt ist. Die privatautonome Entwicklung von Technologien im Sinne einer Generierung neuen technologischen Wissens ist durch die Wissenschaftsfreiheit (Art. 5 Abs. 3 GG) geschützt, während die Anwendung und Vermarktung technischer Entwicklungen in den Schutzbereich der Berufs- und Eigentumsfreiheit (Art. 12 Abs. 1 GG, Art. 14 Abs. 1 GG) sowie der allgemeinen Handlungsfreiheit (Art. 2 Abs. 1 GG) fallen. Hieraus folgt gleichsam die reflexive Freiheit der privaten Technikentwickler und -vermarkter, der Gesellschaft bestimmte – hinnehmbare – Risiken aufzubürden, die sich aus neuen Technologien ergeben (Kloepfer 1998, S 131).

Vor diesem Hintergrund gilt es, einen gerechten Ausgleich zwischen den Sicherheitsinteressen der Bürger gegenüber technischen Risiken einerseits und den wirtschaftlichen Interessen der technikentwickelnden Unternehmer andererseits herbeizuführen. Eine tragende Rolle spielen dabei das Verhältnismäßigkeitsprinzip und der Vorbehalt des Gesetzes für die Belastung grundrechtlicher Schutzgüter mit Risikotragungspflichten. Dabei ist auch grundsätzlich zu berücksichtigen, dass es eine absolute Sicherheit nicht geben kann. Schon im täglichen Leben, etwa bei der Teilnahme am Straßenverkehr oder bei der Verwendung von Chemikalien, ist jeder Risiken ausgesetzt, die augenscheinlich gesellschaftlich akzeptiert sind.

Technikrecht kann eine besonders intensive Form der staatlichen Technikintervention darstellen. Aber auch in anderer Form vermag der Staat intensiv auf die Technikgestaltung Einfluss nehmen, z.B. durch Subventionen, aber etwa auch durch die Öffnung des nationalen bzw. gemeinschaftlichen Binnenmarktes für ausländische Produkte. Besonders intensiv ist der staatliche Einfluss, wenn er als

Nachfrager von Technikprodukten auftritt. Diese Einflüsse werden besonders evident, wenn der Staat über ein Quasi-Nachfragemonopol verfügt (wie z.B. bei Kriegswaffen).

3 Technikermöglichungsrecht

Recht hat keinen Selbstzweck. In einem höheren Sinne dient es der Gerechtigkeit, in einer praktischen Betrachtung dient es der Umsetzung politischer Richtungsentscheidungen. In einem demokratischen Gemeinwesen, wie dem deutschen, ist somit das Recht auch immer Spiegelbild gesellschaftlicher Grundhaltungen. Insoweit wurzelt die erörterte Sicht des Technikrechts als Recht nur der Begrenzung oder Kontrolle von Technik maßgeblich in einer fortschrittsfeindlichen oder doch fortschrittsskeptischen und letztlich zukunftspessimistischen Grundüberzeugung der Gesellschaft, wie sie etwa in vergangenen Jahrzehnten erkennbar war.

Dies ist aber nur eine Seite. Wer die Autoleidenschaft der Deutschen und die Computerbegeisterung vor allem der jüngeren Generation beobachtet, weiß, dass es sehr wohl auch eine Technikbegeisterung in Deutschland gab und gibt. Der ungebremste Fortschrittsoptimismus des 19. Jahrhunderts und des beginnenden zwanzigsten Jahrhunderts ist in der Gegenwart lediglich einer realistischeren Analyse der Chancen und Risiken moderner Technik gewichen. Aus dieser fortschrittsoffenen, zukunftsoptimistischen Einstellung folgt die Sicht des Technikrechts als Ermöglichung von Technik. Technikrecht ist deshalb nicht nur Technikbegrenzungsrecht, sondern zugleich auch Technikermöglichungsrecht.

Der landläufig angenommene grundsätzliche Konflikt zwischen Recht auf der einen und der freien Technikentfaltung auf der anderen Seite wird nur dem Technikbegrenzungsrecht gerecht, nicht aber dem Technikermöglichungsrecht (siehe auch Franzius 2001, S 487 ff.). Dabei geht die rechtliche Technikermöglichung über die reine Förderung (vgl. etwa § 1 Nr. 1 AtG a.F. und § 1 Nr. 2 GenTG) von Techniken weit hinaus. In vielen Bereichen ist das Recht geradezu eine Voraussetzung für die Entfaltung der Technik, insbesondere durch Gewährleistung von Sozialakzeptanz und hinreichender normativer Infrastruktur. Leider wird die Technikermöglichungsfunktion des Rechts in der politischen Diskussion, etwa in der mit Vehemenz geführten Debatte um den Standort Deutschland, gern übersehen oder in ihrer Bedeutung nicht erkannt.

Im Rechtsstaat betätigen sich die Anwender (also etwa Anlagenbetreiber) und Entwickler von Technik in einem durch Grundrechte geschützten Bereich. Die verfassungsrechtliche Gewährleistung der Berufsfreiheit, des Eigentums und der allgemeinen Handlungsfreiheit kann aber im Bereich der Technikentwicklung und Vermarktung nur dann wirklich zum Tragen kommen, wenn die rechtlichen und organisatorischen Voraussetzungen der grundrechtsbetätigenden Technikentfaltung gesichert sind. Hier kommt maßgeblich das Technikrecht zum Zuge.

3.1 Marktermöglichung durch Standardisierung

Die stark technisierte Welt der Gegenwart wird durch die Vernetzbarkeit technischer Module verschiedener Hersteller gekennzeichnet. Eine Grundvoraussetzung für die erfolgreiche Marktteilnahme von Unternehmen ist daher oftmals die Sicherung der technischen Kompatibilität mit Konkurrenzprodukten, die nur über Standardisierungen gewährleistet werden kann. Ein augenfälliges Beispiel ist etwa die Vision vom vernetzten Haushalt, in dem die Haushaltsgeräte zum Nutzen der Bewohner untereinander und mit der Außenwelt kommunizieren können. Trotz aller Fortschritte besteht aber nach wie vor ein Hindernis für die Marktreife dieser Systeme in dem Umstand, dass die Hersteller sich bislang nicht auf einen einheitlichen Standard der Datenübertragung verständigen konnten.

Dies ist eine klassische Aufgabe der sog. technischen Normung. In Deutschland wie in der EU ist die Standardisierung in großem Umfang privaten Standardisierungsorganisationen (wie DIN, VDE, CEN, CENELEC) überlassen, obwohl es auch halbstaatliche (z.B. durch Technische Ausschüsse) und staatliche Normungstätigkeit (mittels Verwaltungsvorschriften) gibt. Der Zusammenhang zwischen rechtlicher (also staatlicher) Techniksteuerung und privater Normung offenbart sich erst auf den zweiten Blick, denn private technische Regelwerke sind für sich genommen nicht rechtsverbindlich. Ihnen kommt aber zum einen bei der Auslegung unbestimmter gesetzlicher Rechtsbegriffe (z.B. „Regeln der Technik“) zumindest eine widerlegbare Indizwirkung (BVerwGE 79, 254, 264) zu. Zum anderen können im Wege der formalen Verweisung von staatlichem Recht auf technische Regelwerke private Normen in staatliche Rechtsnormen „inkorporiert“ werden und so im Range der Verweisungsgrundlage an der Rechtsgeltung teilnehmen. Eine relative Verbindlichkeit von Normen kann auch durch Vertrag oder Mitgliedschaftspflichten erreicht werden. Das Verfahren der Erstellung privatverbandlicher technischer Regelwerke ist in Deutschland bisher nicht durch staatliches Recht geregelt.[10] Dennoch bewegen sich private Normungsorganisationen in vielen Bereichen nicht in einem rechtsfreien Raum. Die privatverbandliche Normerstellung verläuft im Spannungsfeld zwischen privater Satzungsautonomie und staatlicher Gewährleistungsverantwortung, zwischen Selbstregulierung und staatlicher Steuerung. Rechtsförmlich wird dies etwa sichtbar an dem Vertrag zwischen dem DIN und der Bundesrepublik Deutschland über die Normung.[11]

Des Weiteren sollte nicht übersehen werden, dass auch staatliche, also rechtlich regulierte, Zulassungsstandards und Zulassungsverfahren für technische Produkte und Anlagen den Effekt einer technischen Standardisierung haben können. So erfolgt etwa die Bauartzulassung für Wahlgeräte zur elektronischen Stimmabgabe

---

[10] Regelungen gibt es aber im privaten Binnenrecht der Normungsverbände, z.B. des DIN: DIN-Norm 820, „Normungsarbeit“, die für alle Organe und insbesondere die Normenausschüsse verbindlich gilt, vgl. § 9 der Satzung des DIN. Rechtspolitische Vorschläge einer teilweisen Regelung enthalten §§ 31 f. UGB-KomE.

[11] Vertrag zwischen der Bundesrepublik Deutschland und dem DIN Deutsches Institut für Normung e.V. vom 5.6. 1975, (Beilage zum Bundesanzeiger Nr. 114 vom 27.6.1975).

bei der Bundestagswahl (vgl. § 2 Abs. 1 u. 2 BWahlGeräteV[12]) durch das Bundesministerium des Innern, nach Prüfung durch die Physikalisch-Technische Bundesanstalt in Berlin. Obwohl bislang erst ein Gerät[13] zur Stimmabgabe für Bundestagswahlen zugelassen ist, liegt auf der Hand, dass dadurch ein Standard gesetzt wurde, an dessen Anforderungen sich auch Geräte weiterer Hersteller, die möglicherweise irgendwann auf den Markt drängen werden, messen lassen müssen.

3.2 Marktschaffung oder Markterweiterung durch Recht

Im Regelfall ist davon auszugehen, dass neue Technologien nur dann bis zur Marktreife entwickelt werden, wenn nach Einschätzung des Herstellers hinreichende Absatzchancen für seine Produkte bestehen. Nun gibt es aber nicht für alles, was technisch machbar ist, auch einen Markt. Teilweise behindert dabei das Recht die Entstehung eines Marktes (z.B. durch Verbote der Herstellung bzw. des Gebrauchs bestimmter Produkte). Hier reicht die Aufhebung des Verbots, um Marktchancen durch Recht zu eröffnen. So musste für die oben bereits erwähnte Verwendung von elektronischen Geräten zur Stimmabgabe bei Bundestagswahlen erst § 35 Bundeswahlgesetz[14] geändert werden. Es bedurfte lediglich der Streichung von drei Wörtern im Gesetz[15] und schon tat sich ein neuer Markt für tausende Geräte auf. Stärker noch als bei Aufhebung von Produktverboten kann das Recht durch Gebrauchspflichten Dritter einen Markt schaffen oder diesen doch entscheidend erweitern. Beispielhaft sei nur auf das Erneuerbare-Energien-Gesetz[16] und seinen Vorgänger, das Stromeinspeisungsgesetz, verwiesen. Durch die Verpflichtung der Netzbetreiber zur Abnahme und Vergütung des aus regenerativen Energiequellen erzeugten Stromes, konnten insbesondere der Wind-, aber auch der Solarstromerzeugung erhebliche Impulse verliehen werden.

---

[12] Bundeswahlgeräteverordnung (BWahlGV) vom 3. September 1975 (BGBl. I, S 2459), zuletzt geändert durch Verordnung vom 20. April 1999 (BGBl. I S l 749).

[13] „ESD –1“ des niederländischen Herstellers Nedap, vgl. dazu Bundesministerium des Innern, Bekanntmachung vom 17. April 2002 über die Genehmigung der Verwendung von Wahlgeräten bei der Wahl zum 15. Deutschen Bundestag am 22. September 2002 (BAnz. Nr. 80 vom 27. April 2002, S 9349).

[14] Bundeswahlgesetz (BWG) in der Fassung der Bekanntmachung vom 23. Juli 1993 (BGBl. I S 1288, 1594), zuletzt geändert durch Gesetz vom 3. Dezember 2001 (BGBl. I S 3306).

[15] Durch die Streichung der Worte „mit selbständigen Zählwerken“ waren nun nicht mehr nur elektronische Geräte zu Stimmenzählung, sondern auch Geräte zur Stimmenabgabe einsetzbar.

[16] Gesetz für den Vorrang Erneuerbarer Energien (Erneuerbare-Energien-Gesetz - EEG), BGBl. I 2000, 305, zuletzt geändert durch Art. 7 Gesetz v. 23. Juli 2002, BGBl. I, 2778.

3.3 Technikermöglichung durch ordnungsrechtliche Marktgestaltung

Die Entscheidung darüber, ob neue Techniken entwickelt, zur Anwendungsreife geführt und letztlich vermarktet werden, hängt auch vom gesellschaftlichen Umfeld ab, in dem diese Entscheidung getroffen werden muss. Ein maßgeblicher Faktor ist dabei das Recht, das die Aufgabe hat, den ordnungsrechtlichen Rahmen eines Marktes zu gewährleisten (vgl. etwa di Fabio 1997, S 124). Recht und Rechtsvollzug sind eine elementare Leistung des Staates, die der Bereitstellung der für ein Gemeinwesen unerlässlichen normativen Infrastruktur dient. Zur Erreichung dieses Zieles sind Regelungen in verschiedenen Bereichen notwendig. Ohne Anspruch auf Vollständigkeit müssen jedenfalls Marktzugangsregeln, rechtliche Streitschlichtungsmechanismen sowie Patent- und Urheberschutzregeln in diesem Zusammenhang gesehen werden. Beispielhaft sei nur an die deutsche Frequenzordnung erinnert. Die effiziente und störungsfreie Nutzung der aus physikalischen Gründen begrenzten Frequenzen erfordert auf nationaler Ebene ein ausgeklügeltes System der Zuweisung einzelner Frequenzbereiche an die verschiedenen Funkdienste und die Zuteilung einzelner Frequenzen etwa an Rundfunkanbieter. Man denke sich nur den einfachen Fall, dass mehrere Rundfunkanbieter ein und dieselbe besonders einprägsame Frequenz bedienen wollen. Mit den in § 44 Abs. 1 Telekommunikationsgesetz[17] vorgesehenen rechtlichen Instrumenten[18] lässt sich diese Aufgabe bewältigen. Zum einen lässt sich so die im Interesse der Allgemeinheit liegende reibungslose nicht leitungsgebundene Kommunikation gewährleisten und zum anderen können die Interessenkonflikte gelöst werden, die bei der Zuteilung einzelner Frequenzen auftreten können. Das Recht dient hier also schon funktional der normativen Technikermöglichung und ist nicht staatliches Technikhemmnis.

3.4 Rechtssicherheit

Das Recht verwirklicht mit der Gewährleistung von Rechtssicherheit eine weitere wichtige Grundvoraussetzung der Technikentfaltung. Nur die Verlässlichkeit und Konstanz staatlicher Zulassungsentscheidungen von Technik vermag dem Unternehmer häufig die notwendige Investitionssicherheit zu vermitteln.

Ein wichtiger Teilaspekt ist in diesem Kontext die sog. Präklusionswirkung staatlicher Anlagengenehmigungen. Damit werden privatrechtliche Abwehransprüche Drittbetroffener mit Ablauf der Einwendungsfrist für die Zukunft ausgeschlossen, in dem ihnen dauerhaft die rechtliche Relevanz abgesprochen wird (vgl. exemplarisch § 10 Abs. 3 S 3 BImSchG). Wird eine Genehmigung bestandskräf-

[17] Telekommunikationsgesetz (TKG), BGBl. I 1996, 1120, zuletzt geändert durch Art. 17 Gesetz v. 21.06.2002, BGBl. I, 2010.

[18] Vgl. § 44 Abs. 1 TKG: Frequenzbereichszuweisungsplan, Frequenznutzungsplan, Frequenzzuteilung und Frequenznutzungsüberwachung; dazu *Kloepfer*, Informationsrecht, 2002, § 11, Rn. 187 ff.

tig, genießt die genehmigte Anlage insoweit Bestandsschutz und lässt sich auch bei einem Meinungswandel der Behörde nicht oder nur erschwert beseitigen. Eingeschränkt wird der unternehmerische Vertrauensschutz im Umwelt- und Technikrecht allerdings insbesondere durch Rechtsänderungen oder neue wissenschaftliche Erkenntnisse.[19] Wenn sich etwa aufgrund verbesserter Nachweismethoden die Schädlichkeit einer Technologie erweist, kann sich der Unternehmer somit nicht auf den Vertrauensschutz berufen[20], sondern muss seine technischen Verfahren entsprechend modifizieren. Der Kontinuitäts- und Vertrauensschutz des Betreibers ist deshalb im Umwelt- und Technikrecht schwächer ausgebildet.

Rechtssicherheit als Voraussetzung für Technikentfaltung kann auch durch die verlässliche gesetzliche Beschränkung der Verantwortlichkeit von Technikanwendern herbeigeführt werden. Das Recht elektronischer Informations- und Kommunikationsdienste hält beispielsweise mit der Haftungsfreistellung des Access-Providers (§ 5 Abs. 3 S 1 TDG / MDStV) und der weitgehenden Haftungsprivilegierung des Service-Providers (§ 5 Abs. 2 TDG / MDStV) für auf den jeweiligen Servern befindliche Inhalte derartige Regelungen bereit (vgl. dazu Kloepfer 2002a, S 597 ff.). Die Risiken, die sich für den Technikanwender aus der allgemeinen zivil- und strafrechtlichen Haftung ergeben könnten, werden so von vornherein aus seiner Verantwortungssphäre externalisiert (Roßnagel 1999, S 4). Die daraus resultierende Rechtssicherheit vermittelt dem Unternehmer Investitionssicherheit und trägt zur Technikentfaltung bei.

3.5 Technikakzeptanz

Größere Technologieprojekte lassen sich heute häufig kaum noch realisieren, ohne auf Widerstände verschiedener Interessengruppen zu stoßen. Genauso verbreitet wie menschlich verständlich ist insbesondere die „Nicht-vor-meiner-Haustür-Bewegung“, die allerdings nicht eben gemeinwohlverträglich wirkt. Es gibt zahllose Bürgerinitiativen, Umweltgruppen und Einzelpersonen, die sich mit allen (legalen) Mitteln gegen die Ansiedlung technischer Anlagen im eigenen Wohnumfeld wehren; vereinzelt wird aber auch zu illegalen Mitteln gegriffen. Für Unternehmer sind alle diese Bestrebungen nicht selten Investitionshindernisse ersten Ranges, denn oftmals verzögern oder verhindern sie selbst oder die daraus resultierenden Gerichtsverfahren die Realisierung der geplanten Vorhaben.

Solche Aktivitäten von Bürgerinitiativen etc. sind Zeichen für eine fehlende Akzeptanz hinsichtlich der jeweiligen Technikentfaltung. Dies gilt vor allem dann, wenn besonders umstrittene oder tatsächlich oder vermeintlich besonders gefährliche Technologien zum Einsatz kommen sollen, wie z.B. die Kerntechnik, die Gentechnik, die Magnetschnellbahntechnik oder auch Techniken der Sonderab-

[19] Vgl. *Kloepfer (1990),* Zur Rechtsumbildung durch Umweltschutz, S 25 ff.; vertrauensschutzmindernd sind insbesondere auch die Nebenbestimmungen bei Zulassungsentscheidungen.

[20] Dies widerspricht auch nicht dem Rückwirkungsverbot, da es sich um eine sog. unechte Rückwirkung handelt.

fallbeseitigung. Aber selbst so zukunftsorientierte Technologien wie die Energieerzeugung mittels Windkraftanlagen sind in zunehmendem Maße der öffentlichen Kritik ausgesetzt. Ohne die rechtliche Gestaltung und u.U. weitere Hilfsmaßnahmen des Staates wäre eine Verwirklichung umstrittener Vorhaben häufig kaum noch möglich (umfassend Kloepfer 1993, S 760 ff.). Durch Fachgesetze wird die politisch und faktisch notwendige Feststellung der Gemeinwohlverträglichkeit und Akzeptabilität solcher Techniken getroffen. Das Gesetz enthält in der Regel eine Feststellung über die grundsätzliche Realisierbarkeit einer neuen Technik. Dabei werden im Gesetzgebungsverfahren bisweilen tragfähige Kompromisse über Technikausübungsmodalitäten geschlossen. Eine durch Rechtsnormen manifestierte politische Richtungsentscheidung muss nicht zwangsläufig, aber kann doch in bestimmten Fällen ein gewisses Grundvertrauen in neue Technologien schaffen, das deren praktische Umsetzung dann erleichtert. Der Rechtsordnung kommt somit auch die Aufgabe der Akzeptanzsicherung zu.

Bei der konkreten Realisierung von einzelnen Projekten spielen bei der Akzeptanzsicherung die inzwischen weit verbreiteten Regelungen zur Öffentlichkeitsbeteiligung eine wesentliche Rolle. So ist etwa das Planfeststellungsverfahren[21] mit seinen ausgeprägten Elementen der Bürgerbeteiligung ein Musterbeispiel für ein staatliches Verfahren, das auch der Erhöhung von sozialer Akzeptanz dient. Zwar wirken Beteiligungsvorschriften aufgrund ihrer zeitintensiven Realisierung für den Unternehmer auch belastend, aber sie deshalb ausschließlich als Entwicklungshemmnis zu begreifen, wäre verfehlt. Sie sind im Gegenteil als Leistung des Staates zur Technikermöglichung anzusehen und tragen mit dazu bei, dass der einzelne Vorhabensträger seine Grundrechte angesichts örtlicher Widerstände überhaupt ausüben kann (vgl. Kloepfer 1998, S 127 ff.).

Allerdings kann nicht verhehlt werden, dass Akzeptanzschaffung durch Recht immer dann versagt, wenn sie auf militante Gruppierungen trifft, die fundamentalistische, nicht mehr durch rationale Argumente beeinflussbare Vorbehalte gegen neue Technologien eint. Hier, wie aber umgekehrt auch bei Unternehmen, die sich über Umweltvorschriften hinwegsetzen, kann nur eine vollzugsstarke Umsetzung des geltenden Rechts weiterhelfen.

4 Recht zwischen Technikkontrolle und Technikermöglichung

Die Bevölkerung der Bundesrepublik Deutschland hat grundsätzlich eine ambivalente Einstellung zu „der" Technik. Sie berücksichtigt dabei sowohl positive als auch negative Aspekte der technologischen Entwicklung. So werden beispielsweise Technologiefelder wie Nutzung der Sonnenenergie und Medizintechnik grundsätzlich als staatlich förderungswürdig beurteilt, während andere Technologien wie Kernenergie und Gentechnik heute von vielen Menschen überwiegend negativ

[21] Vgl. insb. § 73 VwVfG und entsprechende Sondervorschriften z.B. in §§ 17 FStrG, 20 AEG, 5 MBPlG; aber auch §§ 3 f. BauGB, 10 ff. BImSchG, 18 GenTG.

gesehen werden (vgl. TAB, 1997). Insgesamt ist also ein realistisches Verhältnis der Bevölkerung wie auch des vom Volke legitimierten Gesetzgebers zur Technik zu konstatieren, das sich auch im Technikrecht widerspiegelt. Es ist Instrument der Technikkontrolle und der Technikermöglichung zugleich. Deutlich wird dies etwa am Beispiel der Anlagenzulassungen. Dieselbe rechtliche Regelung kontrolliert und sichert zum einen die Gemeinwohlverträglichkeit der Technik und erhöht zum anderen die Akzeptanz für die Technikanwendung.

Die Ambivalenz zwischen Begrenzungs- und Ermöglichungsfunktion des Technikrechts muss jedoch nicht in jeder einzelnen Norm des Technikrechts zum Ausdruck kommen. Sie wohnt vielmehr dem Technikrecht insgesamt als grundlegende Eigenschaft inne. Das Technikrecht erfüllt also selbst dann beide Funktionen, wenn der Regelungsschwerpunkt einzelner Rechtsnormen mehr dem einen oder anderen Bereich zugeneigt ist, also entweder mehr im Bereich der Kontrolle oder aber mehr im Bereich der Ermöglichung von Technik angesiedelt ist.

Nachteilig wirkt sich dies jedoch nicht selten auf die öffentliche Wahrnehmung der Funktion des Rechts aus. Die „harte" Technikkontrolle wird noch immer allzu gern herangezogen, um die simplifizierende Umschreibung des Rechts als ausschließliches Hemmnis der Technikentwicklung zu stützen, während die „weiche" Technikermöglichung durch Recht oftmals vernachlässigt oder übersehen wird.

Die Erkenntnis, dass Technikrecht mehr kann und auch mehr können soll als reine Technikkontrolle, hat aus juristischer Sicht auch Auswirkungen auf die Legitimierung dieser Rechtsnormen. Begreift man Technikrecht nicht mehr ausschließlich als Eingriffsrecht, sondern faßt es auch als Leistung des Staates zur Technikermöglichung auf, so ist es nur folgerichtig, dem Gesetzgeber in gewissem Umfang den erweiterten Gestaltungsspielraum zuzugestehen, über den er – im Vergleich zu Eingriffen – im Leistungsbereich verfügt.

5 Rechtsermöglichung und Rechtsgestaltung durch Technik

Das Verhältnis zwischen Recht und Technik ist nicht einseitig. Nicht nur das Recht ermöglicht und gestaltet Technik. Natürlich wirkt die technische Entwicklung auch in entgegengesetzter Richtung auf das Recht ein. Rechtlich kann nur gefordert werden, was technisch mit zumutbarem Aufwand realisierbar ist. Damit begrenzt die wissenschaftlich-technische Entwicklung die rechtlichen Gestaltungsmöglichkeiten des Gesetzgebers. Andererseits kann Technik aber auch Recht ermöglichen. Die gesetzliche Zulassung digitaler Signaturen im elektronischen Rechtsverkehr,[22] die für die weitere Entwicklung der Informationsgesellschaft völlig neue Perspektiven eröffnet hat, ist ohne die tatsächliche Realisierbarkeit der

---

[22] Ursprünglich eingeführt durch das Gesetz zur digitalen Signatur 1997, abgelöst durch das Gesetz über Rahmenbedingungen für elektronische Signaturen vom 16.05.2001, BGBl. I, S 876 und konkretisiert durch die Signaturverordnung vom 22.10.1997, BGBl. I S 2498, neugefasst durch Verordnung vom 16.11.2001, BGBl. I, S 3074.

entsprechenden technischen Verfahren nicht sinnvoll. Die fortschreitende technische Entwicklung ermöglichte somit erst die Überwindung des jahrhundertealten Prinzips der Bindung rechtswirksamer Unterschriften an Papier. Im Ergebnis ermöglichte (bzw. -forderte) so eine neue Technik auch neue innovative rechtliche Regeln.

Dabei soll natürlich nicht übersehen werden, dass wiederum umgekehrt die Signaturgesetzgebung die tatsächliche Durchsetzung digitaler Signaturen im Rechtsverkehr befördert bzw. erst ermöglicht hat, denn ohne die gesetzliche Absicherung ihrer rechtlichen Bindungswirkung würden digitale Signaturen praktisch nur in geringem Umfang Verwendung finden. Diese Technikermöglichung durch Recht ändert aber nichts am dargestellten Befund einer Rechtsermöglichung durch Technik, sondern unterstreicht nur die enge wechselseitige Verflechtung von Technik und Recht.

Da das Recht angesichts der Gewährleistungsverantwortung des Staates seine Steuerungsfunktion gegenüber dem technischen Wandel nicht verlieren darf, unterliegt es dem ständigen Druck, Anpassungen an die dynamische Technikentwicklung vorzunehmen bzw. umgekehrt, die Technikentwicklung an die eigenen Zielvorstellungen anzupassen. Wenn die Technik sich aber ständig wandelt und das Recht gezwungen ist, dem durch Anpassungen gerecht zu werden, dann gestaltet natürlich die Technik auch das Recht; es werden „technische Tatsachen" geschaffen, auf die das Recht angemessen reagieren muss.

Diese Reaktion erfolgt auf unterschiedliche Weise. Sofern der Gesetzgeber unbestimmte Rechtsbegriffe wie den Begriff „Stand der Technik" verwendet und hierdurch einen dynamischen Grundrechtsschutz erzielt (BVerfGE 49, 89, 136 f. zu § 7 Abs. 2 Nr. 3 AtomG.), erfolgt die Gestaltung des Rechts durch Technik nur verdeckt, d.h. ohne Veränderung des Gesetzestextes. Dennoch findet ein verbessertes technisches Niveau durch die angewandte rechtliche Verweisungstechnik Eingang in gesetzliche Regelungen. Es wird so eine immanente Modernisierung des Rechts durch Verweis auf den neuesten „Stand der Technik" ermöglicht. Dies tritt aber erst bei der praktischen Auslegung der Normen im Zuge ihrer Anwendung zutage. In anderen Bereichen ist der Gesetzgeber gezwungen, auf neue technische Entwicklungen durch die Novellierung oder gänzliche Neuschaffung von Rechtsnormen nachträglich zu reagieren. Damit wird das Recht selbst in offener Form zum Gegenstand der Veränderung durch Technik: Dies ist erkennbare Rechtsgestaltung durch Technik. Aus Praktikabilitätsgründen und angesichts der schon erörterten grundrechtlichen Fragestellungen ist dies aber unbefriedigend, zumal solche Rechtsänderungen technische Entwicklungen auf diese Weise nur nachträglich zur Kenntnis nehmen. Der Gesetzgeber kann so regelmäßig nicht mehr selbst den Rahmen der Technikentwicklung bestimmen, also agieren, sondern nur noch nachträglich reagieren. Damit kann der Staat seiner Gewährleistungsverantwortung regelmäßig nur noch unvollkommen gerecht werden.

6 Zukunftsfähige Ausgestaltung von Technik und Recht

Das Verhältnis zwischen Technik und Recht sollte künftig zukunftsfähiger ausgestaltet werden. Dazu gehört einmal, dass die Technik nicht nur die geltende Rechtsordnung einhält, sondern rechtliche Erwägungen bereits in die Technikentwicklung einbezieht. Frühzeitig sollte neben der technischen und ökonomischen Machbarkeit auch die rechtliche Machbarkeit bei einer Produkt- oder Verfahrensentwicklung berücksichtigt werden. Anzustreben ist eine Orientierung nicht nur an geltendem, sondern – soweit möglich – auch an künftigem Recht. Die Erkennung künftiger Rechtssetzungstendenzen ist bisher defizitär, aber keineswegs völlig unmöglich, wobei gewisse Prognoseunsicherheiten hingenommen werden müssen.

Zum anderen muss das Recht stärker den spezifischen Möglichkeiten der Technik angepasst werden. Aufgrund ständiger Wandlungsprozesse entzieht sich die Technik in beträchtlichem Maße einer effektiven rechtlichen Regelung. Die herkömmliche Gesetzgebung vermag mit den technischen Entwicklungen teilweise nicht Schritt zu halten. Konnten früher Rechtsnormen viele Jahrzehnte Bestand haben, so sind sie heute – wie etwa das Telekommunikationsrecht zeigt – nach wenigen Jahren schon wieder hoffnungslos veraltet. Folglich muss das Recht „schneller" werden, wenn es der Technik nicht weiterhin hinterherhinken will. Dazu ist es notwendig, schon im Vorfeld der Technikentwicklung steuernd tätig zu werden, was unter anderem eine Verbesserung der Prognoseleistungen des Gesetzgebers voraussetzt. Dabei ist vor allem der Gedanke des kooperativen Rechts (s.u. a), des revisiblen Rechts (s.u. b), aber auch des technikbegleitenden Rechts (s.u. c) zu betonen.

6.1 Kooperatives Recht

Eine effektive Techniksteuerung durch Recht kann nur durch eine enge Zusammenarbeit der Technikentwickler und Technikanwender mit dem Gesetz- und Verordnungsgeber erreicht werden. Hiermit ist das Kooperationsprinzip[23], also die Aufgabenteilung zwischen Staat und Privaten zur Erreichung bestimmter Ziele, als grundlegendes Strukturelement (Marburger 1979, S 117 f.) des Technikrechts angesprochen. Auf den ersten Blick mag das durchaus befremdlich erscheinen, wirken doch so in einem grundrechtsrelevanten Bereich letztlich die eigentlich zu kontrollierenden Privaten mit ihrem staatlichen Kontrolleur zusammen. Das kann legitim werden, weil auf diese Weise der Staat den Sachverstand der Betriebe nutzen kann und im Übrigen auch Vollzugsprobleme vermindert werden. Allerdings muss jede Kollusion, d.h. jedes arglistige Zusammenwirken, zwischen Staat und Umweltbelastern vermieden werden.

Die rechtliche Bewältigung der technischen Entwicklung kann nicht allein von Juristen geleistet werden. Vielmehr bedarf es gerade insoweit dringend einer verstärkten Zusammenarbeit zwischen Technikern und Juristen. Dabei besteht ein

[23] Das Kooperationsprinzip ist insbesondere im Umweltrecht intensiv diskutiert worden; siehe dazu Kloepfer (1998a), § 4, Rn. 45 ff.

Grundproblem schon darin, dass Juristen und Ingenieure einander häufig kaum verstehen. Technische Vorgänge sind heute vielfach durch einen Grad an Komplexität gekennzeichnet, der einem Juristen oftmals unverständlich erscheint. Nicht viel anders verhält es sich aber auch mit Rechtsnormen, deren Inhalt sich zu großen Teilen eben auch nur dem juristisch geschulten Betrachter erschließt, während die Normadressaten, hier also die Entwickler, Vermarkter und Anwender von Technologien, häufig erst juristische Hilfe in Anspruch nehmen müssen, um sich über die – sie treffenden – rechtlichen Gebote und Verbote Klarheit zu verschaffen. Dieses Problem wird sich wohl nie ganz beheben lassen, aber dennoch sollte alles versucht werden, um eine gemeinsame Sprache zwischen Rechtswissenschaften und Ingenieurwissenschaften zu finden – das wäre optimal – oder aber mindestens ein hinreichendes gemeinsames Verstehen zu ermöglichen. Dies kann nur durch interdisziplinäre Zusammenarbeit der Experten gelingen, wozu diese Tagung einen erfreulichen Beitrag leistet.

Kooperation zwischen Staat und Privaten kann auch darin bestehen, die Technik selbst für die Lösung der durch sie aufgeworfenen Probleme zu instrumentalisieren. Der in diesem Zusammenhang gebrauchten Formel: „*The answer to the machine is in the machine*“ (Hoeren 1995, S 175 ff.; Dreier 1999) kommt sicher keine allgemeine Geltung zu, doch mag ihre Anwendung in Teilbereichen durchaus zu vertretbaren Ergebnissen führen. So kommt es etwa aufgrund der technischen Möglichkeiten in den weltweiten Informationsnetzen zu Sicherheitsproblemen. Gerade in Bezug auf Emails ist vielen Nutzern nicht bewußt, dass sie ein Informationsmittel benutzen, das bei entsprechendem technischen Sachverstand genauso offen einsehbar ist wie eine Postkarte. Der sicherheitstechnische Vorteil der Postkarte besteht sogar noch darin, dass sie zumeist von vornherein nicht zur Übermittlung sensibler Daten verwendet wird und dass sie einem zuverlässigen Postdienstleistungsunternehmen anvertraut werden kann. Was aber mit einer Email in den technischen Weiten des Internets geschieht, was abgefangen, eingesehen oder sogar manipuliert wird, entzieht sich weitestgehend der Kontrolle des Nutzers. Hier ist es sinnvoll, die Technik (und zwar Kryptotechnik) zur Lösung der durch die Technik aufgeworfenen Probleme zu nutzen. Diese Erkenntnis hat sich auch die Bundesregierung zu eigen gemacht. Mit ihren „Eckpunkten einer Kryptopolitik“[24] hat sie klargestellt, dass in Deutschland auch zukünftig kryptographische Verfahren ohne staatliche Reglementierung und Einschränkung verwendet, entwickelt und vermarktet werden dürfen. Mehr noch, die Bundesregierung verpflichtete sich dazu, die weitere Verbreitung der kryptographischen Verfahren aktiv zu unterstützen.

Ein besonders markanter Ausdruck des Kooperationsprinzips sind die Ansätze der staatlich inspirierten Selbstregulierung vor allem der Wirtschaft (umfassend dazu Kloepfer u. Elsner 1996, S 964 ff.), die immer dann zur Substitution staatlichen Rechts geeignet sind, wenn interessenhomogene Gruppen, deren Interesse mit dem öffentlichen Interesse übereinstimmt, ihr Tätigkeitsfeld selbst regulieren (Kloepfer 2002a, § 4, Rn. 8, m.w.N.). Rechtspolitische Vorlagen hierzu finden

[24] Einsehbar unter www.sicherheit-im-internet.de.

sich etwa im Professorenentwurf zum Umweltgesetzbuch (UGB-ProfE)[25] und im Kommissionsentwurf für ein Umweltgesetzbuch (UGB-KomE)[26]. Als Beispiel seien nur zur Frage der Rechtswirksamkeit privater technischer Regelwerke die amtliche Einführung und die widerlegbare Vermutungswirkung genannt (§ 161 UGB-ProfE, § 33 UGB-KomE), die immer dann wirksam werden sollen, wenn bestimmte materielle und prozedurale Voraussetzungen bei der Entstehung privater technischer Normen erfüllt sind. Diese behutsame „Normierung der Normung" würde helfen, Gemeinwohlbelange stärker in den Normentstehungsprozess integrieren zu können.

An diesem Beispiel wird auch deutlich, dass sich der Staat bei aller Selbstregulierung niemals vollständig aus seiner Gewährleistungsverantwortung zurückziehen darf. Deshalb sind auf Dauer nur Modelle rechtlich regulierter – oder doch umgrenzter – Selbstregulierung denkbar[27]. Der rechtliche Rahmen, innerhalb dessen die Normadressaten eigenverantwortlich handeln können, muss klar umrissen sein, um auch langfristig die Orientierung an Interessen des Gemeinwohls sicherstellen zu können.

Im Zusammenhang mit der rechtlichen Vorfeldsteuerung technischer Entwicklungen kommt schließlich der inzwischen als Forschungsrichtung etablierten fachbereichsübergreifenden Technikfolgenabschätzung (vgl. ausführlich Roßnagel 1993) Bedeutung zu. Schon 1990 wurde ein Büro für Technikfolgenabschätzung beim Deutschen Bundestag eingerichtet. Der Technikfolgenabschätzung liegt u.a. die Idee zugrunde, dass die Risiken, aber auch die Chancen einer technologischen Entwicklung für die vom Staat zu gewährleistenden Verfassungsgüter noch vor dem Zeitpunkt ihrer Realisierung sichtbar gemacht werden können. Dann kann es dem Gesetzgeber gelingen, mit Hilfe der Technikfolgenabschätzung eine präventive Techniksteuerung zu realisieren, die eine verfassungsverträgliche technische Entwicklung gewährleistet.

Der Technikfolgenabschätzung an die Seite gestellt werden könnte eine insbesondere auch technikbezogene „Rechtsfolgenabschätzung" (Dreier 1999). Vergleichbares wird für umweltrelevante Gesetze in der Form einer aus Art. 20a GG ableitbaren förmlichen Umweltverträglichkeitsprüfung für Rechtsnormen diskutiert (vgl. Ipsen 1999, Art. 21, Rn. 76; Erbguth u.Wiegand 1994, S 1333, m.w.N.). Bei einer Rechtsfolgenabschätzung können die potentiellen Auswirkungen von Rechtsnormen auf die technische Entwicklung einerseits und auf die Gewährleistung wichtiger rechtlicher Zielvorgaben andererseits untersucht werden, um noch aus der *ex-ante*-Sicht negative Auswirkungen technologierelevanter Gesetze erkennen und vermeiden zu können.

[25] UGB-ProfE (1990), Allgemeiner Teil.

[26] BMU (Hrsg.) (1998), Umweltgesetzbuch (UGB-KomE).

[27] Vgl. z.B. §§ 17 ff. TKG.

6.2 Revisibles Recht

Angesichts der schnellen Veränderung von Technik, aber auch im Hinblick auf die typische Ungewissheitssituation der gesetzlichen Regelung technischer Vorgänge, bedarf es Mechanismen der zügigen Rechtsanpassung. Deshalb muss künftig verstärkt nach verbesserten Formen der schnellen, aber gleichwohl berechenbaren Revisibilität des Rechts und nach Mechanismen zu seiner fortschreitenden Verbesserung gesucht werden.

Hier kommen z.B. sog. Experimentier- (Kloepfer 1982, S 91 ff.) bzw. „*Trial-and-Error*“-Gesetze (Murswiek 1990, S 211 m.w.N.) in Betracht. Der Gesetzgeber setzt hier typischerweise Recht mit nur relativ geringer Regelungsdichte und wartet ab, ob und in welchem Umfang eine weitergehende rechtliche Regulierung notwendig ist, weil etwa zwischenzeitlich aufgetretene Schäden künftig vermieden werden sollen. Sind dann etwa Schadensursachen und -folgen hinreichend geklärt, können gegebenenfalls weitere dauerhafte normative Maßnahmen der Techniksteuerung ergriffen werden. Anwendbar ist diese Methode „gesetzesgebundenen Lernens an Schadensfällen“ aber nur in den Fällen, in denen das hypothetische Risiko von Schäden als relativ gering eingestuft werden kann. Außerdem kann es sich als nachteilig erweisen, dass auf diese Weise die für Unternehmer so wichtige Rechtssicherheit unter Umständen einer der Investitionsbereitschaft abträglichen Ungewißheit über das Verhalten des Gesetzgebers weicht.

Dies gilt eingeschränkt auch für befristete Rechtsnormen (*sunset legislation*), die ebenfalls in diesem Zusammenhang diskutiert werden. Hierbei ist von vornherein absehbar, bis wann eine bestimmte Regelung in Kraft bleiben wird, so dass die Investitionssicherheit innerhalb dieses Zeitrahmens gewährleistet ist. Der Gesetzgeber hat natürlich noch vor dem Auslaufen einer Rechtsnorm, die sich bewährt hat, die Option einer Verlängerung des Geltungszeitraumes. Andererseits kann er aber auch, ohne an seine frühere Richtungsentscheidung gebunden zu sein, neue Wege gehen.

Die rechtliche Steuerung technischer Entwicklung wird im übrigen zukünftig immer weniger mit dem Erlass einzelner Rechtsnormen als abgeschlossen gelten können, sondern muss stattdessen als fortwährender Prozess aufgefasst werden. Durchaus vielversprechend ist dabei der bereits in einigen Bereichen realisierte Versuch, in den Regelungsprozeß „organisierte Lernphasen“ (Roßnagel 1999, S 11) einzubauen. So wurde beispielsweise das Informations- und Kommunikationsdienstegesetz[28] vom Deutschen Bundestag unter der Prämisse verabschiedet, dass in einem Rhythmus von zwei Jahren durch die Bundesregierung eine Evaluierung des Gesetzes stattzufinden habe.[29] Dem ist die Bundesregierung auch ent-

[28] Informations- und Kommunikationsdienstegesetz (IuKDG) vom 22.07.1997, BGBl. I S 1870.

[29] Vgl. BT-Drs. 13/7935, S 1 – Entschließungsantrag der Fraktion der CDU/CSU und F.D.P. zu dem Gesetzentwurf der Bundesregierung – Drucksachen 13/7385, 13/7934 – Entwurf eines Gesetzes zur Regelung der Rahmenbedingungen für Informations- und Kommunikationsdienste:

sprechend nachgekommen.[30] Ein weiteres Beispiel ist etwa das Produktpirateriegesetz[31], das ebenfalls regelmäßig zu evaluieren ist.[32]

6.3 Technikbegleitendes Recht

Anzustreben ist grundsätzlich eine permanente und nachhaltige Technikbegleitung durch Recht. Dies meint zunächst, dass die rechtliche Einwirkung auf Technik sich häufig nicht auf einen Punkt (z.B. der Technikzulassung) beschränken lässt (oder lassen sollte). Jedenfalls bei Vorliegen gesteigerter Risiken sollten alle Phasen der Technikrealisierung (insbesondere Entwicklung, Produktion, Instandhaltung, Entsorgung) rechtlich erfasst werden, allerdings nur, soweit dies erforderlich ist.

Insbesondere der Bereich der Technikentwicklung und -gestaltung bedarf verstärkter juristischer Aufmerksamkeit. Hier sollten rechtliche Frühwarnsysteme entwickelt und in die Verfahren der Technikentwicklung und -entfaltung eingebaut werden. Dabei sind die Verbindungen zwischen der Entstehung von Technik, von technischen Betriebsanleitungen, von technischen Normen und von technischen Regelungen des Staates zu beachten und stärker miteinander zu verzahnen. Technikentwicklungen, Beschreibungen von dabei erprobten Teilen und Betriebsabläufen führen zu Betriebsanleitungen, hieraus können sich technische Normen (etwa als Verallgemeinerung von Betriebsanleitungen für verschiedene Produkte) und daraus schließlich staatliche Normen ergeben. Technisch-naturwissenschaftliche Gesetzmäßigkeiten und staatliche Gesetze sind durchaus nicht zwei getrennte, sondern eher untereinander verbundene Phänomene. Staatliches Recht muss technische Gesetzmäßigkeiten beachten, aber auch Interessenausgleich der Technik mit anderen Belangen der Gesellschaft herbeiführen. Insoweit ist Recht gerade auch ein Instrument zur Integration der Technik in die Gesellschaft. Auch insoweit wirkt es eher technikermöglichend als technikbegrenzend.

„Der Bundestag wolle beschließen: (...) II. Der Deutsche Bundestag fordert die Bundesregierung auf, die Entwicklung bei den neuen Informations- und Kommunikationsdiensten zu beobachten und darzulegen, ob und ggf. in welchen Bereichen Anpassungs- bzw. Ergänzungsbedarf bei den rechtlichen Rahmenbedingungen für die neuen Dienste besteht und hierüber dem Deutschen Bundestag bei Bedarf, spätestens aber nach Ablauf von zwei Jahren nach Inkrafttreten des IuKDG einen Bericht vorzulegen."

[30] Vgl. den „Bericht über die Erfahrungen und Entwicklungen bei den neuen Informations- und Kommunikationsdiensten im Zusammenhang mit der Umsetzung des IuKDG", BT-Drs. 14/1191.

[31] Gesetz zur Stärkung des Schutzes des geistigen Eigentums und zur Bekämpfung der Produktpiraterie vom 01.07.1990 (Produktpirateriegesetz), BGBl. I S 422.

[32] Vgl. „Zweiter Produktpiraterieberícht" der Bundesregierung, BT-Drs. 14/2111.

Literatur

Berg W (1985) Vom Wettlauf zwischen Recht und Technik – Am Beispiel neuer Regelungsversuche im Bereich der Informationstechnologie, JZ, S 401 ff

BMU (Hrsg.) (1998) Umweltgesetzbuch (UGB-KomE)

Di Fabio U (1997) Rechtliche Rahmenbedingungen neuer Informations- und Kommunikationstechnologien. In: Schulte (Hrsg) Technische Innovation und Recht – Antrieb oder Hemmnis?

Di Fabio U (1994) Risikoentscheidungen im Rechtsstaat

Dreier T (1999) Technik und Recht – Herausforderungen zur Gestaltung der Informationsgesellschaft. Festvortrag vom 30.11.1999 an der Universität Fridericiana zu Karlsruhe. Abrufbar im Internet unter http://www.ira.uka.de/ ~recht/deu/iir/dreier/dreier2.html

Erbguth W , Wiegand B (1994) Umweltschutz im Landesverfassungsrecht, DVBl., S 1325 ff

Franzius C (2001) Technikermöglichungsrecht. Die Verwaltung, S 487 ff

Hoeren T (1995) The answer to the machine is in the machine – Technical devices for copyright management in the digital era. In: Law, Computers and Artificial Intelligence 4, S 175 ff

Ipsen H (1999) In: Sachs (Hrsg) Grundgesetz, Art. 21, Rn. 76

Isensee J (2000) In: Isensee, Kirchhof (Hrsg) Handbuch des Staatsrechts der Bundesrepublik Deutschland – Band V, Allgemeine Grundrechtslehren, § 111, Rn. 86

Klein E (1994) Die grundrechtliche Schutzpflicht. DVBl., S 489 ff

Klein E (1989) Grundrechtliche Schutzpflicht des Staates. NJW, S 1637 ff

Kloepfer M (2003) Instrumente des Technikrechts. In: Schulte (Hrsg) Handbuch des Technikrechts, i.E.

Kloepfer M (2002a) Informationsrecht

Kloepfer M (2002b) Technik und Recht im wechselseitigen Werden

Kloepfer M (1998) Recht als Technikkontrolle und Technikermöglichung. GAIA, S.131 ff

Kloepfer M (1998a) Umweltrecht

Kloepfer M (1993) Technikverbot durch gesetzgeberisches Unterlassen? In: Wege und Verfahren des Verfassungslebens, Festschrift für Peter Lerche, S 760 ff.

Kloepfer M (1990) Zur Rechtsumbildung durch Umweltschutz

Kloepfer M (1982) Gesetzgebung im Rechtsstaat. VVDStRL 40, S 91 ff

Kloepfer M, Elsner T (1996) Selbstregulierung im Umwelt- und Technikrecht. DVBl., S 964 ff

Marburger P (1979) Die Regeln der Technik im Recht

Martens W (1986) In: Drews, Wacke, Vogel, Martens (Hrsg) Gefahrenabwehr, Allgemeines Polizeirecht (Ordnungsrecht) des Bundes und der Länder

Murswiek D (1990) Die Bewältigung der wissenschaftlichen und technischen Entwicklungen durch das Verwaltungsrecht. VVDStRL 48, S 210 ff

Murswiek D (1985) Die staatliche Verantwortung für die Risiken der Technik

Roßnagel A (1999) Das Neue regeln, bevor es Wirklichkeit geworden ist. Rechtliche Regelungen als Voraussetzung technischer Innovation. In Sauer, Lang (Hrsg) Paradoxien der Innovation, Perspektiven sozialwissenschaftlicher Innovationsforschung, Beitrag abrufbar im Internet unter http://www.emr-sb.de/EMR/publemr.htm

Roßnagel A (1993) Rechtswissenschaftliche Technikfolgenforschung – Umrisse einer Forschungsdisziplin

TAB (1997) Zusammenfassung des TAB-Arbeitsberichtes Nr. 54 „Technikakzeptanz und Kontroversen über Technik – Ambivalenz und Widersprüche: Die Einstellung der deutschen Bevölkerung zur Technik" abrufbar unter www.tab.fzk.de/de/projekt/zusammenfassung/Textab54.htm.

UGB-ProfE (1990) Allgemeiner Teil

Wengler W (1959) Über die Unbeliebtheit der Juristen. NJW, S 1705

III. Fallbeispiele der Technikgestaltung

Erfolgreiche und erfolglose Alternativen im Automobilbereich – eine historische Bilanz

Mikael Hård

1 Der Tanz um das goldene Kalb

Wer sich die Mühe macht, einmal im Jahr zu einer der führenden Automobilausstellungen der Welt zu fahren, sei es nach Frankfurt, nach Genf oder nach Paris, wird unmittelbar feststellen können, dass das Automobil immer noch ein zentrales Objekt unserer Gesellschaft ist – mehr als ein Jahrhundert nachdem die ersten Automobile anfingen, sich auf unseren Straßen breit zu machen. Begleitet von allerlei multimedialen Demonstrationen und umgeben von mehr oder weniger verhüllten Frauen werden an diesen Messen die letzten Neuigkeiten und Trends der anscheinend immer blühenden Automobilindustrie enthüllt. In diesem Tanz um das goldene Kalb unserer Zeit nehmen nicht nur Motorjournalisten oder Vertreter der Industrie teil, sondern auch ganz normale Bürger (sogar die eine oder andere Bürgerin), Politiker der meisten Parteien und allerlei Vertreter der Medien. Innerhalb des Messegeländes werden für ein paar Tage alle Probleme, die sonst im öffentlichen Diskurs mit dem Automobil und dem Straßenverkehr verbunden sind – Umweltbelastung, tödliche Unfälle, Raumbedarf und Ressourcenverschwendung – völlig ausgeklammert. Werden solche Themen überhaupt angesprochen, denn nur in Zusammenhang mit der Vorstellung neuer technischer Lösungen. Die Vertreter der Branche nehmen solche Probleme nur auf, wenn sie einen fertig gebastelten, so genannten „technological fix“, eine perfekte Lösung, vorzeigen können. So wurde vor fünfundzwanzig Jahren von der schwedischen Firma Volvo der Drei-Wege-Katalysator als die ultimative Antwort auf die Problematik der Luftverschmutzung vorgestellt; heute werden auf ähnliche Art und Weise revolutionäre neue Sicherheitsmodelle und Motorkonzepte vorgestellt, die angeblich die genannten Probleme endgültig lösen sollen.

In diesen Zusammenhängen wird natürlich nicht erwähnt, dass die meisten dieser Lösungsvorschläge – egal ob sie dazu beitragen, Teilaspekte der Probleme der automobilen Gesellschaft tatsächlich zu lösen oder nicht – im Endeffekt nur dazu führen, diese Gesellschaft weiter zu verfestigen. Seit dem Siegeszug des mit Verbrennungsmotor versehenen Automobils vor fast 100 Jahren findet die allgemeine Entwicklung innerhalb verhältnismäßig enger, vorgegebener Rahmen statt, die alternative Antriebssysteme oder radikal andere Bewegungsmuster ausschließen. Mit immer mehr und zuverlässigeren Airbags können wir bei Tempo 200 weiter fahren, und mit einem Hybridauto können wir Umweltbewusstsein mit dem Autofahren ruhig verbinden. Weiterhin zeigt eine historische Analyse, dass die „Fortschritte“, die im Bereich des Brennstoffverbrauches erzielt worden sind, zum großen Teil von anderen Tendenzen in der Entwicklung wieder zunichte gemacht wurden. Man denke hier an die Tatsache, dass – selbst wenn die Verbrennungsmotoren nach der so genannten Ölkrise am Anfang der 70er Jahre des 20. Jahrhunderts deutlich effektiver geworden sind – gleichzeitig Gewicht und Leistung des Durchschnittsautomobils deutlich gestiegen sind, so dass es fraglich ist, ob es überhaupt Sinn macht, von Fortschritt zu reden.

Diese Beobachtungen führen zur Hauptfrage des Beitrages, nämlich warum es so schwierig erscheint, in diesem Gebiet der Technik, so wie übrigens auch in einer Reihe von anderen Branchen der Wirtschaft und Sektoren der Gesellschaft, die Entwicklung umweltgerechter zu gestalten. Dass das Automobil einen entscheidenden Beitrag zur Problematik der Luftqualität leistet, wurde schon in den 30er Jahren des 20. Jahrhunderts in Städten wie Los Angeles erkannt, und die Ressourcenverschwendung, die die Verbreitung des automobilen Verkehrs mit sich bringt, ist spätestens seit 1973 ein Politikum. Nichtsdestotrotz kann man kaum behaupten, dass der öffentliche Diskurs zu grundsätzlich neuen Lösungen in diesem Bereich geführt hat. Freilich werden Automobile heute anders konstruiert und gebaut als vor dreißig oder siebzig Jahren, und nicht zuletzt, was die Sicherheitstechnik betrifft, hat sich – seitdem Ralph Nader in den 60er Jahren sein Buch „Unsafe at Any Speed“ (1965) veröffentlichte, und die Verantwortung für die stets zunehmenden Verkehrsopferzahlen nicht mehr ausschließlich auf die Ebene des Einzelindividuums verschoben werden konnte – vieles getan. Jedoch muss festgestellt werden, dass die Grundstrukturen des Personenkraftwagens sowie die grundlegenden Nutzungsformen stabil geblieben sind. Ein Automobil von heute unterscheidet sich im Prinzip nicht von einem Ford Modell T und wird auch nicht großartig anders benutzt. Das moderne Gefährt mag höhere Leistung haben, höhere Drehzahlen und höhere Geschwindigkeit erreichen können sowie mehr Ventile und manchmal auch mehr Zylinder haben, doch die Grundkonstruktion hat sich kaum verändert. Eingesetzt wird das Auto heute wie damals in erster Linie für den Transport von ein bis zwei Personen vom Wohnort zur Arbeit, für Ausflüge, für das Erledigen von Besuchen oder für Einkäufe. Mit einer Ausnahme – ich denke hier an den Dieselmotor – ist es nicht gelungen, grundsätzliche Alternativen zum Benzinmotor marktreif zu machen. Ob man den Dieselmotor als eine ernsthafte Alternative nennen soll ist zwar fraglich; fest steht allerdings, dass sämtliche anderen Alternativen, die sich unter Umständen umweltfreundlicher gestaltet hätten, wie der Dampf- oder Elektromotor, sich im Straßenverkehr bis jetzt nicht durchgesetzt haben. Die Automobilindustrie hat ihre Entwicklung nie ernsthaft fortgeführt, und potenzielle Käufer sind nicht bereit gewesen, ihr Fahrverhalten entsprechend zu verändern.

Selbstverständlich lässt sich diskutieren, ob der Wankelmotor umweltfreundlicher wäre als der Benzinmotor. Es geht mir in diesem Beitrag nicht darum, eine Art historische Technikfolgenabschätzung durchzuführen, sondern die Frage zu erörtern, warum die Geschichte des Automobils seit einem Jahrhundert – neben Henry Fords Modell T wird auf deutscher Seite gerne Emil Jellineks und Wilhelm Maybachs erster Mercedes als paradigmatisch genannt (Sass 1962) – keine grundsätzlichen prinzipiellen Neuerungen kennt. Wenn es uns darum geht, die Technik der Zukunft umweltfreundlicher zu gestalten bzw. ein stärker ressourcenschonendes Nutzungsverhalten zu unterstützen, scheint mir gerade die Geschichte des Autos und seiner Nutzung von besonderem Interesse und besonderer Relevanz. Selbst wenn es allgemein bekannt ist, dass die Geschichte sich nie wiederholt, bin ich jedoch der Meinung, dass wir nicht nur einiges, sondern sehr viel von der Geschichte lernen können. Nicht zuletzt lassen sich in der Technikgeschichte so wie in anderen Teilgebieten der Geschichtsschreibung aus der Geschichte der Verlierer viele Erfahrungen ziehen. Im Folgenden werden deswegen nicht nur Erfolgsgeschichten erzählt, sondern wird auch auf mehrere wenig erfolglose Versuche hingewiesen, radikale Alternativen auf den Markt zu bringen.

2 Die Schwierigkeiten der Alternativen

Mit anderen Worten ist meine Ausgangsfrage, warum es so schwierig (gewesen) ist, radikale Alternativen im Bereich des Motorenbaus und der Automobilnutzung durchzubringen. Schaut man sich die wissenschaftliche Literatur und den öffentlichen Diskurs zu dieser Thematik an, lässt sich eine Reihe von unterschiedlichen Antworten finden. Die traditionelle Politikwissenschaft würde in vielen Fällen auf die so genannten *vested interests* hinweisen. Gerne wird hier, sowie in einfacheren Zeitungsanalysen, behauptet, dass sich keine Veränderungen im Automobilbereich durchführen lassen, so lange die stabile, unheilige Allianz zwischen Automobilbranche, die ein Interesse an stetigem Zuwachs hätte, der Ölindustrie, die alle Alternativen zu Petroleumprodukten unterbinden würde und dem Staat, der völlig abhängig von der Benzinsteuer geworden sei, besteht (Jürgens et al. 1989). Jede Gruppierung – sei es die Stromversorgungsunternehmen oder die Umweltbewegung –, die den Versuch unternehmen würde, einen Keil in dieses Triumvirat zu schlagen, hätte keine Aussicht auf Erfolg. Selbst wenn sich das Fach der Technikgeschichte in den letzten Jahren teilweise verändert hat, kann man immer noch Arbeiten finden, die die prinzipielle Überlegenheit des Benzinmotors betreffend Effizienz, Geschwindigkeit und Leistungs/Gewicht-Verhältnis bestätigen (Mom 1997). Der Logik eines technischen Reduktionismus folgend, werden hier Dampfautos und Elektroautos wegen der Sperrigkeit des Brennstoffes (Kohle) bzw. hohen Gewichts (Batterien) von Anfang an als historische Sackgassen bezeichnet. Im Vergleich hierzu stehen in der so genannten Technikgenese-Forschung, gewissermaßen einer deutschen Parallele zum internationalen Sozialkonstruktivismus, soziale Prozesse im Vordergrund (Dierkes 1997). Mit Begriffen wie „Schließung" und „Stabilisierung" haben Forscher und Forscherinnen erfolgreich gezeigt, wie das Automobil schon früh in seiner Kindheit seine wenigstens vorübergehend endgültige Form gefunden hat und wie diese Form trotz veränderter Rahmenbedingungen beibehalten worden ist. Am Anfang des 20. Jahrhunderts bildete sich im Bereich des Automobils ein Konsens heraus und Entwicklungskorridore machten sich auf, innerhalb deren ziemlich engen Grenzen die Entwicklung weiter geführt worden ist. Ähnlich argumentiert auch die institutionelle Ökonomie, die zwar eher von „lock-in" statt Schließung redet, aber damit auch einen Prozess meint, der eine Einengung der gesamten Produktpalette des Marktes bedeutet (Cowan u. Hultén 2000). Diese Wirtschaftswissenschaftler interessiert in erster Linie ein ökonomischer Ausleseprozess, der mit dem Markterfolg einer Lösung endet. Nachdem eine Konstruktion sich als herrschender Stand der Technik etabliert hat, stellt sie für potenzielle Markteinsteiger so hohe Eintrittshürden dar, dass sich alternative Lösungen nur mit Hilfe sehr großer Investitionen und langfristiger Zielsetzungen durchsetzen können.

Was schließlich die Automobilindustrie auf die Ausgangsfrage antwortet, ist wahrscheinlich allgemein bekannt. Nur der Verbrennungsmotor könne der Kundschaft die von ihr verlangten Leistungen liefern; keine von den so genannten „Alternativen" könne den Benzin- oder Dieselmotor ersetzen. Dank den für seine Entwicklung investierten Millionen von Ingenieurstunden habe der Verbrennungsmotor sich immer näher an den Punkt der Perfektion bewegt, und es wird einige Zeit dauern, bis andere, zwar erwünschte, aber noch nicht reife Motorkonzepte einen ähnlichen Stand erreicht haben. Die zuvor genannten Automobilausstellungen und Messen sind Orte, wo die Vertreter der Industrie immer wieder beschwören, dass sie an alternativen Lösungen ernsthaft arbeiten, und dass demnächst ein Durchbruch zu erwarten sei. Gerne werden an diesen Veranstaltungen halbfertige Prototypen dem interessierten Publikum vorgeführt; so erfuhr 1990 die Präsentation des Elektroautos „Impact" von General Motors den Zuspruch der gesammelten Autowelt, der erzählt wurde, die Maschine könne in ein paar Jahren der Kundschaft zugänglich gemacht werden. Bestechend ist, so zeigt eine historische Analyse, dass diese Art von Aussagen immer wieder auf ähnliche Art und Weise auftreten; die Lösung ist quasi immer in etwa drei bis fünf Jahren zu erwarten. Leider lässt sich feststellen, dass diese Prophezeiung fast nie verwirklicht wird; nach fünf Jahren heißt es immer noch, dass der Durchbruch in etwa drei bis fünf Jahren zu erwarten ist. Impacts Nachfolger „EV-1" hat sich in nennenswertem Umfang immer noch nicht etabliert – aber vielleicht in fünf Jahren?

Was den Begriff der Schließung betrifft, gibt es in der genannten Literatur eine deutliche Tendenz, die Beharrungskräfte der Technikentwicklung in den Vordergrund der Analyse zu stellen. Wenn man bedenkt, wie stark verankert die Auffassung, die Technik sei immer mit Veränderung, Entwicklung und Verbesserung verbunden, in unserem Kulturkreis ist, ist das Hervorheben des Sozialkonstruktivismus und der institutionellen Ökonomie von Prozessen der Stabilisierung und „lock-in" sehr wichtig gewesen. Was in dieser Literatur auf der Strecke geblieben ist, sind Analysen von Öffnungsprozessen. Trevor Pinch und Ronald Kline (1996) wiesen in einem spannenden Artikel darauf hin, dass das Ford Modell T, das sozusagen der Inbegriff einer geschlossenen Technik in der Technikgeschichte ist („Sie dürfen jede Farbe auswählen, so lange sie schwarz ist", so angeblich Henry Ford *himself*), von Nutzern und Nutzerinnen in den Vereinigten Staaten für ganz neue Zwecke, wie z.B. das Sägen oder Kleiderwaschen eingesetzt wurde. Mehrere Studien dieser Art über alternative Techniken und Nutzungsformen wären zu begrüßen. Eine Voraussetzung für ein solches Unterfangen wäre, dass nicht nur technische und politische Prozesse, die zu alternativen Entwicklungen geführt haben, diskutiert werden, sondern dass, so wie im genannten Artikel von Pinch und Kline, auch soziale, kulturelle und gegebenenfalls juristische Faktoren mit in die Analyse einbezogen werden. Für eine aktive Politik der Technikgestaltung, worum es ja in diesem Band geht, lässt sich die Empfehlung ableiten, dass eine enge Fokussierung auf die Hardware, also das in engerem Sinne rein Technische nicht ausreichend ist. Sollen sich radikal neue technische Lösungen in einem Kulturkreis durchsetzen, muss schon im Gestaltungsprozess auf so genannte weiche Faktoren Rücksicht genommen werden, sprich Nutzungsverhalten und Alltagsroutinen, Vorstellungen und kognitive Gebilde, Normen und Werte sowie juristische Rahmenbedingungen. Aus guten Gründen kann behauptet werden, dass viele Versuche, alternative Techniken zu entwickeln und auf den Markt zu bringen, durch mangelnde Nutzerbeteiligung und ein unzureichendes Verständnis der grundlegenden Bedürfnisse der Nutzer und Nutzerinnen sowie ihrer Bereitschaft, ihre Verhaltensmuster unter Umständen zu verändern, scheitern.

Mit Hinweis auf ein paar Beispiele aus der Geschichte des Automobils im 20. Jahrhundert wird im Folgenden gezeigt, warum einige Techniken erfolgreich gewesen sind, jedoch die meisten radikalen Neuerungen sich nicht durchgesetzt haben (vgl. Hård u. Jamison 1997; Hård u. Knie 2001). Um die Ausgangsfrage zweckmäßig beantworten zu können und das historische Material zu organisieren, benutze ich den Begriff des „kulturellen Rahmens" des Automobils. Dieser Begriff lässt sich am einfachsten verstehen, wenn er für eine breite Analyse des bestehenden Systems Automobil/Straße eingesetzt wird. Unterscheiden lassen sich hier drei Aspekte: (1) Regelwerke und Gesetzte, (2) Bedeutung und Diskurs sowie (3) Routinen und Alltagspraxis. Zu den juristischen Aspekten des Rahmens gehören nicht nur Führerscheine und Verkehrsregeln, sondern auch – und dies ist aus einer kulturellen Perspektive heraus besonders wichtig – die nicht ausgesprochenen Verhaltensregeln, die sich im Laufe der Jahrzehnte entwickelt haben. Jedem Fahrer, der die Geschwindigkeitsgrenzen strikt einzuhalten versucht – oder noch schwerwiegender, wenn er langsamer fährt –, wird die Bedeutung dieser sozialen Regeln klar sein. Was die diskursive und symbolische Ebene betrifft, haben wir es mit einem Feld zu tun, das in der Literatur inzwischen relativ gut dokumentiert ist, erst kürzlich vom italienischen Autor Brilli in seinem Buch „Das rasende Leben" (1999). Nicht nur Historiker, sondern auch Kulturwissenschaftler haben mit aller Deutlichkeit gezeigt, wie der Siegeszug des Automobils – vor allem des benzinbetriebenen Wagens – mit in unserer Kultur positiv geladenen Begriffen wie Größe, Schnelligkeit und Stärke sowie Freiheit und Männlichkeit in Verbindung gebracht werden. Seit einem guten Jahrhundert wird in der Werbung sowie in der öffentlichen Diskussion diese Symbolik reproduziert. Der Ausdruck „Freie Fahrt für freie Bürger" mag hauptsächlich in Deutschland benutzt werden, aber die hohe Wertschätzung, die diesen Begriffen zukommt, ist auf keinen Fall auf dieses Land beschränkt. Letztlich – und auf dieser Ebene wird sich meine folgende Diskussion hauptsächlich bewegen – ist die Verbreitung des mit Verbrennungsmotor versehenen Automobils mit bestimmten Routinen einhergegangen, die inzwischen eine Eigendynamik bekommen haben. Obwohl der Pkw in den ersten Nachkriegsjahren immer noch ein Luxusgegenstand war, entfalteten sich danach Routinen, die uns mehr oder weniger abhängig vom Auto gemacht haben. Man kann sich heute nur schwer vorstellen, wie eine grundsätzlich andere Alltagspraxis, was unsere Mobilität betrifft, aussehen könnte. Bekanntlich erlaubt uns ein Automobil nicht nur Freiheiten im räumlichen Sinne, sondern seine Existenz ermöglicht auch, dass man Alltagsroutinen aufbaut, die nur mit Hilfe eines solchen Gefährts zu bewältigen sind. Das Haus im Grünen, der Sonntagsausflug und die Ferienreise nach Italien sind alles Beispiele dafür, wie das Auto sozusagen zur zweiten Natur geworden ist, soll heißen, es ist in unserem Alltagsleben so tief verwurzelt, das es nicht mehr wegzudenken und noch schwieriger abzuschaffen ist.

3 Die Misserfolge des Dampfautos

Mein erstes Beispiel entnehme ich der Geschichte des dampfbetriebenen Automobils. Bekanntlich ist dies das älteste Automobil der Welt; schon Mitte des 18. Jahrhunderts versuchte der Franzose N.J. Cugnot, einen solchen Wagen für militärische Zwecke zu konstruieren, lief allerdings damit wortwörtlich gegen die Wand. Nach diesem ersten Automobilunfall in der Geschichte ließen andere Versuche auf sich warten. Erst Mitte des 19. Jahrhundert wurden in Großbritannien Dampfomnibusse entwickelt und auch im Straßenverkehr eingesetzt. Ähnlich wie Cugnots Wagen waren diese furchterregenden Gefährte nicht nur laut und extrem schwer, sondern wurden auch in Unfälle, sogar mit tödlichem Ausgang, verwickelt. Damit starb vorübergehend auch die Vision eines nicht-schienengebundenen, dampfbetriebenen Transportmittels. Wiederbelebt wurde sie erst um die Jahrhundertwende 1900, als die amerikanischen Brüder Stanley einen Wagen auf den Markt brachten, der hervorragend an den kulturellen Rahmen der Zeit angepasst war. So konnte ihr „Steamer" auf der Rennbahn 200 km/h erreichen und erfüllte so die allgegenwärtigen Träume von Fahrt und Spannung. Was Qualität und Preis betrifft, war der Dampfer mit dem damals wichtigsten Kundenkreis, den so genannten „Herrenfahrern", sehr kompatibel. Jedweder dieser Wagen war ein Unikum, der für den individuellen Kunden mit handwerklicher Genauigkeit hergestellt wurde. Die Handhabung verlangte zwar Fachkenntnisse und Geduld, was für diese Kundengruppe aber nicht unbedingt ein Problem darstellte; man stellte einfach einen technisch versierten Chauffeur, nicht selten einen umgeschulten Kutscher, ein.

Nach dem Auftreten des Modells T und der damit verbundenen Verbreitung des Automobils in breiteren Schichten der Bevölkerung, konnten die Stanley-Brüder und andere Hersteller von Dampfwagen, die wenig Interesse daran zeigten, sich auf die Logik und Anforderungen der Massenfertigung einzulassen, nur feststellen, dass ihr Kundenkreis langsam marginalisiert wurde (Jamison 1970). Das ständige Nachfüllen von Wasser und die Tatsache, dass er nicht sofort gestartet werden konnte (beträchtliche Mengen Wasser mussten erst zum Kochen gebracht werden), wurde für potenzielle Käufer ein erhebliches Problem – vor allem für diejenigen, die sich keinen Chauffeur leisten konnten. Dazu kam auf der symbolischen Ebene, dass der Dampfwagen sehr direkt mit der schmutzigen, auf Kohle basierenden Industriegesellschaft des gerade zurückliegenden 19. Jahrhunderts assoziiert wurde. Vielleicht noch schwerwiegender war die Tatsache, dass diese Maschine, mit der stationären Dampfmaschine ja eng verwandt, auf der diskursiven Ebene mit Explosionsgefahren in Verbindung gebracht wurde. In die Luft geflogene Dampfkessel waren in diesen Jahren ein bekanntes Problem, und jeder Kunde musste sich die Frage stellen, ob er auf einer solchen Maschine sitzen möchte. Kurz und gut: Der Dampfwagen symbolisierte die Geschichte eher als die Zukunft und er wurde von Leuten genutzt, deren relative Bedeutung langsam abnahm. Im Grunde genommen wurde der Dampfwagen als ein Kind einer vergangenen Epoche betrachtet.

Die Langlebigkeit ähnlicher diskursiver Zuweisungen lassen sich mit einem kurzen Blick auf die Versuche in den 60er Jahre des 20. Jahrhunderts, einen modernen Dampfwagen zu lancieren, dokumentieren. Als William Lear, ein berühmter Großunternehmer, eine Fabrik für die Herstellung von Dampfautomobilen plante, hatte er nicht nur mit dem aktiven Widerstand der traditionellen Autoindustrie zu kämpfen, sondern auch mit tief verwurzelten Vorstellungen über oder sogar Vorurteilen gegenüber der Dampfmaschine: Altmodisch, schmutzig und träge. Trotz deutlicher Vorteile was Luftemissionen betrifft und expliziter Unterstützung von Behörden in Kalifornien sowie in Washington, D.C., gelang es Lear und anderen kleineren Erfindern und Unternehmern zu dieser Zeit nicht, ihre Ideen durchzusetzen. Das Kapital, das man aus der immer intensiveren Debatte über die Luftverschmutzung in amerikanischen Großstätten hätte schlagen können, war in dem Kampf gegenüber etablierten Firmen wie Ford, General Motors und Chrysler nicht ausreichend. Mit Hilfe einer von Ford finanzierten Studie, unternommen am Jet Propulsion Laboratory am California Institute of Technology, versuchten „The Big Three“ die Öffentlichkeit von den unvermeidlichen Nachteilen des Dampfautos zu überzeugen. Das gewichtigste Argument gegen den Dampfmotor war sein immer noch höherer Brennstoffverbrauch, der große Vorteil seine niedrigeren Emissionswerte. Für solche umweltbezogenen Argumente waren potenzielle Kunden allerdings noch nicht offen, und als die so genannte Ölkrise die industrialisierte Welt in Panik stürzte, wurde selbst in den USA der Brennstoffverbrauch der alles andere überschattende Faktor.

4 Die Probleme des Wankelautos

Das Haus Ford hat eine lange Geschichte von aktivem Widerstand gegenüber alternativen Antriebssystemen. Als die deutsche Firma NSU in den Jahren um 1960 versuchte, einen Automobilmotor mit Rotationskolben auf den Markt zu bringen, und sich dabei mit Kooperationsvorschlägen direkt an Detroit wandte, erfuhr man Fords Einstellung sehr explizit. Mit dem Wort „Mickey Maus-Entwicklung“ bestätigte die amerikanische Firma nicht nur ihre eigene Auffassung, sondern auch die Meinung der gesamten etablierten Autoindustrie zu alternativen Antriebssystemen; vom Hause Volkswagen wurde zur gleichen Zeit die NSU-Maschine auf ähnliche Art und Weise als ein „totgeborenes Kind“ bezeichnet (Knie 1994). Und in der Tat: Seit Anfang der 70er Jahre scheint der Rotationskolbenmotor in Europa für tot erklärt zu sein; nur bei der japanischen Firma Mazda wurde die Entwicklung weiter geführt, und zwar bis in unsere Tage.

Wenn man die Euphorie betrachtet, die durch die Markteinführung des NSU Ro 80 im Jahre 1967 ausgelöst wurde, muss diese Toterklärung als ziemlich unerwartet bezeichnet werden. Damals wurde dieses Auto mit seinem fortschrittlichen Design und 110 PS starker Maschine in der Öffentlichkeit und in der Presse mit Worten wie „Komfort, Fahrsicherheit, Handlichkeit und gute Leistung" gelobt. Seine Zukunftsträchtigkeit wurde nicht nur von dem bahnbrechenden Wankelmotor, sondern auch von der aerodynamisch geformten Karosserie unterstrichen. Das Gefährt war der Höhepunkt einer Entwicklung, deren Anfang in die 30er Jahre zurückzuverfolgen ist. Zu dieser Zeit hatte der Verlagskaufmann Felix Wankel seine ersten Ideen für ein radikal neues Motorkonzept patentiert und für seine weitere Entwicklung auch eine kleine Werkstatt in Lahr aufgemacht. Den jungen Wankel, einen eigensinnigen Tüftler ohne starke Bindungen an herkömmliche Konstruktionstraditionen, hatte die Vorstellung gefangen, einen Motor zu entwerfen, in dem der Kolben rotiert statt sich vertikal zu bewegen – wie im herkömmlichen Hubkolbenmotor. Diese Idee ist diejenige, die wir immer noch mit dem Namen „Wankel" verbinden. Nicht zuletzt für Motorräder und Automobile hatte der Kreiskolbenmotor einige offensichtliche Vorteile wie Kompaktheit und ruhige Gangart. Probleme gab es lediglich in erster Linie bei der Dichtung; später wurde auch ein im Verhältnis zum Benzinmotor etwas höherer Spritverbrauch notiert.

Nachdem Wankel sich während des Krieges anderen Aufgaben gewidmet hatte, konnte er in den 50er Jahren mit Erfolg eine Partnerschaft mit der Firma NSU in Neckarsulm abschließen, einem zu der Zeit führenden Hersteller von Motorrädern. Wie so viele andere Marktakteure bemerkte die Firma NSU, dass die Zukunft des mobilen Individualverkehrs wohl zunehmend im Bereich des Pkws liegen würde, und man stellte ernsthafte Überlegungen an, wie man in diesen Bereich einsteigen könnte. Hierbei stellten die Ideen von Wankel eine attraktive Option dar, unter anderem weil die Ingenieure in Neckarsulm sich mit ausgefeilten Neuigkeiten auf der technischen Ebene gerne profilieren wollten. Wie sich zeigte, hatte dieser Ehrgeiz seinen Preis; es wurde umgehend klar, dass es nicht damit getan war, einen Hubkolben durch einen Kreiskolben auszuwechseln. Im Prinzip musste der gesamte Motor und viele seiner Komponenten neu konzipiert und zum Teil auch in neu zu entwickelnden Verfahren konstruiert werden. Die Probleme, die man sich dadurch einhandelte, waren einfach zu groß, um von einer einzigen, mittelgroßen Firma gelöst zu werden. Als der Ro 80 seinen lang erwarteten Markteinstieg machte – schon 1959 hatte NSU die Öffentlichkeit von ihren Plänen informiert –, zeigten sich diese Mängel auch durch einen erhöhten Verschleiß von verschiedenen Motorteilen sowie durch einen kaum akzeptablen Ölverbrauch.

Trotz seiner zukunftsweisenden Merkmale wurde der Ro 80 kein Verkaufsschlager. Es wäre jedoch falsch, den ausbleibenden Markterfolg des ersten Wankelautos nur mit Hinweis auf technische Mängel zu erklären; auch Aspekte auf den Ebenen der Fahrpraxis und der organisatorischen Gefüge müssten berücksichtigt werden. So zeigte sich z.B. relativ schnell, dass das Fahren eines Autos mit

Kreiskolbenmotor neue Fahrstile verlangte und nicht während einer kurzen Probefahrt gelernt werden konnte; schlimmer war wohl allerdings für die Firma NSU die Tatsache, dass ihr Händlernetz auf die neue Kaufgruppe, für die der NSU Ro 80 gedacht war, nicht vorbereitet war. Werbung und Marketing hatten sich auf eine gehobene Käuferschicht gerichtet, die sich in den meist nur leicht umgebauten, einfachen Motorradläden der NSU-Vertreter nicht unbedingt zu Hause fühlten. Dazu kamen rein ökonomische Faktoren, wie ein Konjunktureinbruch in Deutschland, genau in den Jahren 1967/68. Nichtsdestotrotz schien es nicht unmöglich, die genannten Probleme in den Griff zu bekommen und das Haus Volkswagen entschied sich doch kurzerhand, die Firma NSU zu übernehmen.

Damit fing allerdings das Ende sozusagen an. Die häufig wiederholte Erklärung, die Ölkrise im Jahre 1973 bedeutete das endgültige Aus für den „Spritfresser Wankel", ist kaum ausreichend. Wie Andreas Knie in seinem Buch „Wankel-Mut in der Automobilindustrie" (1994) zeigt, fiel der NSU-Wankelmotor eher internen Machtkämpfen innerhalb des VW-Konzerns zum Opfer. In Wolfsburg und bei Audi in Ingolstadt waren die mit dem herkömmlichen Hubkolbenmotor groß gewordenen Ingenieure gegenüber dem unkonventionellen Wankelmotor immer sehr reserviert gewesen, und in die neue Produktpalette, die VW Anfang der 70er anbot, passte der Ro 80 angeblich nicht hinein. Dass Umweltaspekte in diesen Entscheidungen keine Rolle spielten, versteht sich vielleicht von selber, auch wenn es im Nachhinein erstaunlich erscheint, dass die relativ niedrigen NO_X- und CO-Werte des Kreiskolbenmotors in die Strategien der Vermarktung und Lobby-Arbeit keinen Eingang fanden.

5 Die Aussichten des Smart

Ob die Führungskräfte der Firma Micro Compact Car (MCC) die Misserfolgsgeschichte des europäischen Wankelmotors studiert haben, ist mir unbekannt; für den Historiker sieht es auf jeden Fall so aus, als ob die Hersteller der inzwischen bekannten Automarke „Smart" ganz bewusst versucht haben, die Fehler zu vermeiden, die NSU dreißig Jahre vorher machte. Zwar heben Vertreter dieser Tochterfirma des DaimlerChrysler-Konzerns gerne hervor, dass der Smart mit technischen Errungenschaften vollgestopft sei, aber man hat auch verstanden, dass Hinweise auf technische Neuigkeiten nicht alleine ausreichen, um neue Kundengruppen zu gewinnen. Verkauft wird in diesem Fall nicht nur ein Automobil, sondern ein neuer Lebensstil, was natürlich in erster Linie durch ein bahnbrechendes Design, aber auch durch neue Ideen von individueller Mobilität unterstrichen wird. Die Symbolik, die der Smart transportiert, und die Leistungen, die er erbringt, sollen ein Klientel ansprechen, das andere Wünsche und Vorstellungen als Otto Normalfahrer hat.

Zu den antizipierten Kundengruppen der MCC gehören bestimmt nicht diejenigen, die vor 100 Jahren „Herrenfahrer" genannt wurden, auch nicht Familien oder Handwerker. Vorgesehen sind nicht der durchschnittliche Mercedes-Käufer, sondern eher trendbewusste, vorzugsweise junge Leute, die höchstens, so der Urheber des Smart-Konzeptes, Friedrich Hayeck, einen Kasten Bier transportieren müssen, und die sich hauptsächlich in einem urbanen Umfeld bewegen (Truffer u. Dürrenberger 1997). Das von Hayeck ursprünglich angesprochene Umweltbewusstsein tendenzieller Käufer ist für einige Kaufentscheidungen bestimmt immer noch von Gewicht; eine größere Rolle scheinen inzwischen jedoch eher praktische Argumente (es ist einfacher, einen Parkplatz zu finden), Werbezwecke (so mache ich Leute auf meine physiotherapeutische Praxis aufmerksam) oder Statusüberlegungen (ein Smart ist auf jeden Fall geiler als ein Polo) zu spielen. Die Strategie, ein teilweise revolutionäres Automobilkonzept mit Hilfe von Lebensstilargumenten zu verkaufen, scheint sich durchzusetzen, was vielleicht in unserer von Firmenimages, Logos und der Praxis der *branding* durchdrungenen Konsumgesellschaft nicht erstaunen mag. Nichtsdestotrotz muss gefragt werden, inwieweit der Smart wirklich so revolutionär ist, wie Hayeck Mitte der 80er Jahre sich sein „Swatch-Auto" vorstellte. In der Tat sieht es so aus, als ob der Preis des Erfolges eine stetige Anpassung an den herrschenden Stand der traditionellen Automobiltechnik gewesen ist. Im Gegensatz zu den ersten Entwürfen des Swatch-Autos ist, wie wir alle wissen, der Smart kein Elektroauto. Zwar wiegt der Smart „nur" etwa 800 kg und ist deutlich kürzer als andere Automobile, aber er ist immer noch mit einem herkömmlichen Hubkolbenmotor versehen. Dieser hat nur drei Zylinder und ist anderswo montiert als wir es vom Standardauto kennen, aber er ist immerhin ein Benziner oder Diesel; das Gesamtgewicht des Autos ist im Laufe des Entwicklungsprozesses stetig gewachsen, und die Entwicklungsstrategie „reduce to the max" hat man zum Teil rückgängig machen müssen. Was die kognitive und alltagspraktische Ebene betrifft, hat der Smart bestimmt revolutionäre Züge; im technischen Bereich bleibt er jedoch in vieler Hinsicht verhältnismäßig traditionell. Dieser Konservatismus ist möglicherweise mit der starken Verbindung zu Stuttgart zu erklären; viele technische Lösungen sind auch in der Tat von dem Hause Daimler-Benz übernommen worden. Historisch belegt ist wenigstens, dass die Anpassung an herkömmliche technische Lösungen deutlicher wurde, nachdem Hayeck und das ursprüngliche schweizerische Konsortium die Kontrolle über das Projekt verloren.

Selbst wenn der Smart also, was das Antriebssystem betrifft, keine Kehrtwende in der Geschichte des Automobils darstellt, könnte seine weitere Verbreitung jedoch wichtige Implikationen für unser zukünftiges Verkehrssystem haben. Wenn – und hier wäre Begleitforschung wünschenswert – es sich herausstellen würde, dass Besitzer oder Mieter von Smart-Autos andere Verkehrsmuster und Verhaltensweisen entwickeln, oder dass sich neue Vorstellungen über Automobil und Verkehr auftun, könnte der Erfolg des Smart sich auf längere Sicht als bahnbrechend erweisen. Aus Interviews mit Fahrern von kleineren Elektroautos wissen wir auf jeden Fall, dass das Umsteigen auf Elektroantrieb mit neuen Verhaltensweisen auf der Straße und neuen Alltagsroutinen einhergehen. Durch die damit gewonnenen Erfahrungen entwickeln Besitzer von Elektroautos teilweise andere Vorstellungen über das System Automobil/Straße, und gegenüber traditionellen Automobilen und herkömmlichen Verkehrsmustern treten andere, deutlich kritischere Ansichten hervor. Aus neuen Fahrpraxen entstehen neue Vorstellungen.

6 Elektroautos und neue Verhaltensmuster

Wie erwähnt, lassen sich diese Veränderungen in der Zeitgeschichte des Elektroautos aus mehreren Ländern gut belegen (Knie et al. 1999). In Österreich bestätigen Kunden und Kundinnen, dass das Anschaffen eines Elektroautos zu einer anderen „Einstellung zum Straßenverkehr“ geführt hat; auch das Fahrverhalten hätte sich verändert. „Mein Fahrstil wurde weniger aggressiv und ruhiger“, meinte ein Informant Mitte der 90er Jahre. Ähnliches ist von der Schweiz zu verbuchen. Das Umsteigen auf Elektro sei hier in den meisten Fällen mit der Entwicklung eines vorsichtigeren Fahrverhaltens verbunden, und es hätte zu einem „größeren Bewusstsein bezüglich der Probleme des automobilen Verkehrs“ geführt. Französische Studien zeigen, dass Besitzer von Elektroautos es zu schätzen wissen, in einem Wagen herumzufahren, der ihnen Status erbringt und sie gewissermaßen von der sozialen Umgebung abhebt. Aus der Sicht einer gesellschaftlichen Technikgestaltungsstrategie – wenn wir, was angesichts der neuesten Begrifflichkeiten der sozialwissenschaftlichen Technikforschung angebracht erscheint, damit die „Koevolution“ von Technik und Gesellschaft meinen – scheint es mit anderen Worten nicht ausgeschlossen zu sein, dass die Verbreitung von alternativen Automobilen mit der Verbreitung von alternativen Verhaltensmustern und Vorstellungen Hand in Hand gehen.

Norwegische Fahrer und Fahrerinnen von Elektroautos verhalten sich nicht grundsätzlich anders als ihre Kollegen und Kolleginnen auf dem Kontinent (Gjøen u. Hård 2002). Auch hier ist von einer anderen Einstellung zum Straßenverkehr und von neuem Verkehrsverhalten und neuen Fahrstilen die Rede. Nicht zuletzt weibliche Kundinnen sind vom Elektroauto angetan und bringen gerne diese kleinen Wagen mit etwas Spielerischem, sogar Mädchenhaftem in Verbindung: Eine interviewte Frau hat ihr niedliches Elektroauto sogar „Barbie“ genannt. Anders als vielleicht erwartet, werden die klein gebauten Elektroautos, die zwar inzwischen mit Airbags versehen sind, aber ja trotzdem im Verhältnis zur Mercedes S-Klasse oder Volvo V70 doch etwas empfindlicher aussehen, von ihren Besitzern und Besitzerinnen im Allgemeinen als ausreichend sicher bewertet. Die Argumente, die von mehreren Informanten gebracht werden, erscheinen doch einleuchtend: Mit einem Elektroauto muss man passiv und rücksichtsvoll fahren, so dass das Risiko, das man sich in potenzielle Unfallsituationen verwickelt, deutlich geringer sei; dadurch, dass man in einem kleineren Auto unterwegs ist, hat man einen besseren Überblick über die Verkehrslage und kann gefährliche Situationen einfacher vermeiden. (Irgendwie erinnert dieser Gedankengang an die Argumente, die Fahrradfahrer, die ohne Helm durch die Gegend sausen, zu Tage führen.) Eine Fahrerin hat sich so ausgedrückt: „Das Ding fährt ja nicht besonders schnell, also gehe ich damit auch keine Risiken ein, kein Überholen oder so was.“

Zweifelsohne ist die hier zu Tage tretende Einstellung zur automobilen Sicherheit auf den ersten Blick ziemlich überraschend. Seit Jahrzehnten besteht ja sonst Konsens darüber – auch innerhalb der Branche selbst –, dass die Automobilindustrie dafür verantwortlich ist, soweit wie möglich, den Kunden ein „narrensicheres Auto“ zur Verfügung zu stellen (Stieniczka 2002). Mit Hilfe von technischen

Maßnahmen wird versucht, eine höhere Sicherheit zu erreichen; Sicherheitsgurte, ABS-Bremsen, Knautschzonen, Skelettkonstruktionen und Airbags sind zum allgemeinen Standard geworden. Durch Technisierung der Technik soll die Zahl der Todesopfer verringert werden. Von den interviewten Nutzern und Nutzerinnen von Elektroautos bekommen wir allerdings ein gänzlich anderes Bild von Sicherheit: Diese wird sozusagen von der Technik zurück in die Fahrer und Fahrerinnen verlagert. Durch das Fahren selbst sind erst neue Verhaltensmuster und danach neue Vorstellungen entwickelt worden – Vorstellungen, die weder in die allgemeine Debatte noch in die Praxis der Autokonstruktion Eingang gefunden haben.

7 Technikgestaltung aus kultureller Sicht

Die letzte Beobachtung kann als Anlass genommen werden, eine zentrale Botschaft dieses Beitrages zu formulieren: Technikgestaltung hat nur zum Teil mit der Entwicklung von neuen Artefakten und Systemen zu tun; es geht in gleichem Ausmaß darum, neue Deutungsmustern und Nutzungsstrukturen gerecht zu werden. Dies bedeutet auch, dass Technikgestaltung nicht nur von der Politik oder der Industrie ausgehen kann, sondern dass sie Inspiration und Ideen direkt von den Nutzern und Nutzerinnen und ihrer Welt einholen muss, was unter anderem heißt, dass Entwicklern von Technik Rücksicht auf neue Handlungsmuster und diskursive Strukturen nehmen müssen. In der Alltagspraxis bilden sich neue Routinen heraus und in alltäglichen Gesprächen entstehen neue Normen und Werte, die in jeden Technikgestaltungsprozess einen direkten Einstieg finden müssten. Felix Wankel und die Firma NSU hätten deutlich bessere Möglichkeiten gehabt, den Ro 80 erfolgreich zu vermarkten, wenn man stärker auf die Wünsche und Erwartungen der Kundschaft eingegangen wäre. Die ziemlich arrogante Attitüde in Neckarsulm (Warum soll man sich an die Eigenheiten der Kunden anpassen müssen, wenn man das beste und modernste Auto der Welt anbietet?) war nicht besonders angebracht. Vielleicht hätte man etwas von der Frühgeschichte des für Lastkraftwagen angedachten Dieselmotors lernen können, z.B. von den verheerenden Auswirkungen in den 20er und anfänglichen 30er Jahren des berühmten Slogans des Hauses Daimler-Benz, „Wir verstehen mehr vom Automobilbau als der Kunde“ (Hoppe 1991).

Für das Projekt einer umweltverträglichen Technikgestaltung macht die Zeitgeschichte des Smart und des Elektroautos schon Hoffnung; neue, ressourcenschonende Routinen und Techniken haben in der Tat die Möglichkeit Fuß zu fassen. Allerdings machen die in diesem Beitrag kurz angerissenen Beispiele auch deutlich, dass die allgemeine Verbreitung einer alternativen Technik davon abhängig erscheint, ob eine kritische Masse von vorbildlichen Nutzern und Nutzerinnen sich herausbilden kann. Die Akzeptanz von nicht-konventionellen automobilen Antriebssystemen ist wahrscheinlich nur zu erwarten, wenn auf die Erfahrungen „führender“ Nutzer und Nutzerinnen oder Trendsetter aufmerksam gemacht wird.

Literatur

Brilli A (1999) Das rasende Leben. Die Anfänge des Reisens mit dem Automobil, Berlin

Cowan R, Hultén S (Hrsg) (2000) Electic Vehicles. Socio-economic Prospects and Technological Challenges, Aldershot, Hants

Dierkes M (Hrsg) (1997) Technikgenese. Befunde aus einem Forschungsprogramm, Berlin

Gjøen H, Hård M (2002) Cultural Politics in Action. Developing User Scripts in Relation to the Electric Vehicle. In: Science, Technology, & Human Values 27: 262–281

Hård M, Jamison A (1997) Alternative Cars. The Contrasting Stories of Steam and Diesel Automotive Engines. In: Technology in Society 19: 145–160

Hård M, Knie A (2001) The Cultural Dimension of Technology Management. Lessons from the History of the Automobile. In: Technology Analysis & Strategic Management 13: 91–103

Hoppe HC (1991) Ein Stern für die Welt. Vom „einfachen Leben“ in Ostpreußen zum Vorstand bei Daimler-Benz, München

Jamison A (1970) The Steam-Powered Automobile. An Answer to Air Pollution, Bloomington, Ind.

Jürgens U, Malsch T, Dohse K (1989) Moderne Zeiten in der Automobilfabrik. Strategien der Produktionsmodernisierung im Länder- und Konzernvergleich, Berlin

Knie A (1994) Wankel-Mut in der Autoindustrie. Anfang und Ende einer Antriebsalternative, Berlin

Knie A, Berthold O, Harms S, Truffer B (1999) Die Neuerfindung urbaner Automobilität. Elektroautos und ihr Gebrauch in den U.S.A. und Europa. Berlin

Mom G (1997) Geschiedenis van de auto van morgen. Cultuur en techniek van de elektrische auto. Deventer

Nader R (1965) Unsafe at Any Speed. The Designed-in Dangers of the American Automobile. New York

Kline RR, Pinch TJ (1996) Users as Agents of Technological Change. The Social Construction of the Automobile in Rural United States. In: Technology and Culture 37: 763–795

Sass F (1962) Geschichte des deutschen Verbrennungsmotorenbaues von 1860 bis 1918. Berlin

Stieniczka N (2002) Geborgen in Prometheus' Armen. Die soziale Konstruktion automobiler Sicherheitstechnik in der Bundesrepublik Deutschland, Diss. TU Darmstadt

Truffer B, Dürrenberger G (1997) Outsider Initiatives in the Reconstruction of the Car. The Case of Lightweight Vehicle Milieus in Switzerland. In: Science, Technology, & Human Values 22: 207–234

Produkte aus dem soziologischen Labor: Entwicklung, Betrieb und Wirkungsanalyse neuer Verkehrsdienstleistungen

Andreas Knie

1 Vorbemerkung: Die Laboranordnung

Sozialwissenschaftliche Forschung hat in der Regel keinen direkten oder unmittelbaren Anwendungsbezug. Die Aufgabe von Disziplinen wie Soziologie oder Politikwissenschaften ist es, durch empirisch-analytische Methoden den Weltenlauf zu erklären. Hieraus lassen sich in der Regel zwar durchaus auch Handlungsempfehlungen ableiten, fehlgeleitete Entwicklungen abzustellen, doch werden die Rezepte weitergegeben und nicht selbst von den Wissenschaftlern probiert. Bereits Max Weber legte bekanntlich größten Wert auf die verstehenden und aufklärenden Funktionen der Erkenntnis. Die Trennung vom Objekt gilt nach wie vor als eine der Grundkonstanten der soziologischen Forschung, da gerade durch die Distanz zum Gegenstand die angemessene Urteilskraft über dessen Wesen entwickelt werden kann. Wollte man hier direkt intervenieren, würden Verzerrungen auftreten, deren Ursache/Wirkungsfolgen nicht mehr eindeutig zuzurechnen wären. Der Gesamtzusammenhang, das wirkliche Objekt der Soziologie, verlöre sich aus dem Blick. Die interventionistische Kraft der Soziologie kann damit nur in ihrer aufklärenden Funktion gesucht werden, in der Attraktivität ihrer Argumentation, die dann von Handelnden zur Maxime ihres Tuns erhoben wird. Die klassische soziologische Forschung hat keinen Zugriff mehr auf den Verwendungszusammenhang ihrer Ergebnisse (Weber 1919).

Nun sollte man am Beginn des 21.Jahrhunderts kritisch fragen dürfen, ob dieses erkenntnistheoretische Erbe auch heute noch in seinem alles umfassenden Anspruch gilt. Kann eine strikt erklärende Wissenschaftsdisziplin in diesen Tagen noch bestehen und alleine aus der empirischen oder logischen Analyse eine angemessene Erklärungskraft schöpfen? Die Rekonstruktion von Sinnzusammenhängen, so könnte man nach Max Weber die Kernaufgabe der Soziologie definieren, lässt sich sicherlich nur dann betreiben, wenn man hinter die Kulissen schaut und die Dinge gegen den Strich bürstet. Mit dem distanzierten Blick des Forschers ist diesen Dingen aber kaum noch beizukommen. Zumal wenn dieser – und das war genau Webers Produktionsmodell – am Katheder stehend völlig alleine für sich hin liest, denkt und schreibt.

Der folgende Beitrag beruht auf einem anderen Verständnis soziologischer Forschung. Die Attraktivität wissenschaftlicher Erkenntnis hängt – und dies ist sicherlich unstrittig – mit der Kenntnis über den Gegenstand zusammen. Je intimer, desto besser. Sicherlich immer verbunden mit der notwendigen Kraft zur Abstraktion. Dieser intime Zugang muss aber auch die dynamische Entwicklung des Gegenstandes abbilden können. Die soziologisch zu beobachtenden Zusammenhänge sind ja nicht statischer Natur, sondern höchst aktiv, sie verändern sich in ihrem objektiven Verhalten und sicherlich auch in der subjektiven Reflektion darüber. Aber der soziologische Zugriff bleibt ein statischer, noch dazu meist beseelt von der Annahme des völlig unabhängigen Beobachters. Die Frage: „was passiert, wenn ... ?" bleibt ausgespart. Eine kontrollierte Wirkung zu erzielen, ist kaum möglich, weil ein direkter Eingriff in der empirischen Praxis der Soziologie nicht vorkommt. Während Ingenieure und Techniker fröhlich an neuen Maschinen experimentieren, deren Wirkungsweise testen und die gewonnenen Ergebnisse direkt wieder für die Konstruktionsarbeit verwenden, bleibt dem Sozialwissenschaftler dieser Rekurs verwehrt. In der kontrollierten Verwendung der eigenen empirischen Forschung müsste man aber kein unwissenschaftliches Tun vermuten, solange der Erkenntnisweg nachvollziehbar dargelegt werden kann. Sicherlich ist die Maschinenwelt eine außerhalb des Sozialen stehende und die Ingenieure können ihre Eingriffe sehr genau differenzieren und die Wirkungszusammenhänge damit genau messen. In der Welt der Sozialwissenschaftler ist der Praktiker immer schon Teil des Ganzen und kann seine Vorgaben nicht in der gleichen Präzision strukturieren. Durch die fehlende Nähe zum Gegenstand entgehen der sozialwissenschaftlichen Forschung aber die Einblicke in der Tatsachenbildung, weil die Forschung nicht zielgerichtet teilnimmt. Beziehungsweise können die Tatsachen immer erst ex post und nur dann beobachtet werden, wenn ein Fremder die hierfür notwendigen Schritte unternommen hat.

Das im Folgenden beschriebene Problem und die dargelegten Schritte zur Problemlösung sind dagegen in allen ihren Etappen Teil soziologischer Forschungspraxis. Die soziologische Laboranordnung besteht nicht nur aus der üblichen Problembeschreibung, sondern auch in der Kreation von Umsetzern, die nach Handlungsmodellen vorgehen, deren Plan auch ein Ergebnis der soziologischen Analysen ist. Das Erkenntnisobjekt wird selbst (mit-) gebaut und auch betrieben. Allerdings wird mit dieser Konstellation die Forschung auch in ungewöhnlicher Weise eingebunden. Die Ergebnisse sind gemeinsam von allen Beteiligten des Labors zu verantworten. Für den Einbezug in die praktische Gestaltung muss die Forschung auch den Preis zahlen: Verbindliche Teilhabe mit der Gefahr der Falsifikation.

Damit ändert sich natürlich das Verständnis von interdisziplinärer Forschung grundlegend. Soziologische Forschung im Labormaßstab betrieben heißt, eine permanente Metamorphose zwischen verschiedenen Disziplinen durchzumachen. Soziologische Forschung wandelt sich zur Betriebswissenschaft, wird Teil ingenieurwissenschaftlicher Lösungen, nimmt Elemente der Informatik auf und kommt wieder zurück zur soziologischen Interpretation, die in den Kanon der eigenen Disziplin rückkoppelbar ist. Der Erkenntnisprozess entwickelt sich vergleichbar einem Blick durchs Kaleidoskop: je nach Blickrichtung und Aufgabenzuschnitt wechseln die Disziplinkontexte. Damit ist einer direkt intervenierenden Soziologie das Wort geredet, die als solche nicht immer sofort zu identifizieren ist, sondern sich dem Zweck des Unternehmens entsprechend, immer in Wandlung befindet.

Analyse und Erkenntnisprozesse müssen freilich immer wieder als soziologische Elemente subtrahierbar bleiben.

2 Das Problem

Moderne Menschen zeigen eine hohe Affinität zu individuellen Transportmitteln. Es fahren mehr und mehr Privatfahrzeuge, Busse und Bahnen haben dagegen das Nachsehen. Ein Unternehmen, das Verkehrsangebote auf Schienen anbietet, hat es in der modernen Welt daher schwer. Bereits die 13 – 15-Jährigen glauben genau zu wissen, dass sie mit 18 Jahren viel oder sogar sehr viel Auto fahren werden; aber auch schon heutzutage ist die Realität eindeutig: mehr als 82% der Bevölkerung im Alter zwischen 18 – 35 Jahren verfügt über den Zugang zu einem Pkw. Das Geschlecht macht hier so gut wie keinen Unterschied mehr. Mehr als 60% der Bevölkerung hat in den letzten zwei Jahren nicht ein einziges Mal einen Fernzug benutzt und gedenken, dies auch in Zukunft nicht zu tun.

Die Verkehrsmittelwahl ist aus Sicht der Bahnunternehmen sehr ernüchternd: Zählt man die Zahl der beförderten Personen, hatte die Deutsche Bahn AG im Fernverkehr im Jahre 2000 einen Marktanteil von 3%. Im Jahre 1936 betrug dieser noch mehr als 50%. Dementsprechend – sozusagen spiegelbildlich – steigt die Zahl der zugelassenen Automobile stetig an. Mehr als 2,2 Mio. Neufahrzeuge kommen jedes Jahr dazu. Mehr als 46 Mio. Fahrzeuge sind es bereits insgesamt in Deutschland am Ende des Jahres 2002. Der Marktanteil, wiederum gemessen an den beförderten Personen, des motorisierten Individualverkehrs betrug im Jahr 2000 dementsprechend über 84% (vgl. Chlond u.a. 2002; Statistisches Bundesamt 2002; Flade u.a. 2002; Tully 2002).

Allen Beteiligten – auch den Autofahrern – ist aber klar, dass mit einem linearen Aufwuchs der Automobilflotte erhebliche Probleme verbunden sind. Selbst wenn sich die Schadstoffentwicklung, selbst in absoluten Werten gemessen, seit einigen Jahren ganz langsam vom Fahrzeugaufkommen entkoppelt hat und nach unten bewegt, der Flächenverbrauch des Straßensystems bleibt hoch und stößt bereits jetzt an Grenzen. Neben schlichtem Platzmangel schiebt sich nämlich mehr und mehr der Erhalt dieses Systems auf die Tagesordnung der Politik. Denn die Finanzmittel werden nicht reichen, den bisherigen Standard der Verkehrsinfrastruktur zu halten. Mit Technik alleine lässt sich das Problem also nicht regeln.

Seit einigen Jahren wird daher gefordert, dass eine bessere Integration der Verkehrsträger die Lösung sein könnte. Dann wäre es möglich, die Kapazitätsreserven besser auszunutzen; d.h. wenn Flugzeuge, Eisenbahn und Auto stärker vernetzt und als ein einziges Verkehrssystem wahrgenommen würden, könnten mehr Verkehrsströme von der Straße beispielsweise auf die Schiene verlagert werden. Mittlerweile sind solche Denkansätze auch Teil amtlicher Politikprogramme des zuständigen Bundesministeriums (Hinricher u. Schüller 2002).

Allerdings kranken solche kapazitätsorientierten Ansätze immer noch an einem zentralen Problem: Bei der Suche nach brauchbaren Angeboten muss der Besitz oder die Verfügbarkeit eines Automobils als Maß aller Dinge, empirisch durch die oben genannten Zahlen belegt und anerkannt werden. Wer also Alternativen etablieren will, sollte diese gewünschte Form der „Automobilität" mitdenken. Wenn der Wechsel der Verkehrsträger als Nutzungsroutine möglich sein soll, ist eine durchgängige und ungebrochene Automobilität anzubieten. Ein bequemes Punkt-zu-Punkt-Reisen mit mehreren Verkehrsmitteln ohne Nachzudenken zu absolvieren, ist allerdings nur schwerlich zu bewerkstelligen. Der Planungs- und Koordinationsaufwand bleibt in der Regel hoch, die Nutzung ist kaum routinisierbar. Die nicht monetär auszuweisenden Transaktionskosten bleiben der Killer aller integrierten oder intermodalen Verkehrsangebote.

Das Argument, dass die Reisezeiten im öffentlichen Personennah- und Fernverkehr doch in Wirklichkeit immer geringer sind als angenommen, oder die Kosten bei exakter Berechnung sogar günstiger liegen, ist aus Sicht der Nutzer nicht der zentrale Entscheidungsgrund. Diese stecken höchstens einen Referenzrahmen ab, innerhalb dessen aber noch sehr viel Spielraum herrscht. Alleine die Rekonstruktion dieser Argumente stellt einen Aufwand dar, den man lieber vermeidet (Canzler u. Franke 2001).

Dementsprechend kann mit alleinigen Verweisen auf einzelne Aspekte – beispielsweise die Kosten – die komplexe Entscheidungssituation nur unzureichend angegangen werden. Das Problem wird noch gravierender, weil der Grad der Selbstvergewisserung in diesem Prozess nur sehr gering ausgeprägt ist und sich daher die Rekonstruktion der Entscheidungsgründe gegenüber den herkömmlichen, empirischen Forschungsmethoden entziehen. Klar hat man Situationen vor Augen, dass die ganze Familie zusammen sitzt, Kataloge um Kataloge wälzt oder ganze Wochenenden in Autohäusern auf der Suche nach der zukünftigen Karosse verbringt. Es wird aber irgendwann die Entscheidung getroffen und die steht dann für einige Jahre fest. Sie bleibt sozusagen eingefroren. Nur wenn sich die Umstände dramatisch ändern, wenn der Arbeitsplatz verloren geht, die Ehe geschieden wird oder ein Kind auf die Welt kommt, beginnt man die ursprüngliche Entscheidung langsam wieder aufzutauen und das damalige Ergebnis mit den tatsächlich gültigen Bedingungen abzugleichen und ggf. neu zu treffen. Ähnlich verläuft der Prozess, der dem Kauf einer BahnCard oder der Jahresnetzkarte eines Nahverkehrsbetreibers vorausgeht. Langsam kristallisiert sich aus einer unübersichtlichen Gemengelage die Entscheidung heraus. Diese wird dann getroffen und dann nicht weiter zur Disposition gestellt. Die Wahl der Verkehrsmittel muss in Routinen abgespeichert, unbewusst abgerufen werden, um Platz für die täglich immer wieder neu zu treffenden Alltagsentscheidungen zu machen.

Nimmt man diese Erkenntnis bei der Suche nach Alternativen zum Automobil ernst, sind die Spielräume sehr eng. Die Angebote müssen praktisch wie Automobile funktionieren und zwar weniger hinsichtlich ihrer technischen Eigenschaften, sondern vor allen Dingen in punkto Nutzungsformen. Nicht die Zahl der Zylinder, die Farbe oder Form der Karosserie ist hier interessant, sondern die Erfindung des Nutzens ohne nachzudenken. Der wundersame Erfolg des Automobils ruht nicht allein auf dem technischen Gerät, das eine riesige Projektionsfläche für Selbstinszenierungen bietet, sondern auf dessen völlig routinisierbaren Gebrauch. Sicher, man muss das Autofahren erst einmal erlernen. Beherrscht man aber die notwendigen Handgriffe, können selbst Greise hochkomplizierte Maschinen sicher ans

Ziel steuern. Das Auto ist vor allen Dingen zusammen mit einem hochgradig codierten, aber völlig standardisierten, öffentlichen Funktionsraum zur Mobilitätsmaschine geworden (Möser 2002).

Aus Sicht von schienengebundenen Verkehrsunternehmen ergibt sich das Problem, dass mit jedem verkauften Automobil die Umstände für die Nutzung der Schienenwege komplizierter, vor allen Dingen aber hinderlicher werden. Diejenigen Haushalte, die sich für den eigentumsrechtlichen Erwerb eines Automobils entscheiden, sind praktisch aus den oben beschriebenen Gründen heraus als Dauernutzer für die Schiene verloren. Gelegentliche Fahrten finden dazu – und dies ist ein gewaltiger Unterschied zu den 40er und 50er Jahren – immer vor der Referenz eines gut eingeführten Automobilsystems statt.

3 Die Anbieterstruktur

Obwohl die Erkenntnislage bekannt ist, fehlt es bislang an Angeboten, die eine durchgängige „Automobilität" darstellen könnten, damit diese Erkenntnis einmal vom Wind und Wetter der Empirie getestet wird. Zum soziologischen Labor gehört daher ein Demonstrator. Während die Automobilindustrie nicht wirklich an integrierten Produktexperimenten interessiert ist, da die Geschäfte mit dem Gerät Automobil noch gut laufen, kommen naturgemäß Schienenanbieter in Frage. Es gibt praktisch nur ein einziges Unternehmen mit bundesweiter Ausstrahlung: Die Deutsche Bahn AG, die im schienengebundenen Nah- und Fernverkehr einen Marktanteil von mehr als 90% hat, ist praktisch der einzige Kandidat. Doch hier zeigte man zunächst wenig Interesse. Seit der Einleitung der Bahnreform im Jahre 1994 begannen sich zunächst einzelne Unternehmen wie die DB Reise & Touristik, DB Regio oder DB Stationen & Service zu konstituieren. Relativ schnell wurde allerdings klar, dass unternehmerische Eigeninteressen ein einheitliches „Bahn-Angebot" verhinderten. Mit der Übernahme des Vorstandsvorsitzes durch den Industriemanager Hartmut Mehdorn im Jahre 2000 wurden die einzelnen Unternehmensteile wieder zurück geführt und in den Konzern (re)-integriert. Seit 2001 gliedern sich die operativen Einheiten in Unternehmensbereiche, die unabhängig von den ursprünglicher AG funktionieren.

Zwischenzeitlich waren aber auch Voraussetzungen zur Bündelung und Aktivierung der sozialwissenschaftlichen Erkenntnisse notwendig. Aus der Projektgruppe Mobilität des Wissenschaftszentrum Berlin für Sozialforschung (WZB), aus der heraus die theoretischen Vorarbeiten stammen, wurde das Unternehmen choice als GmbH gegründet. Den äußeren Anlass bot die Förderinitiative des Bundesforschungsministeriums „Mobilität in Ballungsräumen", die neue Kooperationen zur Lösung der Verkehrsprobleme auslobte. Die Aufgabe des Unternehmens choice war es nun, auf der Basis der sozialwissenschaftlichen Erkenntnisse eine Angebotsstruktur zur Etablierung intermodaler Dienstleistungen zu entwickeln und sich gleichzeitig um die operative Umsetzung zu kümmern, damit Erfahrungen und Analyseergebnisse jederzeit in das Produktdesign eingepflegt werden können (Canzler u. Knie 1998). Nach mehreren Wechseln der taktischen Ausrichtung sowie der Mehrheitsverteilung bei der choice konnte mit der von der Deutsche Bahn AG gegründeten Tochter DB Rent eine strategische Allianz geknüpft werden. Hiermit gelang es der sozialwissenschaftlichen Forschung, einen vergleichsweise mächtigen Partner zu finden. Die wesentlichen Assets der choice wurden von dem Bahn-Unternehmen mit dem Ziel übernommen, die zwischenzeitlich gewonnenen Erkenntnisse in die unternehmerische Praxis zu integrieren. Umgekehrt verpflichtete sich die DB Rent, den von der choice entwickelten Projektplan abzuarbeiten und Forschungspersonal mit leitenden operativen Aufgaben zu betrauen.

4 Der Lösungsansatz

Nach dem oben Geschilderten müssen Schienenverkehrsunternehmen wie die Deutsche Bahn AG zur Steigerung ihrer Kundenzahl – neben ihren Kernaufgaben – an die Umstände, die zum Kauf eines Fahrzeuges führen, näher heranrücken. Dies gelingt sicherlich dort besser, wo der Druck zum Kauf eines Fahrzeuges schwächer ist. Und dies sind eindeutig die Ballungsräume. Im Durchschnitt haben rund 75% aller deutschen Haushalte mindestens einen Pkw. Da dieser Wert in den Großstädten auf unter 50% absinkt, bedeutet dies im Umkehrschluss, dass die Ausstattung der Haushalte in ländlichen Gebieten – insbesondere bezogen auf die verkehrsaktiven Personen – praktisch vollständig ist. Gemessen an den real existierenden Angeboten des öffentlichen Personennah- und Fernverkehrs und eingedenk der staatlichen Eigenheim-Förderlandschaft kann dieser Wert auch nicht wirklich überraschen.

Der sehr unterschiedliche Ausstattungsgrad mit Privatfahrzeugen spiegelt sich auch in Umfrageergebnissen wieder: In Ballungsräumen geben die Befragten signifikant häufiger mehrere Verkehrsmittel an, die sich täglich oder mehrmals in der Woche in gleichzeitiger Nutzung befinden. Bewohner urban verdichteter Räume sind daher im Umgang mit dem intermodalen Verkehr geübter und entwickeln auch ein größeres Interesse an solchen Angeboten. Angesichts der in diesen Gebieten in der Regel existierenden Infrastruktur an privaten und öffentlichen Verkehrsangeboten und der deutlich kompakter angelegten Aktionsradien ist auch dies ebenfalls nicht sonderlich verwunderlich.

Um diese Annahmen empirisch zu erhärten, sind im Laufe des Projektverlaufes immer wieder Befragungen organisiert worden. Die jüngste Untersuchung ist eine im November 2002 im Auftrag der DB AG unternommene repräsentative Befragung in München und Berlin, die dazu diente, die mittlerweile in der Markterprobung befindlichen Produkte abzutesten. Dazu wurden aber auch allgemeine Verkehrsverhaltensmuster erhoben.

Gefragt nach den täglich genutzten Verkehrsmitteln antworteten die 1000 Personen im Alter zwischen 16 und 69 Jahre (in Klammer 18 bis 69 Jahre) wie folgt (Research International 2003):

Tabelle 1.

Verkehrsmittel	**täglich**	**so gut wie nie**
Automobil (Fahrer und Mitfahrer	53% (61)	19% (11)
ÖPNV	41% (29)	11% (16)
Bahn im Nahverkehr	10% (10)	38% (43)
Fahrrad	31% (15)	19% (29)
Bahn im Fernverkehr	(1)	44% (43)
Flugzeug (Inland):	-	63% (66)

Aus Sicht der Bahn ein durchwachsenes Ergebnis: Aber immerhin mehr als die Hälfte der Befragten in München und Berlin geben indirekt an, mindestens einmal im Jahr mit der Fernbahn unterwegs zu sein, sie sind also mit Bahnangeboten noch adressierbar. Bei der täglichen Verkehrmittelwahl zeigen die Ergebnisse aber deutlich die auch in den anderen Großstädten bekannten Tatsachen: bezieht man Jugendliche in die Umfrage mit ein, haben Fahrrad- und ÖPNV- Anteile noch gute Werte. Befragt man dagegen nur Menschen ab 18, die also dann im Besitz einer Fahrerlaubnis theoretisch über die völlige Wahlfreiheit verfügen, sinkt der Anteil des öffentlichen Verkehrs deutlich; im Durchschnitt aller Großstädte kommen die lokal verkehrenden Busse und Bahnen auf einen Anteil von 25%. Massiv abnehmend ist auch der Anteil der täglichen Fahrradnutzer, wenn man Jugendliche nicht befragt.

Es zeigen sich aber noch andere Ergebnisse: die kumulierten Werte lassen darauf schließen, dass in erheblicher Menge Mehrfachnennungen stattfinden: Großstadtmenschen kombinieren täglich mehrere Verkehrsmittel, d.h. sie haben die oben als Alternative gewünschte Praxis für sich bereits entdeckt und zur routinisierten Nutzung entwickelt. Allerdings nimmt auch dieses „intermodale Potential" deutlich ab, wenn der Anteil des Automobils steigt. Die Ergebnisse lassen auch hier wieder deutlich erkennen: je geringer der Anteil des Automobils ist, desto höher steigt der Kombinationsgrad, insbesondere der Anteil des Fahrrades als Ergänzungsverkehrsmittels nimmt zu.

Zusammengefasst bedeutet dies für die Entwicklung von Alternativen eine Bestätigung der oben bereits formulierten Annahmen: Die Nah- und Fernbahn wird – wenn überhaupt noch – in nennenswertem Umfang nur noch von Bewohnern in den Ballungsräumen in die Nutzungsroutinen integriert. Gemeinsam mit dem Anteil des öffentlichen Verkehrs sinkt auch der der Schiene, wenn Automobile in der Nutzung dominant werden; Automobile sind also durch ein weitgehend autarkes Nutzungsverhalten zu charakterisieren. Will man aber – wie oben ausgeführt – integrierte Angebote entwickeln und mit Chancen auf Resonanz versehen, sind Großstadtbewohner in den Focus zu nehmen und Schienenergänzungsangebote zu etablieren, die den Bewegungswünschen der Großstadtbewohner entsprechen.

Und ganz offensichtlich sind hier individuell zu nutzende Verkehrsmittel wie Automobile und Fahrräder hoch im Kurs. Mehr als 75% der oben Befragten nannten Flexibilität als das am meisten hervorstechende Merkmal von attraktiven Verkehrsangeboten, verbunden mit dem Wunsch nach spontaner Nutzung.

Wiederum im Umkehrschluss bedeutet dies, wenn also ein Schienenanbieter des Nah- und Fernverkehrs seine Produktpalette in der Weise ausbaut, dass diese sich zur Befriedigung spontaner und flexibler Wünsche nach dem individuellen Transport eignen, dann können Kunden gewonnen werden. Wenn diese Angebote dann auch noch so gestaltet sind, dass eine spontane und flexible Nutzung nicht durch Eigentum erreicht wird, sondern durch jederzeit mögliche Zugänge, dann können auch Schienenanbieter Neukunden generieren. Letzteres ist alleine der Tatsache geschuldet, dass in der Regel die subjektiv hohe Verfügbarkeit eines Verkehrsmittels – die Voraussetzung für deren flexible und spontane Nutzung – durch den dauernden Besitz, sprich Eigentum gewährleistet wird. Eigentum hat aber den Nachteil einer subtilen Bindung, insbesondere dann, wenn die Eigentumsrechte teuer erworben wurden. Beispielsweise zwingt alleine das Eigentum an einem Automobil dem Nutzer einen so hohen Fixkostenblock auf, dass man praktisch von einer eingebauten Nutzungsdynamik sprechen kann.

Hat man sich einmal für den Kauf eines Automobils entschlossen, fährt man das Fahrzeug auch. Und damit überformt das Mittel die Zwecksetzung; d.h. die ursprünglichen Motive, ein Fahrzeug für spontane Nutzungen zu erwerben, verkehrt sich ins Gegenteil: das Fahrzeug, einmal vorhandenen, zwingt auch bei Gelegenheiten zum Gebrauch, wo dies bislang nicht der Fall war.[1] Auch dieser Umstand ist keineswegs neu, sondern entspricht einer techniksoziologischen Grundweisheit (Dierkes 1996).

Für das eingangs geschilderte Problem heißt dies, dass die Schienenanbieter diesen Kundengenerierungseffekt dann erreichen, wenn sie die Nachfrage nach individuellen Transportmöglichkeiten in ähnlicher Qualität darstellen können wie die tatsächlich „gekauften" Zugänge. Dann – und nur dann – ergeben sich die Chancen für Komplementäreffekte wie sie oben beschrieben wurden: Die Verkehrsmittel werden dem Zweck entsprechend genutzt und kein Schienenkilometer wird kannibalisiert, weil der potentielle Nutzer doch lieber das teure eigene Auto bzw. Fahrrad nutzt. Sicherlich ist das „Kannibalisierungspotential" beim Automobil gegenüber der Schiene erheblich höher als das des Fahrrades. Aber das hinter dem Eigentum schlummernde Ausschließlichkeitsprinzip dürfte das Gleiche sein.

5 Die Produkte und die Resonanz

Entsprechend der geschilderten Aufgabe ergeben sich damit Regeln für die ergänzende Produktgestaltung: Die Angebote müssen von Schienenanbietern so angeboten werden, dass sie die „eigentlichen Produkte" komplementär ergänzen und in

[1] Vgl. zu diesem Phänomen aus technikphilosophischer Sicht Mathias Gutmann in diesem Band (Anm. des Hg.)

ähnlicher Weise wie Eigentum funktionieren. Diese Angebote sind in Ballungsräumen anzubieten. Im Folgenden werden zwei solcher Produkte vorgestellt, mit denen auf unterschiedlicher Weise versucht wird, diesen Kriterien gerecht zu werden. Beide Produkte werden von DB Rent nach den Vorgaben und in kontrollierender Begleitung der sozialwissenschaftlichen Forschung angeboten.

5.1 Call-A-Bike

Wer träumt nicht davon: man geht durch die Stadt, sieht ein Fahrrad, greift zum Handy, leiht sich in Sekundenschnelle den Untersatz aus, schwingt sich auf den Sattel und fährt los. Am Ziel angekommen, wird das Fahrrad einfach wieder an der nächst besten Ecke abgestellt und fertig: aus den Augen, aus dem Sinn. Fahrräder müssen nicht mehr lästig über vielstufige Treppen in übervolle U- oder S-Bahnen getragen werden; sie stehen einfach herum und können schnell und bequem gemietet und wieder abgestellt werden: Seit Oktober 2001 sowie Juli 2002 wird ein solches Produkt von der DB Rent in München bzw. Berlin angeboten. Knapp 3000 Fahrräder stehen praktisch an jeder Ecke dieser beiden Städte. Ende des Jahres 2002 sind mehr als 20.000 Kunden registriert worden. Je nach Wetter, sind zwischen 100 und 1000 Fahrten täglich mit den Bikes unternommen worden, die in der Regel kaum länger als 20 Minuten sind. Ausgenommen natürlich längere Fahrten am Wochenende.

Die Nutzung ist denkbar einfach. Zunächst muss man sich als Kunde registrieren lassen. Dies geht per Telefon oder auch im Internet. Hat man eine Kreditkarte, kann sofort losgefahren werden; bei normalem Lastschriftverfahren dauert es ein paar Tage. Ist man auf diese Weise im Besitz einer Kundennummer und sieht ein Bike an einer Ecke stehen, wählt man die auf dem Schloss angegebene Nummer an und erhält einen Öffnungscode. Dieser wird ins Schlossdisplay eingetippt und der Riegel springt auf. Mit diesem Code kann man das Fahrrad immer wieder entriegeln, auch wenn man es zwischendurch beim Bäcker oder Schuhladen abstellt. Erst wenn das Bike endgültig wieder abgegeben wird, ruft man erneut die Nummer an und erhält dann den Schließungscode, den man wieder auf dem Schlossdisplay eintippt. Schließlich spricht man noch kurz den neuen Standort des Bikes aufs Band und fertig. Einziger Nachteil: man braucht ein Handy und man muss sich Nummern merken können. Ein Angebot wie Call-A-Bike gibt es weltweit kein zweites Mal. Damit stellt das Produkt ein einzigartiges Laboratorium für den modernen Stadtverkehr dar, dessen Umgang freilich noch geübt werden muss.

Allerdings zeigen die ersten Monate bereits, dass offenkundig die oben beschriebene komplementäre Funktion für einen Schienenanbieter auch bei einem Stadtfahrradangebot möglich ist. Von den aktuellen Kunden besitzen bereits jetzt knapp 43% eine BahnCard. Darüber hinaus sind mehr als 35% im Besitz eines ÖPNV Abonnement. Ganz am Rande sei notiert, dass auch mehr als 35% der User eine Miles & More Karte der Lufthansa haben.

Wie aber sieht nun das Verkehrsverhalten der Call-A-Bike Kunden tatsächlich aus? Im Auftrag der DB AG befragte wiederum Research International 500 Nutzer in Berlin und München nach ihrer Verkehrsmittelwahl (Research International 2003):

Tabelle 2.

Verkehrsmittel	täglich	so gut wie nie
Automobil (Fahrer und Mitfahrer)	34%	22%
ÖPNV	51%	5%
Bahn im Nahverkehr	8%	25%
Fahrrad	38%	1%
Bahn im Fernverkehr	1%	20%
Flugzeug (Inland):	1%	36%

Aus Sicht der Bahn zeigt sich gegenüber der repräsentativen Erhebung ein deutlich verbessertes Bild. Hierzu ist noch in Rechnung zu stellen, dass zur Zeit Call-A-Bike Nutzer mindestens 18 Jahre alt sein müssen, um sich registrieren lassen zu dürfen. Im Ergebnis nutzen damit Call-A-Bike-User weniger das Auto und häufiger den ÖPNV. Die Zahl der Menschen, die nicht die Fernbahn nutzen, sinkt bei den Call-A-Bike Kunden von 43% deutlich auf 20% ab. Sicherlich: diese Erhebung ist eine Momentaufnahme, die ein Jahr Call-A-Bike Erfahrungen in München und fünf Monate in Berlin auswertet. Aber der Trend im oben erwarteten Sinne ist unverkennbar. Aber auch die Attraktivität des Flugzeuges steigt bei Call-A-Bike Kunden deutlich. Ähnlich wie bei der Fernbahn, nimmt auch die Nicht-Nutzung des Flugzeuges um die Hälfte ab, und es gibt sogar Call-A-Bike Kunden, die täglich ins Flugzeug steigen.

Die oben beschriebenen Eigenschaften für attraktive Produkte werden auch durch die weiteren Ergebnisse der Umfrage gestützt. Flexibilität und spontane Nutzung stehen ganz oben auf der Werteskala; bequemer und vor allen Dingen schneller Zugang sind als Eigenschaften hoch im Kurs: jeweils über 90% der Befragten gaben dies als entscheidende Features an. Dass Call-A-Bike als ergänzendes Verkehrsmittel wahrgenommen wird, zeigt sich darin, dass die Bikes überwiegend für Freizeitaktivitäten Verwendung finden; relativ stark werden aber auch Verwendungen genannt, die sich spontanen Zwecken widmen und die unabhängig von anderen Verkehrsmitteln sind. Dies gaben jeweils mehr als 50% der Befragten an.

5.2 DB Carsharing

Nach der Einführung von Call-A-Bike hat die DB Rent am Ende des Jahres 2001 parallel damit begonnen, einen Autobaustein als weiteres Ergänzungsangebot zu platzieren. Nach längerer Suche wurde zusammen mit der choice GmbH entschieden, ein bundesweites Carsharing Angebot aufzuziehen, da sich hier in idealer Weise ein attraktives „Teilauto“ Angebot darstellen lässt. Das gemeinschaftliche Autoteilen wird in Deutschland seit Anfang der 90er Jahre von ganz unterschiedlichen Trägern betrieben. Von gemeinnützigen Vereinen bis zur Aktiengesellschaft reichen die Firmenkonstruktionen. Der große Durchbruch blieb bislang aber aus. Bis Ende 2001 waren lediglich 55.000 Menschen in ganz Deutschland registriert. Die Gründe liegen in einer sehr uneinheitlichen Außendarstellung der Anbieter, die weder eine gemeinsame Dachmarke noch einen einheitlichen Technikstandard durchsetzen konnten. DB Rent bietet dagegen eine neue technische Plattform an und mit DB Carsharing auch erstmals bundesweit einen einheitlichen Markenauftritt, mit bundesweit einheitlichen Tarifen. Das Angebot wird als Franchisesystem lokal tätigen Carsharing Unternehmen als Ergänzung zu ihren bisherigen Tarifen angeboten. DB Rent hat zu diesem Zweck in Halle eine Servicezentrale aufgebaut, hier sitzt nicht nur das Call-Center, sondern hier laufen auch alle notwendigen Abrechnungsläufe zusammen. Kunden können sich einfach lokal oder aber auch über das Internet registrieren lassen, entrichten eine kleine Gebühr und erhalten dann einen „elektronischen Schlüssel". Diese Chipkarte ermöglicht den einfachen Zugang zum Fahrzeug. Voraussetzung ist lediglich, dass man im Besitz einer gültigen Fahrerlaubnis ist und eine BahnCard/NetzCard oder über ein ÖPNV Abo verfügt. An mehr als 45 Städten kann man auf diese Weise über 1000 Fahrzeuge an 512 Stationen mieten, einfach anrufen oder übers Internet das Fahrzeug reservieren, die Chipkarte an die Windschutzscheibe halten, der Bordcomputer erkennt die Reservierung und öffnet die Zentralverriegelung. Einsteigen und Losfahren. Gebucht werden kann rund um die Uhr, und dieses in ganz kleinen Portionen bis zu einer Stunde. Gezahlt werden der Zeitpreis sowie der den gefahrenen Kilometern entsprechende Spritpreis. Die Rechung erhält man am Ende des Monats: ein völlig automatisiertes, dezentral organisiertes Autoverleihsystem. Bis Ende 2002 konnten auf diese Weise bereits mehr 30.000 Kunden von der DB Rent in Halle in den verschiedenen Tarifsystemen verwaltet werden.

DB Carsharing wird mit dem Ziel entwickelt, mehr Verkehr auf die Schiene zu verlagern; also dem oben beschriebenen Bedürfnis nach individueller motorisierter Fortbewegung zu entsprechen, ohne dass damit der Kauf eines Autos zwangsläufig verbunden ist.

Um einen Überblick darüber zu erhalten, ob diese Annahmen zutreffend sind und sich damit eine Veränderung im individuellen modal split darstellen lässt, hat Research International auch 566 DB Carsharing Nutzer in den Städten Berlin, Frankfurt und Halle nach ihrer aktuellen Verkehrsmittelwahl befragt (Research International 2003):

Tabelle 3.

Verkehrsmittel	**täglich**	**so gut wie nie**
Automobil (Fahrer und Mitfahrer)	13%	30%
ÖPNV	57%	3%
Bahn im Nahverkehr	15%	11%
Fahrrad	51%	13%
Bahn im Fernverkehr	2%	6%
Flugzeug (Inland):	1%	74%

Das Ergebnis, wenn auch bei der erst kurzen Angebotszeit mit aller Vorsicht zu genießen, ist dennoch erstaunlich. Aus Sicht des Schienenanbieters ist die Rechnung voll aufgegangen; ähnlich zufrieden sein dürften die ÖPNV-Anbieter. Beide Angebotssegmente profitieren von einem bundesweit einheitlich angebotenen Carsharing sehr stark. Der Anteil der Fahrten mit einem eigenen Automobil geht gegenüber den repräsentativ erhobenen Werten dramatisch zurück. Auch hier ist anzumerken, dass die Befragten alle über 18 Jahre alt waren, da ja der Besitz eines Führerscheins Voraussetzung für die Nutzung ist. Sogar der Anteil der Fernbahn-Nutzung steigt deutlich an und die Zahl der Menschen, die definitiv keine Schiene benutzen, fällt von knapp 50% bei der Repräsentationsbefragung auf 6% ab. Die Zahl der Nennungen lässt ebenfalls erkennen, dass DB Carsharing-Kunden gleichfalls in der intermodalen Verkehrspraxis geübt sind, nutzen sie täglich doch mehrere Verkehrsmittel. Es ist erkennbar, dass bei der Existenz eines Carsharing-Angebotes die Verkehrsmittelwahl offenkundig so in Nutzungsroutinen stabilisiert werden kann, dass der öffentliche Fern- und Nahverkehr erheblich hiervon profitieren kann.

Als Nutzungszwecke dominieren Freizeitfahrten. Mehr als 70% der Nennungen gaben dies an. Dienstfahrten oder andere berufliche Fahrtzwecke spielen aber auch beim Carsharing mehr und mehr eine Rolle. Etwa die Hälfte der Fahrten wird hierfür unternommen.

5.3 Die Adressaten

Bei diesen ermutigenden Ergebnissen stellt sich dann natürlich die Frage, was sind das für Menschen, die solche Angebote nutzen und vor allen Dingen – wie viele gibt es davon? Dass es sich um Großstadtbewohner handelt, war bereits abgeleitet worden. Die Erhebungen lassen die folgenden Merkmale erkennen (Research International 2003):

Tabelle 4.

Demographische Angaben der DB Carsharing Kunden (n = 566), im Folgenden nur Ergebnisse der DB Carsharing Tarifgruppen):

Geschlecht	77% männlich		
Alter	46% 30-39	23% 18-19	21% 40-49
Wohnform	39% alleine	30% mit Familie	21% in Partnerschaft ohne Kinder
Ausbildung	53% (Fach-) Hochschulabschluss		
Einkommen	33% mehr als 3000 Euro Haushalts-Nettoeinkommen		

Tabelle 5.

Demographische Angaben der Call-A-Bike Kunden in Berlin und München (n = 503)

Geschlecht	76% männlich		
Alter	44% 16-29	43% 30-39	8% 40-49
Wohnform	39% alleine	22% mit Familie	26% in Partnerschaft ohne Kinder
Ausbildung	56% (Fach-) Hochschulabschluss		
Einkommen	23% mehr als 3000 Euro Haushalts-Nettoeinkommen		

Bereits der erste Blick lässt erkennen, dass es sich um eine relativ homogene Gruppe handelt, die bereit ist solche Angebote wie DB Carsharing und Call-A-Bike aktiv zu nutzen. Es sind bei beiden Angeboten überwiegend Männer, die mehrheitlich alleine oder in Partnerschaften ohne Kinder leben, überdurchschnittlich gut ausgebildet und dementsprechend auch überdurchschnittlich verdienend. Soziologisch werden diese Großstadtbewohner auch schon mal als Urbanitäten bezeichnet; also die Gruppe, die den vermeintlichen Kern der erlebnisoffenen und konsumfreundlichen, hoch flexiblen Städter ausmacht. Der Unterschied zwischen DB Carsharing und Call-A-Bike Nutzer liegt im wesentlichen im Alter; Call-A-Bike Kunden sind jünger und daraus leiten sich alle anderen abweichenden Merkmalsausprägungen ab, vom Prinzip her sind aber alle Kunden dem gleichen „Stamm" zuzuordnen.

Diese Angaben sollten jedenfalls aus Sicht der Deutschen Bahn AG so ermutigend sein, weil man doch getrost von mehreren hunderttausend Menschen ausgehen kann, die damit zur potenziellen Zielgruppe solcher Angebote gehören. Aus vergleichbaren anderen Befragungen kann man diese Gruppe noch weiter qualifizieren. Aus Forschungsergebnissen der choice zeigt sich, dass insbesondere das links-liberale Spektrum mit Sensibilität für ökologische Fragen eine hohe Affinität zu diesen Dienstleistungen zeigt (Knie u.a. 2002).

6 Ausbaustufen

Die bisher etablierten Angebote DB Carsharing als Autobaustein und Call-A-Bike als Fahrradbaustein sind optimismusstiftende Beispiele dafür, dass Schienenanbieter mit Ergänzungsangeboten ihr Kerngeschäft positiv vermarkten können. Dies kann jedenfalls in Großstädten oder Ballungsräumen gelingen. Aber es sind eben auch nur erste Schritte auf dem Weg einer wirklich integrierten Gesamtdienstleistung. Mit mehr als 50.000 Kunden für beide Produkte ist die Zahl absolut gesehen noch zu gering. Hier sind noch erhebliche Ausbaustufen notwendig, um die Verfügbarkeit dieser Alternativen für eine ungleich höhere Zahl von potenziellen Nutzern angemessen zu platzieren. Call-A-Bike kann als Prototyp bereits deutlich die flächendeckende Präsenz in einer Stadt wirkungsvoll aufzeigen. Allerdings muss ein solches Angebot in allen großen Ballungsräumen ausgebaut werden, damit keine akzeptanzsenkenden Insellösungen zustande kommen. Im Mai 2003 wird als nächste Stadt Frankfurt hinzukommen. Gespräche laufen aber bereits auch in Hamburg und Köln.

DB Carsharing wird im Frühjahr zwar praktisch in allen Ballungsräumen präsent sein, das Angebot selbst muss aber noch deutlich sichtbarer werden. Hier sind analoge Bedienformen wie bei Call-A-Bike zu testen; also Autos, die einfach an einer Ecke stehen, spontan gebucht, gefahren und an irgend einer anderen beliebigen Stelle in der Stadt wieder abgestellt werden können und zwar ohne dass man sich vorher auf eine bestimmte Zeit festlegt. Wenn diese „easy access" Funktion erfüllt ist, kann sicherlich eine nachhaltige Popularisierung erwartet werden (Rifkin 2000).

Schließlich müssen beide Angebote noch direkt mit der BahnCard verknüpft und auch mit den üblichen Dienstleistungen der Schiene zusammengefasst werden. Alle Produkte eines Anbieters sind auf eine Rechnung zu setzen, erst wenn das „one-face-to-the-customer" gilt, ist der integrierte Verkehrsdienstleister Wirklichkeit geworden. Diese Angebote werden nicht die Welt retten, aber solche Unternehmen haben nach den bisherigen Erfahrungen doch mehr als nur eine plausible Chance, einen Anteil vom Verkehrsmarkt zu bedienen, der deutlich über dem der bisherigen monomodalen (Schienen-) Anbieter liegt. Denn mit dieser pluralen, aber dennoch integrierten Produktstruktur kann ganz offensichtlich die Mittel-Zweck-Überformung partiell aufgehoben, d.h. die Mittel können wieder ihren eigentlichen Zwecken zugeordnet werden. Man fährt Fernbahn, wenn es zweckmäßig ist, weil man am Zielbahnhof auf ergänzende Alternativen zurückgreifen kann und daher auch keinen Grund hat, ein Automobil zu kaufen, dass dann alleine aus sich heraus eine kannibalisierende Nutzungsdynamik entfacht.

7 Die Zeitlichkeit des soziologischen Labors

Die Möglichkeiten, mit Hilfe soziologisch gewonnener Erkenntnisse neue, erfolgreiche Produkte zu generieren sind gegeben. Wenn man noch dazu bedenkt, dass die Karriere dieser Produkte aus der Sozialwissenschaft heraus initiiert wurde, dass deren Eigenschaften immer wieder unter Rückgriff der Forschung verändert werden können und deren Wirkung auf das tatsächliche Verhalten studiert werden kann, dann demonstriert dies die Möglichkeiten eines soziologischen Labors. In welcher Weise eine solche Laborforschung zum allgemeinen Handwerkszeug der Soziologie werden kann, muss einstweilen dahin gestellt bleiben. Beim jetzigen Stand der Forschung kann man allerdings die Übertragung in andere Felder und Branchen unterstützen.

Es gibt aber Grenzen eines soziologischen Laborkontextes. Eine strategische Positionierung der gebündelten sozialwissenschaftlichen Erkenntnisse in unternehmerische Produktionsmodelle scheint auf Dauer nicht möglich. Sozialwissenschaftliche Forschungsergebnisse können anregen, sie können korrigieren, sozialwissenschaftliche Methoden können Märkte identifizieren, Wirkungen messen und analysieren; sie können – wenn sie in den unmittelbaren Kontexte des Baues und des Betriebes von Dienstleistungen oder anderer Produkte integriert werden, wertvolle Beiträge zu einer „besseren Welt" liefern, die über ihre sonst üblichen Verbreitungsformen weit hinaus gehen. Allerdings ist die hierfür notwendige organisatorische und inhaltliche Integrationsarbeit auf längere Sicht kaum zu schaffen, zumal es keine Vorgaben oder Muster zur Orientierung gibt. Es mangelt an institutionellen Arrangements, die solche Laborsituationen auf Dauer stellen könnten. Die internen Wirkungsmächte, die aus den operativen Tätigkeiten heraus auftreten, stellen sich im Alltag als krasse Gegensätze zum forscherischen Tun dar. Sind die Objekte der gemeinsamen Tätigkeit noch kommunikativ vermittelbar, konstituieren sich die Produktionsformen in zu unterschiedlichen Rhythmen. Wissenschaftliches Arbeiten verlangt nach extremen Freiräumen, die zeitlich und räumlich völlig autonom gestaltet sein wollen, während unternehmerisches Tun in viel kürzeren Intervallen organisiert wird. Die aus der gemeinsamen Gemengelage der Tätigkeiten abgeleiteten Erfolgskriterien sind ebenfalls höchst unterschiedlich wirksam. Sozialwissenschaftliches Forschen muss sich letztlich an seinen Veröffentlichungen messen lassen. Die Karrieremuster in der Soziologie sind rein akademisch ausgerichtet. Es gibt keinen einzigen Lehrstuhl C4 an einer deutschen Universität, dessen Inhaber eine mehrjährige Industrielaufbahn durchschritten hätte. Umgekehrt sind Menschen in Unternehmen auf eindeutige Parameter fixiert, die sich vor allen Dingen in den betriebswirtschaftlichen Ergebnissen manifestieren. Auch wird sich eine akademisch ausgerichtete Sozialwissenschaft – eine andere gibt es in organisierter Form nicht – kaum dauerhaft in so eindeutig definierte Verbindlichkeitsstrukturen einbinden lassen. Die grundgesetzlich verbriefte Freiheit der Forschung, die gleichzeitig den Rückzugsraum schützt, aber andererseits für Unverbindlichkeit steht, wird mittelfristig sicherlich kaum aufgegeben werden können.

Letztlich ist dies natürlich auch immer ein Spiel der Macht. Ein Unternehmen wird sich auf Dauer nicht leisten können, eine Forschungseinheit mit externer Einbindung in die strategische Produktentwicklung einzubinden. Der Demonstrator muss die gemeinsamen Ergebnisse nach Abschluss der Experimentierphase alleine verwerten können. Die zukünftige Forschung von DB Rent wird eine domestizierte sein, die sich also voll in den innerbetrieblichen Ablauf zu integrieren hat und dann der Regie der Unternehmensführung untersteht.

Die für ein gemeinsames Projekt notwendige Verbindlichkeit ist somit eine auf Zeit. Das hier vorgestellte soziologische Labor wird Ende 2003 seine Tore schließen. Dann wird man die Karriere der oben beschriebenen Produkte, die mit den Erkenntnissen der Forschung noch weiter verfeinert werden müssen, verfolgt haben und darüber Aufschluss erhalten können, ob und wie das Verhalten der Menschen im Verkehr zu verändern ist bzw. ob auch Schienenanbieter mit entsprechenden Produktangeboten überleben können. Bei einem solchen Ergebnis hätten sich dann beide Seiten im wahrsten Sinne des Wortes gegenseitig bereichert.

Literatur

Canzler W, Knie A (1998) Möglichkeitsräume. Grundrisse einer modernen Mobilitäts- und Verkehrspolitik. Wien

Canzler W, Franke S (2000) Autofahren zwischen Alltagsnutzen und Routinebruch. Bericht 1 der choice – Forschung. WZB dp FS II 00 – 102. Berlin

Chlond B, Lipps O, Zumkeller D (2002) Der Anpassungsprozess von Ost an West – schnell, aber nicht homogen. In: InternationalesVerkehrswesen (54) 11/ 2002, S 523–258

Dierkes M. (Hg.) (1996) Technikgenese. Befunde aus einem Forschungsprogramm. Berlin

Flade A, Hacke U, Lohmann G (2002) Wie werden die Erwachsenen von morgen unterwegs sein? Internationales Verkehrswesen (54) 11 / 2002, S 542–556

Hinricher M, Schüller U (2002) Integrierte Verkehrspolitik. In: Internationales Verkehrswesen (54) 12/ 2002, S 589–584

Knie A, Koch B, Lübke R (2002) Das Carsharing Konzept der Deutschen Bahn AG. In: Internationales Verkehrswesen (54) 3/ 2002, S 97–101

Möser K (2002) Geschichte des Automobils. Frankfurt

Projektgruppe Mobilität (2001) Kurswechsel im öffentlichen Verkehr. Berlin

Research International (2003) Ergebnisse der Befragung von Usern / Non- Usern zu den Angeboten Call-A-Bike und DB Carsharing. Eine Untersuchung im Auftrag der Deutschen Bahn AG, unveröffentlichtes Manuskript

Rifkin A (2000) Access. Das Verschwinden des Eigentums. Frankfurt

Statistisches Bundesamt (2002) Datenreport 2002. Bonn

Tully C (2002) Mensch – Maschine – Megabyte. Opladen

Weber M (1919) Wissenschaft als Beruf. Tübingen

Shaping the World Atom by Atom: Eine nanowissenschaftliche WeltBildanalyse

Alfred Nordmann

Im Vordergrund dieses Bandes steht die Frage von Technikgestaltung, ob und wie sie tatsächlich möglich ist und nicht etwa auf die Technikutopien von visionären Wissenschaftlern, science fiction Autoren oder Sozialreformern beschränkt bleibt. Mit meiner Themenstellung „shaping the world atom by atom" weitet sich die Frage der Technikgestaltung ins Unermessliche aus. Dieses Motto der Nanoforschung behauptet nämlich nicht nur die Gestaltung einer technischen Apparatur, die der Menschheit so oder so nützlich oder schädlich werden kann. Stattdessen soll nach diesem Motto gleich die ganze Welt Atom um Atom, ein Atom nach dem anderen, gestaltet werden. In der Frage der nanotechnologischen Weltgestaltung geht es somit verschärft darum, ob und wie sie tatsächlich möglich ist oder sein sollte und nicht etwa auf visionäre Technikutopien beschränkt bleibt. Dies wird dadurch noch weiter kompliziert, als in einem relativ frühen Stadium der technischen Entwicklung unentscheidbar ist, was als machbar und insofern gestaltbar zu gelten hat, ob also beispielsweise der vorgeschlagene Fahrstuhl in den Weltraum nüchtern in den Bereich des durchaus Möglichen fällt oder als visionäre Spinnerei abgeschrieben werden sollte. Im Gegensatz beispielsweise zum offenkundig utopischen Nutznebel, der unsere Gedanken liest und unsere Wünsche materialisiert (Storrs u. Halls 2000), ist es natürlich sehr viel einfacher, sich ein aus neuartigen Fasern besonders zugfest gewundenes Kabel vorzustellen, das irgendwo am Äquator verankert und dann an einem Satelliten festgebunden wird, um Raumfahrern zu ermöglichen, per Fahrstuhl schnell, sicher und vor allem sparsam zum Satelliten hinaufzugelangen. Aber bedeutet diese relativ einfachere Vorstellbarkeit auch schon, dass wir uns im Bereich des Machbaren befinden?

In den folgenden Bemerkungen möchte ich dem Ehrgeiz auf Weltgestaltung zwischen Wunsch und Wirklichkeit, Welt und Technik, Vision und Machbarkeit hinterherhorchen und vor allem fragen, wo er den Menschen als erkennendes und verantwortlich handelndes Subjekt verortet. Mein Reiseführer ist ein einziges Dokument, das gewissermaßen die Geburtsstunde der nationalen Nanotechnologie-Initiative der USA markiert und damit den Beginn der staatlichen Förderung in einem Umfang, wie sie sonst höchstens der Rüstung, der Raumfahrt oder dem Krieg gegen den Krebs zukommt. Laut seines Siegels kommt das Dokument direkt vom Schreibtisch des seinerzeitigen US-Präsidenten Clinton, der dem von ihm gegründeten Nationalen Wissenschafts- und Technikrat vorsaß. Diesem Rat wurde von einer Arbeitsgruppe zugearbeitet, die sich speziell der Nanowissenschaft und -technologie widmete. Als der Wissenschafts- und Technikrat im September 1999 seinen Bericht veröffentlicht, fällt jedoch die „Nanowissenschaft“ weitgehend weg und übrig bleibt „Nanotechnology: Shaping the World Atom by Atom“.[1]

Der Bericht ist für die Öffentlichkeit gedacht; daher legitimiert diese Broschüre nicht nur das große „Investitionspaket, das vielfältige nationale Zielsetzungen erfüllen“ soll (aus dem Deckblatt vor der ersten Seite zitiert), sondern legt auch fest, was wir uns überhaupt unter Nanoforschung vorzustellen haben. Und schon das Titelblatt regt die Vorstellungskraft auf vielfältige, scheinbar widersprüchliche Weise an.

Wer meint, Nanotechnik habe mit ganz kleinen Dingen zu tun, wird sofort eines Besseren belehrt. Wir schauen in den Weltraum mit Erde, Mond, Komet und Sternenmeer hinein. Die zu gestaltende Welt ist also keinesfalls nur unsere apparative Lebenswelt, sondern die Welt schlechthin, die Natur als Ganzes. Die vor uns liegende Oberfläche ist kein Boden, auf dem der Betrachter steht, sondern schiebt sich wie der frei schwebende Monolith aus Stanley Kubricks Film *2001 - Eine Odyssee im Weltraum* in das Geschehen hinein, markiert somit, dass sich der Leser in eine zwar nüchtern durchdachte, dennoch fiktive Zukunftswelt begibt. Anders als Kubricks stahlglatter Monolith legt die Oberfläche dieses Materials nahe, das Verhältnis des weiten Weltraums zur Feinstruktur des einzelnen Objekts zu reflektieren. Wir finden uns hier ganz klassisch mit dem Mikro- und dem Makrokosmos konfrontiert. Damit stellen sich aber auch eine Frage und ein Problem. In der klassischen Kosmologie stand der Mensch als Vermittler zwischen Makro- und Mikrokosmos. Der Mensch aber kommt auf diesem Bild zunächst einmal gar nicht vor.

Unfreiwillig antizipiert dieses Titelblatt also nicht die Utopie einer besseren Welt des „globalen Überflusses“ und der Erfüllbarkeit aller Wünsche, sondern ganz im Gegenteil die von Bill Joy beschworene Zukunft, die den Menschen nicht mehr braucht, weil die von Menschen geschaffenen technischen Prozesse – beispielsweise Nanoroboter – menschliche Verantwortung und somit auch die menschliche Existenz überflüssig machen (Joy 2000). Das kosmologische Problem, wie wir uns vermittelnd zwischen dem großen Äußeren und dem kleinen Inneren behaupten sollen, verbindet sich hier also ganz unmittelbar mit den speziellen Ängsten bezüglich der Nanoforschung, wie wir uns nämlich mit technischen Prozessen anfreunden sollen, die zwar menschlich initiiert werden, sich der Aufsicht und Handhabung womöglich aber entziehen und unterhalb unserer Wahrnehmungsschwelle in uns und um uns herum tätig sind.

Kaum haben wir sie benannt, begegnen wir diesen Problemen und Ängsten schon. Implizit entwickelt auch die Nanoforschung kosmologische Vorschläge, die dem Menschen einen bestimmten Ort zuweisen. Diese Zuweisungen sind zunächst begrifflicher Art und wir sollten sie als eine begriffliche Technik verstehen, über die wir uns in ein zumindest scheinbar verantwortliches Verhältnis zu Nanoprozessen versetzen. Die Durchsetzung von Nanotechnologien wird weitgehend

---

[1] Der NSTC-Bericht „Nanotechnology: Shaping the World Atom by Atom“ findet sich im Internet unter <http://itri.loyola/edu/nanno/IWGN.Public.Brochure/. Die Formulierung des Titels ist freilich durch frühere Veröffentlichungen vorgeprägt, siehe Ed Regis 1995 oder Baeyer 1992.

davon abhängen, ob diese bloß begriffliche Technik allein schon zu beruhigen vermag und, wenn nicht, ob ihr die entsprechenden sozialen und apparativen Techniken folgen werden.

Dies sei an einem bekannten Beispiel erläutert. Unsere Ängste gegenüber genetisch modifizierten Organismen haben sehr viel damit zu tun, dass sich diese Organismen womöglich unterhalb unserer Wahrnehmungsschwelle überallhin fortpflanzen und wir sie unerkannt in unseren Körper aufnehmen, wo sie sich dann wiederum uns unbewusst weiter ausbreiten. Dieser Angst wird zunächst mit begrifflichen Techniken begegnet. Zu diesen gehört einerseits die auch für die Nanoforschung gültige und keineswegs von der Hand zu weisende Vorstellung, dass die Kenntnis der Natur uns erlaubt, sie technisch zu überbieten und zur Lösung gesellschaftlicher Probleme wie Krankheit und Hungersnot zu verbessern. Ob wir eine Brille benützen, um unsere Sicht zu korrigieren, oder bestimmte Pflanzen genetisch resistenter machen, läuft hiernach aufs Gleiche hinaus. Diese Vorstellung vermag viele nicht mehr zu beruhigen oder zu überzeugen. Auch der Hinweis auf die wissenschaftliche Erkenntnis, dass unser Erbgut unmöglich durch das verändert wird, was wir essend oder atmend aufnehmen, hat an Glaubwürdigkeit verloren. Wo solche begrifflichen Techniken nicht mehr ausreichen, etabliert sich stattdessen oder zusätzlich beispielsweise die politische oder soziale Technik der Auszeichnung von Produkten. Wer der Wissenschaft nicht glauben will, muss nun bürokratischen Aufsichtsverfahren vertrauen. Was uns dabei ganz und gar fehlt, ist aber eine apparative Technik der Beobachtung und Kontrolle, etwa ein automatisiertes Wahrnehmungssystem, das uns die Gegenwart gentechnisch manipulierter Organismen signalisiert, oder gar eine Art Filter, der bestimmte Organismen entsprechend aussondert. Selbst wenn es solche Techniken gäbe, gälte immer noch, dass ich allein mit meinen fünf Sinnen und einer kritischen Intelligenz den in und um mich herum stattfindenden, menschlich induzierten technischen Vorgang nicht bemerken, bewerten, ausschalten oder veröffentlichen könnte. Dass diese Defektionstechniken aber fehlen und vielleicht grundsätzlich unmöglich sind, wird auch bei vielen nanotechnologischen Anwendungen, etwa im Bereich der diagnostischen Medizin zum Tragen kommen.

Für die noch in den Anfängen steckende Nanotechnologie ist nun selbst die begriffliche Verortung des Menschen in der neu zu gestaltenden Welt ein offenes Problem oder permanente Herausforderung. Klar ist nur, dass die Abwesenheit des Menschen nicht sein darf, nicht sein kann, insbesondere da es sich ja bei unserer Broschüre nicht wie bei Joy um eine Warnung vor der Nanotechnologie handeln soll, sondern um Werbung dafür. Sehen wir also, wie sich der Mensch in diese programmatische Schrift und auch in dieses Titelbild einführt.

Die in der Broschüre enthaltene Erläuterung des Titelbilds bietet gleich mehrere Anhaltspunkte. Da heißt es: „This combination of a scanning tunnelling microscope image of a silicon crystal's atomic surfacescape with cosmic imagery evokes the vastness of nanoscience's potential“ (aus dem Deckblatt vor der ersten Seite zitiert).

Vor uns haben wir also die atomare Oberflächenlandschaft eines Siliziumkristalls. Silizium ist bekanntlich die Grundlage unserer gegenwärtigen Computertechnologie, es symbolisiert somit die bisher angeblich höchste Stufe menschlicher Technik, die sich im Mikrometerbereich von tausendstel Millimetern ansiedelt. Diese Darstellung der Oberflächenstruktur des Kristalls wurde aber erst durch eben die Innovation des Mikroskopierens ermöglicht, die den Nanometerbereich nach allgemeinem Dafürhalten technisch erschloss, somit die Nanoforschung begründete und uns also schon über den Mikrometerbereich hinaus in die Größenordnung von millionstel Millimetern führt. Diese Darstellung des Siliziumskristalls führt den Menschen als Techniker ein, der durch seine Artefakte repräsentiert wird und sich schon auf einer Reise in die technologische Zukunft, im Übergang von Mikrotechnik zur Nanotechnik befindet. Hierbei ist das erste Artefakt das dargestellte Silizium und das zweite Artefakt die bildliche Erschließung seiner Oberflächenlandschaft, in der wir uns nun imaginativ verlaufen können. Dieser Übergang wird im Text der Broschüre auch ausdrücklich benannt: „Es wird erwartet, dass die gesellschaftliche Gesamtbedeutung der Nanotechnik wesentlich größer sein wird als die des auf Siliziumgrundlage integrierten Schaltkreises, weil sie in viel mehr Gebieten Anwendung finden wird als nur in der Elektronik".[2]

Dieser imaginative Übergang von der alten zur neuen Technik legt nun nahe, dass die Darstellung der in den Weltraum hineinführenden Oberflächenlandschaft unserer Einbildungskraft ein unendliches Spielfeld bieten soll und dass der menschenleere Raum nur noch den imaginativen Eintritt des Menschen fordert. In der Bilderläuterung hieß es, dass die Verbindung der Oberflächenlandschaft mit kosmischer Bildhaftigkeit das unermessliche Potenzial der Nanowissenschaft hervorrufen soll und auf der Rückseite der Broschüre wird noch einmal verdeutlicht, dass die kosmische Kulisse unsere Veränderungen und Erfindungen erwartet: Die von den Nanowissenschaften neu gewonnene Kontrolle über die Grundbestandteile alles Physischen, heißt es dort, „werde wahrscheinlich verändern, wie fast alles entworfen und hergestellt wird – von Impfstoffen über Computer und Autoreifen bis hin zu noch nicht imaginierten Gegenständen".

Ob durch technische Artefakte, ob durch seine neu erworbenen Darstellungstechnik, ob durch die eingeladene Einbildungskraft vertreten, in jedem dieser Fälle wäre der Mensch nur mittels seiner Objektivierungsleistung gegenwärtig, als Techniker also, dem die vom Großen zum Kleinen weit aufgespannte Natur als veränderbarer, auffüllbarer Spielraum dient. Er schaut in diesen Raum hinaus, projiziert Objekte und Ideen hinein, und so ist es vielleicht ganz und gar nicht zufällig, dass Wissenschaftler sich als allererstes in den Nanobereich einschreiben, sobald sie eine gewisse Kontrolle über die Anordnung von Atomen erlangt haben. Die kleine Broschüre enthält gleich zwei Beispiele davon – und seither gibt es viele weitere –, wie mit Atomen der Name einer Firma oder Instituts oder das Wort „Atom" buchstabiert wird, etwa so wie mancher seinen Namen in eine Baumrinde ritzt, um sich seine Gegenwart zu beweisen (NTSC-Bericht, Seite 4 u.6).

[2] Die Autoren der Broschüre zitieren sich hier, auf Seite 8 des Berichts, selbst, nämlich die Interagency Working Group on Nanoscience, Engineering and Technology.

Bei alledem begibt sich der Mensch aber nicht selbst in den Zwischenraum von Sternenhimmel und atomarer Oberflächenlandschaft. Er ist nicht etwa das Maß aller Dinge, über das sich Großes und Kleines proportioniert. Das menschliches Maß ist nurmehr eine Station im kontinuierlichen Durchgang vom Großen zum Kleinen und umgekehrt. Wir sehen das in der Broschüre bei der Verbildlichung „der unglaublichen Kleinheit von Nano“ (NTSC-Bericht, S 3), aber auch in einer rein numerischen Darstellung der Hierarchie der Größenverhältnisse, in der der Mensch die Nummer Eins ist (Crandall 2000, S 3). Besonders deutlich wird dies in dem auch in der Nanoforschung immer wieder herbeizitierten Buch *Zehn*^{*Hoch*} von Philip und Phylis Morrison. Hier fährt der Blick auf das menschliche Normalmaß des einfachen Meters, 10^0, zu, nur um erbarmungslos weiterzufahren, in den Menschen einzudringen und bei 10^{-9} Metern, also im Nanobereich auf eine Gruppe von Atomen zu stoßen, die die Bausteine unserer „genetischen Botschaft“ sind. Weiter heißt es da: „Hier wird in der Mitte ein Kohlenstoffatom sichtbar, das sich mit vier Wasserstoffatomen verbunden hat [...]. Ähnliche Verbindungen zwischen Kohlenstoff und Wasserstoff gibt es auch im Gas zwischen den Sternen“ (Morrison u. Morrison 1984).

Mit dieser fast beiläufigen Bemerkung eröffnet sich eine weitere Methode, dem jeglicher Sonder- oder Zentralstellung beraubten, unvermittelten und ortlosen Menschen doch noch einen, wenn auch räumlich distribuierten Standpunkt zuzuweisen. Die Strategie von *Zehn*^{*Hoch*} besteht ja gerade darin, zwar nicht beim Menschen stehen zu bleiben, aber eine Korrespondenz des ganz Kleinen und ganz Großen aufzuzeigen. Ob wir weit hinaus- oder tief hineinschauen, den Weltall oder die molekulare Architektur der DNS betrachten, wir entdecken immer wieder die gleichen Strukturen. Und darum heißt es auch – ich zitiere die National Science Foundation – dass die Nanowissenschaft „vermutlich unser Verständnis des Universums verbessern wird, von lebenden Systemen bis hin zur Astronomie“ (NSF 2001; Roco et al. 1999, S 10f). Die Verbindung von atomarer Oberflächenlandschaft mit kosmischem Ausblick suggeriert also auch eine strukturelle Einheit oder Durchgängigkeit, der zufolge makroskopische Phänomene nicht etwa auf Elementarteilchen reduziert werden, sondern wo Phänomene aller Größenordnungen auf Strukturen reduziert werden, die auch in allen Größenordnungen vorkommen, uns somit schon aus der lebensweltlichen Erfahrung bekannt sind. Diese Strukturen werden gern als autokatalytische, komplexe Systeme bezeichnet und insofern sich Nanotechnologien die Selbstorganisation der Natur zunutze machen, wird sich die Nanowissenschaft vielleicht gerade dadurch auszeichnen, dass sie die Dynamik komplexer Systeme universalisierend erforscht (Nordmann 2002). In der Formulierung des Komplexitätstheoretikers Stuart Kauffman bewirkt die Erkenntnis, dass die Selbstorganisation eines Moleküls der gleichen Dynamik folgt wie beispielsweise die Produktentwicklung in der freien Marktwirtschaft, dass wir uns im Universum also wieder zuhause fühlen dürfen (Kauffman 1995). Wir haben zwar keinen besonderen Ort, aber alles kommt uns irgendwie bekannt vor und es gibt keinen kategorialen Unterschied zwischen dem, was wir machen, und dem, was die Natur macht.

Die Broschüre beginnt: „Falls Sie einen Menschen in seine einfachsten Bestandteile zerlegen wollten, würden Sie kleine Behälter von Sauerstoff, Wasserstoff und Stickstoff erhalten. Es gäbe ein paar lächerliche Häufchen Kohlenstoff, Kalzium und Salz. Sie würden auf ein paar Prisen Schwefel, Phosphor, Eisen und Magnesium schielen und auf winzige Spuren von etwa 20 weiteren chemischen Elementen. Gesamtwert im Handel: nicht viel. Mit ihrer eigenen Version dessen, was Wissenschaftler Nanotechnik nennen, verwandelt die Natur diese billigen, im Überfluss vorhandenen und leblosen Zutaten in sich selbst hervorbringende, selbst fortpflanzende, selbst reparierende, selbstbewusste Kreaturen, die gehen, schlängeln, schwimmen, schnüffeln, sehen, denken und sogar träumen. Gesamtwert: unermesslich". Die Natur wird hier als Ingenieur betrachtet, der ein paar Zutaten in einen Zustand versetzt, in dem sie sich nanotechnisch selbst organisieren und somit ein höheres Komplexitätsniveau erreichen. Das Thema wird ein paar Seiten später noch einmal aufgenommen: „Selbst ein frühes Beispiel der Nanotechnik wie die chemische Katalyse ist wirklich ganz jung im Vergleich zur Nanotechnik der Natur selbst, die vor vielen Milliarden Jahren entstanden ist, als Moleküle begannen, sich in komplexen Strukturen zu organisieren, die Leben ermöglichten" (NCST-Bericht, S 3).

Technikgestaltung und Weltgestaltung fallen somit ineinander, denn unsere Technik führt nur fort, wie die Technikerin Natur ein technisches Objekt namens Mensch oder Welt gestaltet hat. In dem Motto „shaping the world atom by atom" gibt es also keine vorgefundene, bereits gestaltete Welt, die wissenschaftlich beobachtet und dargestellt, erkannt und verstanden werden muss, sondern es gibt nur die ein Atom nach dem anderen technisch gestaltete Welt, wobei es gar keinen Unterschied macht, ob es die Natur ist, die hier technisch tätig wird, oder ob wir diese als gestaltbares Artefakt gedachte Welt nach unseren Vorstellungen aufrüsten, überbieten und verbessern.[3]

Die Natur wird somit dem homo faber angeglichen, der sich nun im Universum wieder zuhause fühlen darf, weil die Welt ihm Spielzeug und Rüstkammer ist, so dass er sich in der unendlichen Weite ihres imaginierten Potenzials objektivieren darf. Und ein Mensch ist es insbesondere, der diesen grenzenlos verspielten homo faber repräsentiert. Er heißt Eric Drexler und kommt in unserer Broschüre nur namenlos vor. „Seit vielen Jahren", heißt es da, „haben sich Futuristen, die in science fiction vertieft sind und in Jahrzehnte vorgreifenden Zeiträumen denken, eine fantastische Zukunft ausgedacht, die mit Nanotechnologien aufgebaut ist. In jüngerer Zeit haben sich vorsichtigere, etablierte Wissenschaftler, die die Instrumente einer nanotechnischen Zukunft entwickeln, ihre eigenen Prognosen entwickelt, die auf ihrem eigenen Erkenntnis- und Erfahrungszuwachs basieren" (NCST-Bericht, S 2). Die Broschüre verschweigt uns jedoch, wie die vorsichtigeren, etablierten Wissenschaftler die Rede von der Gestaltung der Welt ein Atom

[3] Insofern verschwindet auch der Unterschied zwischen der „Überbietung der Natur" und dem „Lernen von der Natur". Solange die Natur auch nur ein Ingenieur ist, nehmen wir uns ihr gegenüber schließlich nichts heraus, wenn wir sie nach ihren eigenen Grundsätzen gründlich überholen, bzw. neu erschaffen wollen, („remaking" oder „shaping the world"). Vergleiche hierzu Schmidt 2002.

nach dem anderen einschätzen. In der Regel halten sie dies nicht für eine adäquate Charakterisierung des Machbaren. Zwar sei es möglich, sich spezifische Eigenschaften molekularer Architekturen technisch zunutze zu machen, aber die Manipulation einzelner Atome, die Zusammensetzung jedweden Gegenstands aus atomaren Zutaten, all dies wird weiterhin nur fantastischen Futuristen wie dem weniger vorsichtigen, wissenschaftlich weniger etablierten Eric Drexler zugeschrieben.

Und so bin ich bei meiner ausführlichen Bildbetrachtung bei einem letzten aufschlussreichen Widerspruch angelangt. Es geht den Autoren dieser Broschüre keineswegs darum, Drexlers überzogene Versprechungen salonfähig zu machen, stattdessen soll es um eine kluge Investitionspolitik des amerikanischen Staatshaushalts gehen. Begründet jedoch werden diese durchaus vorsichtigen Empfehlungen[4] in einer von Drexler geborgten, naturüberheblichen Sprache. Als ob es nicht reichte, für apparative und materiale Neuentwicklungen zu werben, wird hier der Wunsch auf eine Neuschöpfung der Welt geweckt. Über den Grund dieser Diskrepanz ließe sich weiter spekulieren, die These dieses Beitrages war, dass der Mensch sich mit Hilfe dieser Wunschvorstellung in ein freundliches Verhältnis zu den zukünftigen Techniken der nur scheinbar ganz kleinen, seiner Wahrnehmung und Kontrolle entzogenen Dinge versetzen möge.[5]

Bevor es derartige Techniken überhaupt gibt, entwickelt diese Broschüre also eine begriffliche Technik oder ideologischen Funktionszusammenhang, innerhalb dessen die versprochenen Neuerungen zunächst finanziert und später womöglich akzeptiert werden können. Beunruhigend ist hieran zweierlei. Derartige Techniken der Akzeptanzbildung greifen erstens den später fälligen Rechtfertigungen voraus und übernehmen schon einmal deren Funktion, nicht jedoch in der Form überzeugender Argumente, sondern durch einen euphorischen Ausblick in die unausweichlich schöne neue Welt, an die wir uns schon einmal gewöhnen sollen.[6] Zwei-

4 Der NCST-Bericht läuft auf Seite 8 schließlich relativ konventionell auf bessere Computer, diagnostische und therapeutische Anwendungen (zum Beispiel bei der dosierten Verabreichung von Medikamenten), umweltfreundlichere Produktionsmethoden, leichtere und härtere Materialien hinaus.

5 Im Gegensatz zu Drexler wird Richard Feynman als intellektueller Vorreiter der Nanoforschung anerkannt. Auch in seinem vielzitierten Vortrag „Plenty of Room at the Bottom“ aus dem Jahr 1959 heißt es bereits: „The principles of physics, as far as I can see, do not speak against the possibility of maneuvering things atom by atom. It is not an attempt to violate any laws; it is something, in principle, that can be done; but in practice, it has not been done because we are too big“. Die oft gegen Drexler gerichteten, praktischen und theoretischen „Unmöglichkeitsbeweise“ (wie Richard Smalleys „sticky fingers“ Argument) stellen somit die grundsätzliche Frage nach der Verortung von Nanoforschung zwischen physikalischer Ingenieurswissenschaft und chemischen Syntheseverfahren. Die Diskrepanz zwischen dem weitreichenden Titel „Shaping the World Atom by Atom“ und dem vergleichsweise vorsichtigeren Inhalt der Broschüre hätte somit den weiteren Grund, dass diese grundsätzliche Frage zunächst unentschieden bleiben soll.

6 Es ist beispielsweise bezeichnend, dass den Autoren der Broschüre die Fantasie ausgeht, wenn sie sich mit der Nanotechnologie möglicherweise verbundene Probleme vorstellen

tens ist zwar nicht anzunehmen, dass Wissenschaftler und Ingenieure naiv-enthusiastisch an die in dieser Broschüre gefeierte technische Überbietung der Natur glauben. Dennoch wird diese Vision die Ausrichtung der Forschung definieren.

Meine vorsichtige Annäherung an das in Entwicklung begriffene Weltbild der Nanoforschung ist daher noch keine Ideologiekritik, bereitet allenfalls die Kritik an einem rhetorischen und heuristischen Leitbild vor, von dem wir noch nicht wissen können, ob es ideologisch wirksam wird. Molekularbiologen und Genetiker glauben in der Regel nicht an den genetischen Determinismus, und doch orientiert dieser Determinismus die Förderung, somit auch die Inhalte und die öffentliche Wahrnehmung genetischer Forschung. Es bleibt abzuwarten und zu befürchten, dass die technische Überbietung der Natur auch auf dem Banner der Nanoforschung stehen wird.[7]

Literatur

Baeyer HC von (1992) Taming the Atom. Random House, New York

Crandall BC (2000) Molecular Engineering. In: Crandall BC (Hrsg) Nanotechnology: Molecular Speculations on Global Abundance. MIT Press, Cambridge

Joy B (2000) Why the Future Doesn't Need Us, Wired

Kauffman S (1995) At Home in the Universe. The Search of the Laws of Self-Organization and Complexity. Oxford University Press, New York

Morrison P, Morrison P (1984) ZehnHoch. Zweitausendeins, Frankfurt am Main

New York Times (1991) Atom by Atom. Scientists Build "Invisible" Machines of the Future. New York Times, 26. November 1991

Nordmann A (2002) Nanoscale Research: Application Dominated, Finalized, or „Techno" -Science? Vortrag bei der Europäischen Akademie, 14.9.2002, im Entwurf zu finden unter <www.cla.sc.edu/specs/AN1.html>.

NSF (2001) National Science Foundation. Nanoscale Science and Engineering- Program Solicitation for FY 2002. Washington. Darin die Programmbeschreibung: Societal and Ethical Implications of Scientific and Technological Advances on the Nanoscale.

NSTC (1999) National Science and Technology Council. Nanotechnology. Shaping the World Atom by Atom, abrufbar unter: <http://itri.loyola.edu/nano/IWGN.Public.Brochure>

sollen. Wenn wir dank diverser Nanotechnologien länger leben werden, heißt es da, verschärft sich das Weltbevölkerungsproblem. Und wenn unsere Computer wesentlich besser werden, sind auch Sicherheitsschlüssel leichter zu entschlüsseln, siehe S 8 des NSCT-Berichts.

[7] Eine Alternative für die Nanoforschung hierzu wäre, sich das Lernen von der Natur auf das Banner zu schreiben (wie es beispielsweise in der Bionik geschieht). Ein Vergleich zwischen Genetik, Nanotechnik, Bionik könnte erforschen, ob dies nur ein semantisches Manöver wäre oder die technische Entwicklung konkret beeinflusst. (Ich danke Mathias Gutmann für den Vorschlag einer solchen vergleichenden Studie, siehe hierzu aber auch Anmerkung 3).

Regis E (1995) Nano – the Emerging Science of Nanotechnology. Remaking the World – Molecule by Molecul. Little, Brown, Boston

Roco MC, Williams RS, Alivisatos P (Hrsg) (1999) Nanotechnology Research Directions. IWGN Workshop Report – Vision for Nanotechnology R&D in the Next Decade. Kluwer, Dordrecht

Schmidt JC (2002) Wissenschaftsphilosophische Perspektiven der Bionik. Thema Forschung – Technische Universität Darmstadt, Heft 2; S 14-19

Storrs Halls J (2000) Utility Fog. The Stuff That Dreams Are Made Of. In: B.C. Crandall (Hrsg) Nanotechnology. Molecular Speculations on Global Abundance, S 161-184. MIT Press, Cambridge

IV. Technikgestaltung für nachhaltige Entwicklung

Wollen und Können sind unverzichtbare Bestandteile der Technikgestaltung

Hauke Fürstenwerth

1 Prolog

Die öffentliche Rede über Technik erstickt in Abstraktion. Geredet und geschrieben wird von „*der* Technik“, „*dem* Menschen“, „*der* Wissenschaft“, „*der* Natur“, „*der* Kultur“, „*der* Gesellschaft“, „*der* Wirtschaft“ oder „*der* Politik“. Auf einer solch elitär abstrakten Ebene kann sich ein jeder problemlos seine Manege gestalten und darin seine intellektuellen Kunststücke vorführen. Gleich ob Rationalitätsfanatiker, Kulturalismusmissionar, Diskursfetischist, Institutionenanhänger, Sinnrationalisierer oder einfach auch nur Moralapostel oder Weltverbesserer, jeder kritische Denker kann mit dem Anspruch auf zeitlos gültige Gesetzmäßigkeit ihm wichtig erscheinende Probleme der Technik und deren Gestaltung in der ihm jeweils genehmen Rationalität so ausformulieren, dass ein in sich schlüssiges, bedeutungsschwangeres Gedankengebäude entsteht. Technik und deren Gestaltung werden in der selbst gestalteten Manege von den interpretierenden Artisten zumeist als direktes Ergebnis wissenschaftlicher Tätigkeiten und damit in der unmittelbaren Verantwortung von Wissenschaftlern liegend dargestellt und zudem bewusst oder unbewusst bevorzugt in den normativen Kategorien „Sollen“ und „Dürfen“ vorgetragen. Aus der Chaos-Forschung ist bekannt, dass alles mit allem verknüpft ist, also wird in dieser Manege intellektueller Eitelkeiten auch alles mit allem in Relation gesetzt. Das zeugt von kompetentem Problembewusstsein – erzeugt aber leider nur Ratlosigkeit. In immer wiederkehrenden Vorführungen wie Konferenzen, Vorträgen und Publikationen zu „Technik“ werden „*Virtuelle Realitäten*“ erstellt. Diese haben mit einer lebensweltlichen Erfahrung der Realität von Technik und deren Gestaltung nur entfernt zu tun. Der Kaiser „Technik“ wird in immer neue virtuelle Gewänder gekleidet. Aus der Perspektive der praktischen Lebenswelt jedoch bleibt er nackt.

In der öffentlichen Rede über Technik wird „Technik“ gerne als Vehikel missbraucht, um beliebige Themen zu problematisieren. Das gesamte Spektrum von aktueller Politik, Moral und Ethik über Menschenbild, Entscheidungsstrukturen in Staat und Gesellschaft bis hin zur Verteilungsgerechtigkeit zwischen sozialen Klassen, Nationen und Generationen wird unter dem Stichwort „Technik“ abgehandelt. Opportunistischer Zeitgeist, ideologisches und missionarisches Sendungsbewusstsein sind in vielerlei Gestalt ebenso wie Betroffenheit signalisierender Weltschmerz ständige Gäste in dieser Manege. Gastauftritte von Interessensvertretern aus Parteien, Wirtschaftsverbänden und Gewerkschaften bieten wenig Abwechslung. In der Abstraktions-Manege werden Partikularinteressen auf hohem intellektuellem Niveau mit ideologischen Nebelschwaden aus Moral und Ethik veredelt.

Die „Virtuellen Realitäten“ im intellektuellen Zirkuszelt sind beängstigend anonym, es handeln dort keine realen Personen. Anonyme Kräfte sind für Außenstehende offenbar aber auch in der realen Gestaltung von Technik am Werk. Ein Umstand, der den Virtuellen Realitäten der kritischen Intellektuellen formale Glaubwürdigkeit verleiht. In der Anonymität der realen Gestaltungsprozesse von Technik sind für Außenstehende oft keine verantwortlichen Individuen mehr zu erkennen. So nimmt es nicht wunder, dass zuweilen der Eindruck entsteht, einzelne Menschen hätten keinen Einfluss mehr auf die wissenschaftlich-technische Entwicklung.[1] Wissenschaft erfindet die Zukunft, die Gesellschaft kann darauf nur hilflos reagieren. Das Individuum wird nicht länger als Subjekt sondern fast schon als Objekt dieser Entwicklung betrachtet. Die durch die Wissenschaft aufgedeckte enorme Komplexität natürlicher Systeme und die durch industrielle Umsetzung von wissenschaftlichen Erkenntnissen geschaffene Komplexität technischer Systeme entziehen sich der individuellen Erfahrungsmöglichkeit. Viele Menschen sind sich heute der daraus entstehenden Abhängigkeiten bewusst. Abhängigkeiten mit begrenzten Möglichkeiten der individuellen Beeinflussung erfordern *Vertrauen* in die entsprechenden Entscheidungssysteme. Abhängigkeiten werden nur auf der Basis von Vertrauen akzeptiert.

Es fehlt an Transparenz. Niemand möchte in einer Welt leben, die sich seinem Verstehen entzieht, die er nicht begreifen und damit auch nicht wirksam kontrollieren kann. Wenn wir die Entwicklung von Technik begreifbar machen wollen, müssen wir sie nachvollziehbar gestalten. Wir müssen eine Transparenz schaffen, in der Sachverhalte klar, Absichten durchsichtig und Zielvorstellungen nachvollziehbar werden. Die Realität der Technikdiskussion wird diesem Anspruch nicht gerecht. Gestritten wird auf einer abstrakten Ebene, auf der ein diffuser Technikbegriff immer wieder als Vehikel für mehr oder minder offene ideologische Auseinandersetzungen eingesetzt wird.

Deshalb plädiere ich mit Nachdruck dafür: wer Technikgestaltung reflektiert, sollte sich von der beobachtbaren Praxis der Technikentwicklung leiten lassen, und nicht ideologische Wunschvorstellungen, philosophische Modelle oder soziologische Konzepte und Begründungen für Naturwissenschaft und Technik zum Ausgangspunkt seiner Kritik machen.

2 Technikgestaltung

Was also ist Technik und wie wird sie von wem gestaltet? Vorab der klärende Hinweis, dass naturwissenschaftliche Erkenntnisse nicht gleichzusetzen sind mit Technik. Aus den Ergebnissen der Wissenschaft ergibt sich in keiner Weise eine determinierende Handlungsanleitung zur praktischen Umsetzung dieser Ergebnis-

[1] Zu dieser These des „technologischen Determinismus“ vgl. Armin Grunwald in diesem Band (Anm. d. Hg.).

se. Diese Umsetzung ist ein sozialer und politischer Prozess, der durch das Wollen und Können von handelnden Menschen geprägt wird, nicht aber durch Phänomene und Gesetzmäßigkeiten, mit denen sich die Wissenschaft beschäftigt. Aus einer Beobachtung der Natur lassen sich keine moralischen Kriterien ableiten, die für die Entwicklung von Technik unverzichtbar sind.

Wissenschaftsdisziplinen sind weder handelnde Subjekte noch handelnde Institutionen im Rahmen der praktischen Umsetzung ihrer Ergebnisse. Sie sind lediglich ein Satz von Verfahrens- und Handlungsregeln, auf die Wissenschaftler sich geeinigt haben, die sich mit den Objekten der jeweiligen Disziplin beschäftigen. In allen Naturwissenschaften besteht der Wissenszuwachs nicht nur in der monotonen Anhäufung von Messwerten. Es werden Beschreibungen und Interpretationen von Phänomenen, Objekten und Verfahren angehäuft, die als neue Mosaiksteine zu einem sich dadurch erweiternden Bild hinzugefügt werden. Dieses Bild liefert im Sinne eines Vexierbildes jedem Betrachter unter seinem speziellen Betrachtungsaspekt neue Darstellungen, welche er unter Angabe seiner Betrachtungsspezifikationen anderen zugänglich machen kann. Die darin entdeckten wirtschaftlichen Optionen und Potentiale praktischer Anwendungen werden durch Unternehmer und Konsumenten, nicht aber durch Wissenschaftler erschlossen. Was in keiner Weise ausschließt, dass Wissenschaftler als Unternehmer tätig werden.

Technik ist auch kein handelndes Subjekt. Technik entwickelt sich nicht von allein, Technik wird von handelnden Menschen immer *aktiv* gestaltet. Gestaltung von Technik ist kein Prozess, der sich nach eigenen Gesetzmäßigkeiten zwangsläufig vollzieht. Technik ist nach meinem Verständnis kein abstraktes Gedankengut, sondern ein von Menschen gestaltetes Hilfsmittel zur Lösung von Problemen oder zur Erreichung gewünschter Ziele. Technik ist damit ein von uns Menschen gestaltetes Kulturgut. Gestaltung und Anwendung dieses Kulturgutes sind kein elitärer Selbstzweck, der ausschließlich nach wissenschafts-, wirtschafts- oder gar technikinhärenten Mechanismen erfolgt. Diese Gestaltung wird auf der Grundlage freier Entscheidungen zielgerichtet unter klar definierten Prämissen und Bewertungsmaßstäben durchgeführt. Die Gestaltung dieser Hilfsmittel unterliegt dabei den Wertepräferenzen und soziokulturellen Strukturen, unter denen die Entwickler und Anwender ihre zu lösenden Probleme und ihre wünschenswerte Ziele definieren.

Die Anwendung und Verwertung von Technik erfolgt immer in einem soziokulturellen Kontext, welcher die Verwendung von Technik prägt und regelt. In der VDI-Richtlinie 3780 zur Technikbewertung wird zur Systemeinbettung von Technik ausgeführt: „Technische Geräte und Verfahren stehen in mannigfachen Zusammenhängen mit anderen technischen Gegebenheiten, mit der menschlichen Umwelt, mit einzelnen Menschen, sozialen Gruppen und der Gesellschaft insgesamt.“ Diese strukturelle Ausgestaltung von Technik möchte ich in Abgrenzung zu technischen Artefakten („Technik“) als „Technologie“ bezeichnen und mich damit auf den Umstand beziehen, dass „Technologie“ aus zwei Wortstämmen hervorgeht, tecné und logos. „Technologie“ ist eine sozio-ökonomische Konstruktion, ein soziales System. „Technik“ ist lediglich die „Hardware“ in diesem System. Damit diese Hardware benutzt werden kann muss eine soziokulturelle „Software“ entwickelt werden, eine gesellschaftspolitische Einbettung der Technik erfolgen. Solange wir Technologien nur anhand ihrer jeweiligen Hardware, der Technik, definieren, bleiben wir zu bloßem Reagieren verurteilt. Wenn wir Technologien jedoch als soziale Systeme begreifen, können wir uns die Fähigkeit verschaffen, Technologien zu gestalten und zu beherrschen.

Anwendung und Entwicklung von Technik und Technologien sind elementarer Bestandteil menschlicher Kultur. Sie sind integriert in die Fortentwicklung der sozioökonomischen Systeme, in denen Menschen leben. Die Entwicklung dieser Systeme ist ergebnisoffen, nicht deterministisch planbar und unterliegt ebenfalls keinen zeitlos gültigen Naturgesetzen. Technologien werden gestaltet durch Menschen. Menschen sind komplexe, in sich widersprüchliche Existenzen. Sie sind nicht wie von den Philosophen der Aufklärung postuliert, interesselos, nur der Vernunft und ihrem Gewissen verpflichtet. Sie sind nicht die von den Wirtschaftswissenschaftlern postulierten Wesen, die ständig danach trachten, den wirtschaftlichen Nutzen ihres Handelns vermittels rationaler Entscheidungen auf Basis allumfassenden Wissens zu maximieren. Es sind Wesen, die jeden Tag ihr ökonomisches Eigeninteresse ebenso wie ihre Vernunft irgendeinem anderen Motiv unterwerfen, sei es ihren Gefühlen, ihrer Spielleidenschaft, ihrer Faulheit, ihrem Machtinstinkt, ihren Idealen, ihrem Geschlechtstrieb oder gar ihrer Zerstörungswut. Diese Menschen gestalten und bestimmen den politischen Prozess der Technikentwicklung. Kraft ihrer Vorstellungen können sie die Regeln, nach denen dieser Prozess verlaufen soll, jederzeit ändern. Gestaltet werden Veränderungen durch Personen und Institutionen, die neue Ideen umsetzen wollen und über das hierzu notwendige Können verfügen.

Die Ausgestaltung von Technik ist somit auch ein sozio-ökonomischer Prozess. Die Teilnehmer an sozialen Prozessen, wie dem der Entwicklung von Technik, gründen ihre Entscheidungen vor allem auf ihre Erwartungen und Hoffnungen und Absichten. Nicht nur Wissen um Naturgesetze, sondern vor allem Vorurteile und Wunschvorstellungen liegen den Handlungen zugrunde ebenso wie religiöse und moralische Wertvorstellungen. Unterschiedliche Erwartungen bringen eine unterschiedliche Zukunft hervor, sie beziehen sich nicht – wie von einigen Philosophen und Ideologen angenommen – auf etwas unabhängig oder à priori Gegebenes. In der realen Lebenswelt werden Entscheidungen aufgrund von Erwartungen, Glauben, Wünschen und Meinungen getroffen. Entscheidungen sind immer zwischen Glauben und Wünschen eingespannt. Wissen, Begründen und Können in sozialen Prozessen, wie lebensweltlichen Entscheidungen, sind relative Größen. So ist es das vorgegebene Ziel des Einsatzes von technischen Hilfsmitteln, als wünschbar definierte Zustände zu erschaffen und alles Handeln auf die Veränderung bestehender Realitäten zu den gewünschten auszurichten. Technik soll neue, gewünschte Realitäten schaffen. Hierbei wird nahezu immer von Prämissen ausgegangen, die im Verlaufe des Handelns als falsch erkannt werden. Deshalb ist es wichtig, die Notwendigkeit der fortlaufenden Überprüfung der Planungsprämissen zu betonen, um bei Abweichungen rechtzeitig mit geeigneten Maßnahmen gegenzusteuern.

Im Unterschied zu den natürlichen Systemen, mit denen sich Wissenschaftler beschäftigen, wirken an sozialen Prozessen denkende Individuen mit, die Kraft ihrer Vorstellungen die Regeln dieser Systeme jederzeit ändern können. Damit unterliegt die Gestaltung von Technik auch keinen falsifizierbaren Theorien, sondern wird wie jeder andere soziale Prozess stets zwischen interagierenden Individuen und Institutionen kontextspezifisch entschieden. Die experimentelle Interaktion vieler Beteiligter, durch die sich sozio-ökonomische Gebilde ent-wickeln, ist nicht deterministisch planbar und unterliegt schon gar nicht zeitlos gültigen Naturgesetzen, liegen doch dem menschlichen Verhalten keine unverrückbar allgemeingültigen Gesetze zugrunde.

Technische Hilfsmittel sind nach meinem Verständnis also aktiv gestaltete Werkzeuge, welche in ihrer Ausgestaltung als fester Bestandteil menschlicher Kultur den Wertepräferenzen und soziokulturellen Strukturen unterliegen, unter denen wir die Probleme definieren, zu deren Lösung wir sie einsetzen wollen. Was diese Hilfsmittel, Technik also, bewirken, hängt immer davon ab, wer sie wie zu welchen Zwecken einsetzt. Technische Hilfsmittel, Technik, sind im moralischen Sinne niemals wertneutral. Neutrale Technik gibt es nicht. Die Bewertung von Technik ist immer eine Funktion der angelegten Bewertungsmaßstäbe. „Wertlose" Technik gibt es nur im ökonomischen Sinne.

Alle real existierenden Gesellschaften sind nach wie vor geprägt durch soziale Ungleichheit und Klassenstrukturen. Es hat nichts mit Sozialneid oder kommunistischem Klassenkampf zu tun, wenn man sich bewusst macht, dass es Klassenunterschiede sind, die diejenigen trennt, die in ungesicherten, schlecht bezahlten Arbeitsverhältnissen leben, die viel fernsehen und wenig Bücher lesen, von denen, die von der wirtschaftlichen Entwicklung profitieren, gut verdienen und an den Bildungs- und Informationsangeboten teilhaben. Bildung und Besitz sind nach wie vor die Grundlage für Klassenzugehörigkeit in unserer in soziale Schichten ausdifferenzierten Gesellschaft. Durch Kaufkraft bestimmter Konsum und Lifestyle bestimmen die Zugehörigkeit zu einer sozialen Schicht. Kaufkraft und Lifestyle bestimmen auch, welche technischen Hilfsmittel und welche Produkte von den Verbrauchern zur Ausgestaltung ihres gewünschten Lebensstils eingesetzt und in der Wirtschaft entwickelt werden. Technik wird nicht für *die Gesellschaft* entwickelt, sondern maßgeschneidert auf die Belange gemäß Kaufkraft und Lebensweise selektierter Kundenklassen. Das Modell der Sinus-Milieus® der Sinus Sociovision, Heidelberg, illustriert diesen Ansatz. Die Sinus-Milieus® gruppieren Menschen, die sich in ihrer Lebensauffassung und Lebensweise ähneln. Grundlegende Wertorientierungen gehen dabei ebenso in die Analyse ein wie Alltagseinstellungen – zur Arbeit, zur Familie, zur Freizeit, zu Geld und Konsum. Die Grenzen zwischen den Milieus sind fließend.Das Milieu-Konzept wird durch folgende Grafik veranschaulicht.

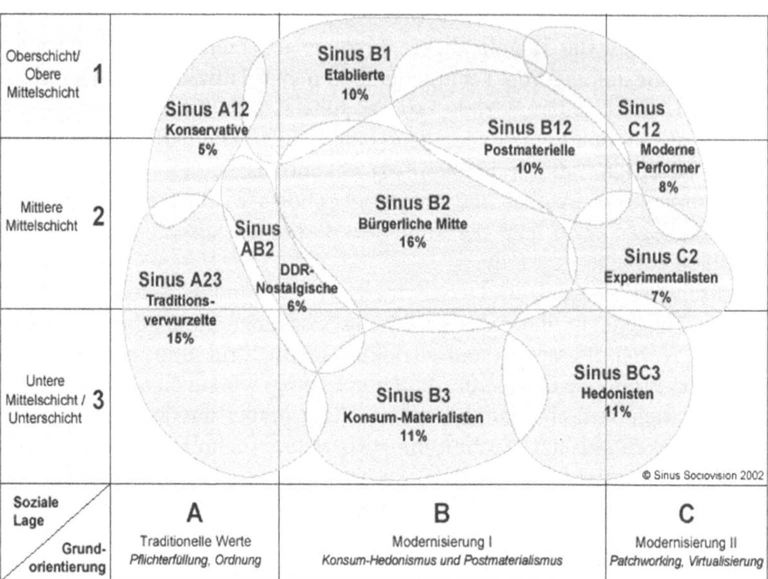

Abb. 1. http://www.sinus-milieus.de/ eine Kurzbeschreibung ist als pdf Datei erhältlich unter http://www.sinus-milieus.de/content/grafik/kurzbeschreibung%20012002.pdf

Je höher ein Milieu in dieser Grafik angesiedelt ist, desto gehobener sind Bildung, Einkommen und Berufsgruppe; je weiter rechts es positioniert ist, desto moderner ist die Grundorientierung.

Alle pluralistischen Gesellschaften sind geprägt durch die schematisch dargestellte Vielfalt von Werten und Lebensstilen. Auch wenn wir heute im oft zitierten „globalen Dorf" leben, so sind wir doch weiter denn je davon entfernt, über für alle verbindliche Wertvorstellungen oder gar über eine Weltethik zu verfügen, auf Basis derer eine generell akzeptierte Festlegung zu lösender Probleme oder gar generell akzeptierter Problemlösungen möglich wäre.

Technik als zentraler Bestandteil unserer Kultur ist eingebettet in unser Gesellschafts- und Wirtschaftssystem. Auch diese sind keine wertfreien, sich selbst rechtfertigenden Gebilde. Was diese Systeme zustande bringen, hängt ebenfalls davon ab, wer sie zu welchen Zwecken nutzt. Setzen wir keine adäquaten Steuerungskriterien und -mechanismen ein, so reduziert sich Wirtschaft auf eine reine Kapitalvermehrungsmaschine, welche sich dank eines gefügigen Konsums mittels allseits verfügbarer Technik der Produktionen und Dienstleistungen ausschließlich zur Maximierung von Kapital und Eigennutzen bedient. Damit hierbei neben der Erfüllung individueller Wünsche kein Schaden für das Allgemeinwohl entsteht, – was immer wir im Einzelnen hierunter auch verstehen mögen – müssen wir für alle verbindliche Vorgaben, Gesetze und Leitlinien festlegen. Wie diese aussehen sollen, was und wie viel reguliert werden soll, darüber kann und muss in einer demokratisch verfassten Gesellschaft gestritten und in verfassungsgemäßen Entscheidungsverfahren entschieden werden.

Auch in dieser unverzichtbaren politischen Auseinandersetzung sollte uns bewusst sein, dass es keine absoluten Bezugsgrößen oder gar Naturgesetze gibt, aus denen wir normative Regeln ableiten können, auch nicht für die Entwicklung und den Einsatz von Technik. Moral und Religion kommen in der Natur nicht vor. Moral entsteht aus dem Zugehörigkeitsgefühl zu einer Gemeinschaft – sei es die Familie, ein Freundeskreis, ein Stamm, eine Nation oder die gesamte Menschheit. Moralempfinden ist ein in der Gemeinschaft erworbenes Empfinden. Es muss den Menschen durch die Gemeinschaft, in der sie leben, vermittelt werden, durch Eltern, Schule, Traditionen und Gesetze. Normative Werte sind nicht Ergebnis von Forschung und Rationalität. Normative Werte sind keine festen vorgegebenen Größen, sondern in der Gesellschaft ausgehandelte kulturelle Tatbestände. Was als normativer Wert gilt, hängt von selektiven Wahrnehmungen und Sensibilitäten ab und kann durch Aufklärung und Erfahrung verschoben werden.

George Soros differenziert zwischen normativen *Grundprinzipien* und *Zweckmäßigkeit*, welche das moralische Handeln von Menschen bestimmen. Daraus folgt zugleich, dass differenziert werden muss zwischen dem Aufstellen und dem Befolgen von Regeln. Mit dieser Differenzierung beschreibt er nach meiner Einschätzung sehr treffend die Pole, zwischen denen sich Handlungen von Menschen in der realen Lebenswelt orientieren. Grundprinzipien sind das Resultat eines kollektiven Entscheidungsprozesses, sie definieren alle sozialen Werte, Zweckmäßigkeit bestimmt die Entscheidungen von Individuen. Grundprinzipien helfen uns, die Frage zu beantworten „Was ist richtig?“, Zweckmäßigkeit hilft uns zu entscheiden „Was ist effektiv?“. Aus Sicht des Individuums muss man nicht moralisch handeln, um effektiv und erfolgreich zu sein. Kollektive Grundprinzipien stabilisieren Gemeinschaften, weil sie die Individuen anleiten, moralisch zu handeln und weil sie etwas Unverzichtbares schaffen: Vertrauen zu einander.

Die kollektiven Entscheidungsprozesse in Staat und Gesellschaft führen zu einer kontinuierlichen Überprüfung und Anpassung von Grundprinzipien, die in einer Gemeinschaft (Gesellschaft) gelten und gewollt werden. Diese normativen Werte resultieren in einem Rückkopplungsprozess aus dem Abgleich von individuellen Interessen (Zweckmäßigkeit) und kollektiven Interessen (Grundprinzipien). Anders formuliert, um den mathematisch notwendigen externen Bezug bei naturwissenschaftlich „rationalen“ Verfahren zu wahren: die Gemeinschaft ist der Bezugspunkt für die Entscheidungen des Individuums, der Einzelne ist der Bezugspunkt für die Entscheidung der Gemeinschaft. Dieser dynamische, sich selbst regulierende Prozess muss nicht „irrational“ sein, sondern kann (muss aber nicht!) unter Beachtung der mathematischen Logik verlaufen.

Weil absolute Bezugsgrößen und sich daraus ableitende Bewertungsmaßstäbe fehlen, ist Vollkommenheit in der Entwicklung von Technik unerreichbar. Plakativer ausgedrückt: Jede Technik ist so schlecht, dass sie noch verbessert werden kann. Weil keine Technik vollkommen sein kann, verfügen wir also über unendlich viele Möglichkeiten sie zu verbessern.

3 Nachhaltigkeit

Es gibt heute niemanden mehr, der argumentativ die Notwendigkeit der Nachhaltigkeit ernsthaft in Frage stellt. Nachhaltigkeit hat sich als übergreifende formale Leitlinie für politisches Handeln in allen Politikbereichen durchgesetzt. Was im Einzelfall konkret als nachhaltig anzusehen ist, wie und mit welchen Mitteln Nachhaltigkeit erreicht und abgesichert werden kann, darüber besteht aber nur in den seltensten Fällen Einigkeit. Einigkeit über Nachhaltigkeit beschränkt sich auf allgemeine und übergeordnete Zielsetzungen, und dass auch nur, solange diese unverbindlich bleiben und Partikularinteressen nicht berührt werden. Nicht nur die Konferenzen von Rio, Kyoto und Johannesburg haben gezeigt, wie vielschichtig und schwierig die praktische Umsetzung dieses offiziell doch von allen akzeptierten Prinzips ist. Praktische Politik wird immer noch bestimmt durch Interessenskonflikte der heutigen Generationen, Eigeninteresse beschränkt den Zeithorizont, für den Verantwortung akzeptiert wird.

Kernaussage des Brundtland Reports „Unsere gemeinsame Zukunft“ hingegen war es, dass es in der Verantwortung unserer Generation steht, wie und unter welchen Voraussetzungen unsere Kinder und die nach ihnen kommenden Generationen ihr Leben werden gestalten können. Wenn wir diese Verantwortung akzeptieren, so müssen wir unser Leben und Handeln so ausrichten, dass bei all unseren Entscheidungen auch die Interessen der zukünftigen Generationen gewährt werden. Wir müssen in die Beurteilung dessen, was wir tun und unterlassen, die Zukunft mit einbeziehen. In diesem Sinne möchte ich „Nachhaltige Entwicklung“ bewusst interpretieren als „Verantwortung für die Zukunft“.

Die Gegenwart ist das Fundament, auf dem die Zukunft errichtet wird. Alles was unsere Generation tut und unterlässt, beeinflusst die Qualität des Daseins zukünftiger Generationen. Unsere Verantwortung für die Zukunft gebietet es, unsere heutige Lebens- und Wirtschaftsweise auch auf die Belange nachfolgender Generationen auszurichten um ihnen zumindest die materiellen Voraussetzungen für ein lebenswertes Dasein zu erhalten. Ebenso steht es in unserer aller Verantwortung, ein tragfähiges Fundament für die wissenschaftliche und intellektuelle Entwicklung zu errichten. Dieses darf sich nicht beschränken auf unverzichtbare neue wissenschaftliche Erkenntnisse, bessere Technologien und bessere Produkte. Unsere Hauptverantwortung für kommende Generationen sehe ich darin, eine moralische und kulturelle Plattform zu entwickeln, welche es ermöglicht, ein qualitativ hochwertiges Leben zu führen. Wie dieses Leben aussehen wird, vermag heute keiner zu beschreiben, selbst von einer einfachen Extrapolation der Gegenwart in die Zukunft wissen wir nur eines sicher: diese Extrapolation ist falsch. Doch eines ist genauso sicher, die Zukunft beginnt jeden Tag von neuem, also muss ein jeder von uns seine Verantwortung für die Zukunft jeden Tag aufs Neue wahrnehmen. Unsere Verantwortung für kommende Generationen nehmen wir konkret nur dann wahr, wenn wir unsere Gegenwart verantwortbar gestalten und deren Probleme lösen und diese nicht als Erblast an unsere Kinder weitergeben: horrende Staatsverschuldung, Finanzierung unserer Sozialsysteme auf Kosten zukünftiger Generationen, Massenarbeitslosigkeit, desolates Gesundheitssystem, marodes Bildungssystem, überbordende Bürokratie als Konsequenz exzessiver staatlicher Regulierungen, verschwenderischer Umgang mit fossilen Rohstoffen und andere mehr.

In welcher Beziehung stehen vor diesem Hintergrund Nachhaltigkeit und Technik zueinander? Nachhaltigkeit als Prinzip der Verantwortung für die Zukunft ist eine Leitvision für menschliches Handeln auf individueller wie auch auf institutioneller Ebene. Diese Leitvision ist unabhängig von den zu ihrer Realisierung notwendigen oder gewünschten technischen Hilfsmitteln. Damit das Prinzip Nachhaltigkeit mit Leben erfüllt wird, muss es operationalisiert, in umsetzbare Einzelaktionen überführt werden. Für viele Teilbereiche sind integrierte Einzelstrategien zu formulieren und umzusetzen. Erst wenn es an die Umsetzung geht, muss entschieden werden, ob und welche technischen Hilfsmittel eingesetzt werden oder als wünschenswerte Problemlösungen zu erarbeiten sind. Jede Einzelstrategie und jede Einzelmaßnahme wird in einem langwierigen politischen Prozess ausgehandelt. Jeder weiß, wie erbittert zum Beispiel im Teilbereich Ökologie nicht nur um jede Einzelmaßnahme gestritten wurde und wird, sondern dass bereits auf der Strategieebene heftiger Streit ausbricht. Ist Suffizienz geeigneter als Effizienz? Brauchen wir beide, oder können wir auf beide verzichten weil nur die ökologische Konsistenz zum Ziele führt?[2]

Gleich ob nachsorgender Umweltschutz mit seinen „end-of-the-pipe"-Technologien, dem produktionsintegrierten Umweltschutz mit seinen energieeffizienten und abfallarmen Technologien, den produkt- und gebrauchsintegrierten Ansätzen mit dem Ziel der Wiederverwertung und Verhaltensbeeinflussung, sie alle sind Resultat langer und heftiger Auseinandersetzung. Gleiches gilt für Steuer- und Sozialpolitik – Stichwort Ökosteuer – ebenso wie für Verkehrspolitik – Stichwort generelle Geschwindigkeitsbeschränkung –, Entwicklungshilfe – Stichwort Nord-Süd Konflikt – und andere mehr. Ich halte es für ausgeschlossen, dass es jemals eine allumfassende Interpretation von Nachhaltigkeit geben wird, die global oder auch nur in Deutschland von allen mitgetragen wird. Nachhaltige Entwicklung wird ein politischer Prozess aus vielen Einzelkompromissen bleiben. Er wird beeinflusst werden von neuen Erkenntnissen, von sich ändernden Wünschen, von wechselnden Wertvorstellungen, politischen Mehrheiten und Partikularinteressen, kurz, es wird ein Prozess sein, in dem wir als fehlbare Menschen leider auch weiterhin Fehlentscheidungen treffen werden.

Zwischen den zur Umsetzung einer Nachhaltigen Entwicklung notwendigen Teilstrategien in unterschiedlichen Handlungsfeldern wie Umweltschutz, Wirtschaftswachstum und soziale Gerechtigkeit bestehen bekanntermaßen zum Teil erhebliche Zielkonflikte. Auch hierfür müssen Kompromisse ausgehandelt werden. Patentlösungen gibt es nicht. In den unverzichtbaren politischen Auseinandersetzungen geht es zunächst einmal nicht um technische Hilfsmittel, welche zur Umsetzung der als Kompromiss gefundenen Zielsetzungen dienen können oder als bevorzugt einzusetzen angesehen werden. Auf der Strategie Ebene geht es um die Definition von komplexen Leitvisionen.

---

[2] Vgl. hierzu auch Joseph Huber und Michael Jischa in diesem Band (Anm, d. Hg.).

4 Wollen und Können

Leitvisionen für menschliches Handeln auf individueller wie auch auf institutioneller Ebene sind Ergebnis eines fortwährenden Diskurses. In pluralistischen Gesellschaften mit demokratisch verfassten Entscheidungsprozessen, in denen auch abweichende Einschätzungen und Visionen ihre Daseinsberechtigung haben, wird es ausgeschlossen bleiben, eine für alle, eine für *die Gesellschaft* verbindliche Leitvision vorzugeben. Hiervon ist die Leitvision „Nachhaltige Entwicklung" nicht ausgenommen. Selbst der mit einem Machtmonopol ausgestattete Staat kann sich in einem nicht-totalitären System nur darauf beschränken, in Form von Verordnungen und Gesetzen Mindestanforderungen zu definieren, welche bei einer Ausgestaltung von Lebensweisen und den hierzu eingesetzten Hilfsmitteln einzuhalten sind. Entwicklung und Anwendung von technischen Hilfsmitteln, also von Technik, sind damit nur im Rahmen des legalisierten Rahmens möglich.

Neben diesen rechtlichen Vorgaben verfügen Staat und Gesellschaft über ein vielfältiges Spektrum von Anreizsystemen, mit denen risikobereiten Individuen Anreize geboten werden, neue Technik zu entwickeln. So bietet der Staat Unternehmen und Privatpersonen über das Patentrecht den Anreiz, sich ein auf die Laufzeit der Patente beschränktes Monopol und damit Schutz vor Wettbewerb zu sichern. Auch mit finanziellen Anreizen – direkten und indirekten Subventionen, Forschungsförderung, Bürgschaften, Steuerrecht und vielen anderen mehr – wird die Eigeninitiative unterstützt. Die Gesellschaft bietet über vielfältige Formen der sozialen Anerkennung unternehmerischer Leistung ebenfalls Anreize, wirtschaftliche Risiken bei der Entwicklung neuer Technik einzugehen. Viele Unternehmensgründer der „New Economy" haben weltweit einen Kultstatus erreicht, der denen von Popstars und Spitzensportlern in keiner Weise mehr nachsteht.

In marktwirtschaftlich orientierten Staaten wird die praktische Ausgestaltung von Technik in einer dem anordnenden Einfluss von politischer und religiöser Obrigkeit weitgehend entzogenen autonomen Wirtschaftssphäre betrieben. Der Staat gewährt seinen Bürgern die Freiheit, eigenverantwortlich Handel und Gewerbe treiben zu können. Auch Technikentwickler und Konsumenten sind in demokratisch verfassten Gesellschaften nicht tributpflichtiges Staatseigentum, sondern freie, entscheidungsberechtigte Staatsbürger. Die den freien Bürgern in unserer Gesellschaft zugestandenen Handlungsfreiheiten sind nicht das Ergebnis technischen Fortschritts, sondern Ergebnis eines politischen Prozesses. Dieser Prozess hat sich schrittweise mit vielen Einzelzugeständnissen über Jahrhunderte hingezogen hat und setzt sich bis in die Gegenwart fort. Verselbständigung und Loslösung von staatlicher und religiöser Obrigkeit erstreckte sich parallel auch auf andere Bereiche wie Wissenschaft, Finanzen, Kultur, Kunst und andere Sphären gesellschaftlicher Aktivitäten, deren Summe heute pluralistische Gesellschaften ausmachen. Die Freiheit des Einzelnen jenseits autoritärer Kontrolle und Vorgaben eigenverantwortlich auch neue Technik entwickeln und einsetzen zu dürfen, hierfür auch neue Organisationsformen und Institutionen erfinden und benutzen zu dürfen, ist ein wesentliches Kennzeichen marktwirtschaftlich organisierter Staats-

und Gesellschaftsformen. Garantiert wird die Freiheit des Einzelnen, auf eigenes Risiko experimentieren zu dürfen, auch in Wissenschaft und Wirtschaft.

Grenzen und Verfahrensregeln dieses Freiraumes werden in einem politischen Prozess in der Gesellschaft ausgehandelt, wo notwendig staatlich sanktioniert (Gesetzgebung). Sie können aufgrund neuer Befunde oder Initiative gesellschaftlicher Gruppierungen oder interessierter Akteure verändert und ergänzt werden. Weder der politische Gestaltungsprozess noch seine Ergebnisse unterliegen allzeit gültigen Naturgesetzen und nicht immer auch nur den Regeln formaler Logik. Insbesondere in moralischen Wertungsfragen versagt die formale Logik. Rechtsfrieden und Rechtssicherheit können auch erreicht werden, in dem die Gesetzgebung ganz bewusst der logischen Widersprüchlichkeit der menschlichen Existenz Rechnung trägt.

In allen Wirtschaftsbereichen, ob Kreislaufwirtschaft, Energiewirtschaft, Gesundheitssystem, Agrarindustrie, Stahlindustrie, Textilindustrie, Schiffsbau oder Medien- und Kommunikationsindustrie, in all diesen Bereichen sind vom Staat Rahmen und Mindestanforderungen als verbindliche Grenzen definiert worden, an die sich Technikentwickler und Technikanwender halten müssen. Diese Rahmen bestimmen maßgeblich die Ausgestaltung der Technik. Damit wird die Richtung technischer Entwicklung auch politisch definiert. Staat und Gesellschaft bestimmen die Richtung, Unternehmer und Verbraucher auf der Basis des technisch Machbaren die Geschwindigkeit des technischen Wandels.

Die Freiheit, eigenverantwortlich neue Technik entwickeln und vermarkten zu dürfen, beinhaltet auch den Verzicht auf den Zwang, Technikentwicklung in den Dienst übergeordneter Ziele stellen zu müssen. Das gilt auch für die Leitvision der Nachhaltigen Entwicklung. Der Technikentwickler entscheidet, warum und für wen er seine Produkte entwickelt. Empirisch gesichert ist, dass Eigennutz, das Streben nach eigenem Vorteil, ein durchgängiges Motiv ist. Empirisch ebenso belegbar ist, dass klare Visionen der Technikentwickler über Nutzen und Vorteile der eigenen Produkte eine große Triebkraft sind, an deren Realisierung oftmals mit verbissener Besessenheit gearbeitet wird. Es gibt jedoch kein funktionierendes Modell einer Gesellschaft, in der technischer Wandel nach Kriterien gesamtgesellschaftlichen Nutzens und Bedarfs geschieht oder gar politisch festgelegt wird. Diese Aussage ergibt sich aus meiner Beobachtung der Realität. Was nichts daran ändert, dass manch einer ideologischen Wunschvorstellungen nachtrauert, gemäß derer es so zu sein hat, dass Technik nach Kriterien gesamtgesellschaftlicher Zielsetzungen zu gestalten sei.

Ein solcher Ansatz liegt auch dem FUTUR-Prozess des BMBF zu Grunde. Ausgehend von der ideologischen Prämisse „*Forschung ist Triebkraft der Technikgestaltung und die Gesellschaft reagiert darauf. Im Zentrum steht die Technologie*“ soll „*der Bedarf der Gesellschaft*“ ins Zentrum der Entwicklung gestellt werden. In einem „*deutschen Forschungsdialog*“ mit allen, die an der Entwicklung der Gesellschaft beteiligt sind, soll die Frage beantwortet werden „*Was brauchen wir in dieser Gesellschaft künftig an Forschungsergebnissen?*“ Zur praktischen Ausgestaltung wurden nach nicht kommunizierten Kriterien Teilnehmer bestimmt, die in Diskussionsforen von 10–20 Mitgliedern nach verwirrenden Vorgaben gruppendynamisch unerfahrener Moderatoren unstrukturiert ihre Wunschvorstellungen von Technik äußern. Entscheidungen über Themen, welche zu offiziellen Leitvisionen gekürt werden sollen, werden nicht-öffentlich von Gremien des BMBF getroffen. Als erstes Ergebnis liegen nun einige als „Leitvision" titulierte und mit Science-fiction Vorspann versehene Themenbereiche vor, die zukünftig vom BMBF bevorzugt in Förderprogrammen berücksichtigt werden sollen, damit Deutschland den Anschluss an andere Nationen nicht verpasst und die deutsche Wirtschaft neue Arbeitsplätze schafft.

Welche demokratische Legitimation haben die wahllos zusammengestellten Diskussionsrunden und Expertengremien, um dem Anspruch gerecht zu werden, *den Bedarf der Gesellschaft* an Technik zu ermitteln? In anonymen Expertenzirkeln ohne demokratische Legitimation wird entschieden, was für alle gut ist. Kann ein solch ideologisch motiviertes Vorgehen eine echte Alternative sein, zu einem Prozess, in dem jedem Einzelnen die Freiheit gewährt wird, sein Wissen und sein Können für seine Ziele und Zwecke im Rahmen allgemein akzeptierter Normen einsetzen zu dürfen? Glücklicherweise hat der FUTUR-Prozess sich mit seiner dilettantischen Durchführung selbst ad absurdum geführt und wird nach meiner Einschätzung als Überbleibsel überkommener Ideologie eine Randerscheinung ohne politische Konsequenz bleiben.

Bisher haben staatliche Institutionen immer versagt, wenn sie aktiv versucht haben, neue Technik zu entwickeln: Atomenergie, Transrapid. Deshalb wage ich die Prognose, dass auch die für eine Nachhaltige Entwicklung geeignete Technik nicht Ergebnis staatlicher Technikentwicklung sein wird. Diese Technik wird hervorgehen aus der Initiative kreativer Unternehmer, die ihr Können einsetzen, um die von ihnen mitgetragene Vision einer lebenswerten Zukunft für unsere Kinder durch die Bereitstellung neuer Produkte und Systeme zu ermöglichen und die es schaffen, Akzeptanz bei zahlungsfähigen und – willigen Anwendern für ihre Technik zu finden. Die wünschenswerteste Technik wird Wunschtraum bleiben, wenn es nicht risikobereite und leistungsfähige Individuen gibt, die sich der Aufgabe verschreiben, diese zu realisieren. Stell Dir vor, alle wissen, welche Technik für eine nachhaltige Entwicklung gebraucht wird, und keiner will oder kann sie erarbeiten!

Technische Produkte werden in der Interaktion von Anbieter und Anwender entwickelt. Partizipation ist integraler Bestandteil von Technikentwicklung. Jedes heute breit verfügbare technische Produkt ist ursprünglich für einen kleinen Kundenkreis entwickelt, aufgrund von Anwendungserfahrungen verfeinert und verbessert worden und bei erkennbarer Akzeptanz beim Anwender auf immer größere Nachfrage gestoßen, welche wiederum kostengünstige Massenproduktion ermöglicht. Das gilt auch für die Entwicklung technischer Produkte, die dem Leitbild der nachhaltigen Entwicklung genügen. Zu den garantierten Freiheiten der Anwender gehört auch die Freiheit, auf den Erwerb und die Anwendung eines technischen Produktes zu verzichten. Jeden Tag wird von dieser Freiheit ausgiebig Gebrauch gemacht. Damit ist die Umsetzung des Leitbildes Nachhaltigkeit nur möglich, wenn es gelingt, breite Bevölkerungskreise hiervon so zu überzeugen, dass sie das Kriterium Nachhaltigkeit in ihre Kaufentscheidungen aktiv einbeziehen.

Die Naturwissenschaften haben ein nahezu unerschöpfliches Potential technischer Optionen erschlossen. Es bedarf der Initiative, des Wollen und des Können, von risikobereiten Individuen, welche ihre technische Expertise, ihr unternehmerisches Können und ihre Visionen einsetzen um die technischen Grundlagen zu schaffen für das, was von der Mehrheit der Bevölkerung als Nachhaltige Entwicklung eingeschätzt wird. In einem dynamischen Abgleich mit den Wünschen und Bedürfnissen ihrer Kunden werden diese Individuen ihre Visionen realisieren. Sie werden die von Staat und Gesellschaft zugestandenen Freiräume schöpferisch zur Ausgestaltung der Nachhaltigen Entwicklung nutzen. Sie werden dabei auch an Grenzen dessen stoßen, was juristisch oder moralisch geregelt ist und damit heftigen politischen Streit induzieren.

Technische Hilfsmittel, neue Technik, werden bei der Umsetzung des Leitbildes Nachhaltigkeit unverzichtbar sein. Der Einsatz von Technik allein, in welcher Form auch immer, wird Nachhaltigkeit jedoch nicht ermöglichen. Nachhaltigkeit wird das Ergebnis sein von vielen alltäglichen Entscheidungen, die wir alle als Nutzer von Technik jeden Tag bei der Ausgestaltung unserer Lebensweise treffen. Die Kriterien und Wertvorstellungen, die wir bei diesen Entscheidungen anwenden, sind der entscheidende Schlüssel zur Nachhaltigkeit, nicht Technik.

Hierzu hat UN-Generalsekretär Kofi Annan auf der Konferenz in Johannesburg formuliert: „Und wenn es bei diesem Gipfel ein Wort gibt, dass jeder auf den Lippen tragen sollte, wenn es ein Konzept gibt, das all das verkörpert, was wir hier in Johannesburg zu erreichen hoffen, dann ist es Verantwortung. Gegenseitige Verantwortung - aber vor allem auch die für die Armen, die Schwachen und die Unterdrückten, als Mitglieder einer einzigen menschlichen Familie. Nachhaltige Entwicklung muss nicht auf den technologischen Durchbruch von morgen warten. Die heute zur Verfügung stehende Politik, Wissenschaft und Technologie reicht aus. Es heißt, für alles gibt es eine Zeit. Lasst es nun eine Zeit sein, in der wir eine lange überfällige Investition in das Überleben und die Sicherheit künftiger Generationen tätigen.“

Das Konzept der ökologischen Konsistenz als Beitrag zu einer nachhaltigen Technikgestaltung

Joseph Huber

Einleitung

Im Folgenden werden die heute diskutierten Nachhaltigkeits-Strategien der konsumtiven Lebensstil-*Suffizienz* und der technischen Öko-*Effizienz* ergänzt um den Ansatz der ökologischen *Konsistenz* des industriellen Metabolismus. Während der Suffizienz-Ansatz realer Politik kaum zugänglich ist und zur Problemlösung faktisch auch nur wenig beizutragen vermag, stellen Effizienz und Konsistenz komplementäre Aspekte einer industriellen Ökologie dar, die sich nicht durch bloße Mengenreduktion an ihre Umwelt anpassen muss, sondern sich entfalten kann aufgrund ihrer qualitativen Eigenschaft der metabolischen Naturintegration.

1 Suffizienz: Der ungenügende Genügsamkeitsdiskurs

Im Rio-Prozess vor und nach 1992 hatten sich zunächst zwei Richtungen herausgebildet, die als Strategien der Suffizienz (Genügsamkeit) und Effizienz den Diskurs dominierten. Beide beanspruchen, das Leitbild einer nachhaltigen Entwicklung in die Praxis umzusetzen.

Der Suffizienz-Ansatz wird vor allem im Milieu der ursprünglichen grünen Bewegung verfochten, institutionell von Nicht-Regierungsorganisationen wie Umwelt- und Naturschutzverbänden, Dritte-Welt-Initiativen u.ä., darüber hinaus auch im Umfeld der Kirchen. Die Grundlage des Suffizienz-Ansatzes bildet die Wachstums- und Konsumkritik der ursprünglichen Ökologiebewegung. Würde die gesamte Erdbevölkerung den selben Umweltverbrauch beanspruchen wie heute die reichen Industrienationen, bräuchte es mehrere Erden. Deshalb müsse eine erheblich bescheidenere Lebensweise Einzug halten. Weniger sei mehr. Wir hätten uns von materialistischen, utilitären Wertbindungen zu lösen zugunsten gewisser geistiger Orientierungen (Scherhorn 1997a+b). Das Verbleibende, schadlos Konsumierbare müsse kontingentiert und weltkommunitär gerecht zugeteilt werden (Milieudefensie 1992, Wuppertal Institut 1996). Produktion, Konsum und Verkehr sollen regionalisiert und entschleunigt werden. Vorhandene industrielle Kapazitäten und Infrastrukturen sollen abgebaut werden. Neue Technologien sind nicht willkommen, umso mehr dagegen vorindustrielle Elemente agrarisch-handwerklicher Eigenarbeit. Am Ende erweist sich eine Suffizienz-Programmatik als die Zumutung, mit sehr viel weniger zu erheblich höheren Kosten auszukommen.

Belegt wird die vermeintliche Notwendigkeit des Suffizienz-Standpunktes mit diversen Modellberechnungen, darunter die allgemein bekannten „Grenzen des Wachstums" nach der Computersimulation von Forrester/Meadows 1972 (erneut Meadows u. Randers 1992). Ein anderer Ansatz zielt auf die Ermittlung der ökologischen „Rucksäcke", das heißt, der gesamten Stoffumsätze, die mit der Gewinnung, Verarbeitung und Verwendung von Gütern verbunden sind (Schmidt-Bleek 1994; Bringezu 1997). Ein verwandter Versuch, Umweltverbrauch zu messen, sind „Footprints", ein Maß, das Stoffumsätze in Flächenverbrauch ausdrückt, sinngemäß analog der Bemessung von Energie in Steinkohleeinheiten (Rees u.Wackernagel 1994, 1997). Der anthropogene Footprint diente in den letzten Jahren als ein Grundindikator des Living Planet Report des WWF). Damit verbunden sind Versuche, den zur Verfügung stehenden „Umweltraum" abzuschätzen, das heißt, das Volumen an Ressourcen und Senken, das ohne Gefährdung der Lebensgrundlagen genutzt werden kann (Milieudefensie 1992, Wuppertal-Institut 1996).

Solche Mess- und Schätzversuche sind unweigerlich mit einer Vielzahl von normativen und sächlichen Annahmen verbunden. Manches daran erscheint bestimmten Diskussionsteilnehmern grundsätzlich falsch, anderes bleibt in jedem Fall umstritten (Linz 1998). Als Worst-case-Szenarien können derartige Ansätze zur Orientierung im Feld der Möglichkeiten beitragen. Jedoch als Faktizität beanspruchende Prognose und Proskription bleiben sie von zweifelhafter Validität mit eventuell sogar desorientierenden Folgen. So erscheinen die Meadows-Simulationen mit fünf überaggregierten Generalvariablen und recht simpel gestrickten Koeffizienten als ziemlich klumpig und den Realitäten noch nicht sehr angemessen. Der Footprint wiederum enthält eine Reihe unhaltbarer Annahmen, etwa die pauschale Umrechnung des gesamten Energieverbrauchs in CO_2-Freisetzung, und die Umrechnung der CO_2-Freisetzung in die fiktive Waldfläche, die benötigt würde, das CO_2 zu absorbieren, während die Absorption durch Meeresflora unberücksichtigt bleibt.

Unabhängig davon gibt es zwei Gesichtspunkte, die den Suffizienz-Ansatz realpolitisch nichtig machen, und zwar erstens das Bevölkerungswachstum und zweitens den Minderheitenstatus des Suffizienz-Gedankens. Was den Wachstumszyklus der Weltbevölkerung angeht, so gibt es allenfalls ortspezifisch noch gewisse geringe Freiheitsgrade, das weitere Bevölkerungswachstum zu beeinflussen, aber für das dauerhafte Gesamtergebnis in der großen Zahl von 8, 10, oder mehr Milliarden Menschen sind diese möglichen Modifikationen nurmehr von nachrangiger Bedeutung. Wenn wir von solchen Populationszahlen auszugehen haben, dann würde Konsumverzicht selbst im unrealistischen Erfolgsfall kaum etwas helfen. Wäre es hypothetisch möglich, den Gürtel um die Hälfte enger zu schnallen, Wohnraum, Heiz- und Prozesswärme, Verkehrsaufkommen etc. um die Hälfte zu reduzieren, so würde dies ceteris paribus die Frist bis zum ökologischen Weltuntergang lediglich verdoppeln. Menschen verursachen Stoffumsätze, viele Menschen große Umsätze, zumal unter industrialisierten Bedingungen. Von dieser Öko-Impakt-Tatsache kann nicht abgesehen werden, von ihr haben wir auszugehen. Anders gesagt, selbst wenn der Suffizienz-Ansatz realisierbar wäre, würde er zur ökologischen Problemlösung *nachhaltig* praktisch nichts beitragen.

Zudem besitzt der Suffizienz-Standpunkt ein viel zu geringes kulturelles und politisches Resonanzpotenzial. Unter den anhaltenden Bedingungen eines weltweiten Konsumstrebens auf der Grundlage einer materialistisch-utilitären Wertebasis bleibt es müßig, Suffizienz zu predigen. Zwar hegen viele unter den Gebildeten in allen Nationen gewisse Sympathien mit der Idee einer Wende vom veräußerlichten Materialismus zu „höheren" Werten (was nicht zugleich auch Zustimmung zum ressourcenkommunistischen Bewirtschaftungs- und Verteilungsprogramm bedeutet). Aber zum einen bleibt dies allzu häufig Ausdruck einer moralischen Vermeintlichkeit, zum anderen, und bedeutender, besitzt die große Mehrheit der Menschen in allen Ländern weitaus weniger komplizierte, eindeutig promaterielle Präferenzen.

Um ein nahe liegendes Missverständnis auszuräumen, sei hervorgehoben, dass es hier nur darum geht, die Suffizienzstrategie zu bewerten im Hinblick auf ihr umweltpolitisches Potenzial, effektiv zum Umwelt- und Naturschutz beizutragen. Der weltanschauliche Eigenwert einer suffizienten Lebensweise bleibt davon unberührt. Ein maßvoller Lebenswandel besitzt zweifellos ideelle Wahrheit. Die Kritik an Luxus und materialistischer Maßlosigkeit durchzieht die Geschichte aller Hochkulturen, ebenso wie positive Gebote des sich Zufriedengebens, von den griechischen Kynikern (Diogenes) und der späteren antiken Stoa bis zum mittelalterlichen Thomismus und den reformatorischen Lebensentwürfen. Es scheint tatsächlich Thomas von Aquin gewesen zu sein, der den Begriff der „freiwilligen Armut" prägte. Nach solchen Geboten ein gutes Leben zu führen, bleibt jedem unbenommen, und es wird für jene, die es wirklich tun, eventuell mehr zu einem erfüllten Leben beitragen als die endlose Jagd nach positionalen Gütern. Promaterielle Wertorientierungen und utilitaristische Einstellungen sind in der Tat kritisierbar. Sie werden im langfristigen Gang der Geschichte mit Sicherheit auch wieder aufgehoben. Aber darauf kann man *heute* keine Politik begründen, zumal ein Suffizienz-Programm ohne Änderung der industrietraditionalen Produktionsgrundlagen in der ökologischen Sache auch fehlerhaft und irreführend wäre.

Dass freilich alles auf dieser Welt seine materialen raumzeitlichen Grenzen findet, ist wiederum eine schlichte Wahrheit. So wird denn auch ein Weltsystem aus industrialisierten hochtechnologischen Gesellschaften nach Ausschöpfung der im Folgenden diskutierten Strategien der Effizienzsteigerung und Konsistenzverbesserung ihre Grenzen erreichen und sich im Rahmen eines optimalen Erhaltungszustandes einrichten – dies aber auf der Höhe ihres Potenzials, nicht in gleichsam ressourcenkommunistischer Deformation weit unterhalb ihrer Möglichkeiten.

2 Forcierte Öko-Effizienz: die konservative Revolution

Überlegungen wie die vorangegangenen haben etliche Suffizienz-Vertreter dazu gebracht, sich denn doch auch für gewisse Aspekte des eigentlich ungeliebten technischen Fortschritts zu interessieren, genauer, für forcierte Effizienz-Steigerungen im Rahmen bestehender Technologie- und Produktpfade durch lebenszyklisch nachgeordnete Entfaltungsinnovationen und Statusmodifikationen (Inkrementalismus ohne Strukturwandel). Dies traf zusammen mit der Mitte der 80er Jahre einsetzenden „grünen Welle" in den großen Industriekorporationen, wo man nach Wegen zu suchen begann, sich der ökologischen Herausforderung zu stellen, ohne Märkte zu verlieren und Kapitalbestände zu gefährden. Dabei heraus kam die Propagierung der Effizienzstrategie, heroisch überhöht als „Effizienzrevolution" – eine merkwürdige Rhetorik für einen Ansatz, dem offensichtlich strukturkonservative, industrietraditionale Interessen zugrunde liegen.

Der Effizienz-Ansatz begründet sich mit dem Sachverhalt, dass bei der Rationalisierung von Stoffumsätzen der Konflikt von Ökonomie und Ökologie ein Stück weit aufgehoben scheint. Eine Steigerung der Ressourcenproduktivität, der Stoffumlauf- und Energieeffizienz, scheint in ökonomischer *und* ökologischer Hinsicht von Vorteil. Aufs Rationalisieren, auf die Senkung spezifischer Input-Output-Koeffizienten, versteht man sich in der Industrie schon immer. Würde man die Logik der Effizienzsteigerung oder Kostenminimierung noch konsequenter als bisher auch auf ökologische Aspekte anwenden, dann, so die Hoffnung, wäre eventuell der erforderliche Material- und Energie-Input für bestimmte Endleistungen in möglichst kurzer Zeit um einen Faktor vier bis zehn zu verringern (Fussler 1994; Schmidt-Bleek 1994; Schmidheiny 1992a+b; von Weizsäcker u. Lovins 1995).

Die Effizienz-Strategie ist ein Stück weit tragfähig, jedoch erheblich weniger als unterstellt. Drei Aspekte sind hier zu nennen:

- *Erstens* bewegen sich Effizienzsteigerungen stets im Rahmen von technik- oder produktlebenszyklischen Lernkurven, darin überwiegend in der gegen Ende des Take-Off einsetzenden Reifungsphase. Somit wird der Grenznutzen möglicher Effizienzsteigerungen eher früher als später erreicht.
- *Zweitens* werden Effizienzsteigerungen durch zusätzliches Wachstum ökologisch zunichte gemacht (Rebound-Effekt oder Bumerang-Effekt).[1]
- *Drittens* ist der Effizienz-Ansatz als solcher ökologisch undifferenziert bzw. metabolisch unspezifiziert. Umweltschäden und Umweltnutzen liegen nicht auf einem Kontinuum, sondern sind zwei verschiedene Eigenschaften. Wenn zum Beispiel durch Effizienzsteigerungen weniger Umweltgifte freigesetzt werden, so bedeutet dies noch keinen positiven Umweltnutzen, lediglich einen geringeren Schaden. Wenn klimawirksame Gase oder Radioaktivität als solche das ökologische Problem darstellen, dann ist Effizienzsteigerung auf diesem Gebiet Fortschritt am falschen Objekt.

2.1 Abnehmender Grenznutzen

Unter Rückgriff auf das Lebenszyklus-Modell im Rahmen einer innovations- und diffusionstheoretischen Betrachtung kann man sagen, Effizienzsteigerung ist ein

[1] Vgl. hierzu auch den Beitrag von Michael Jischa in diesem Band (Anm. d. Hg.).

immanenter Vorgang im lebenszyklischen Verlauf. Ein organismischer, technologischer oder sonstiger Lebenszyklus wird auch als Lernkurve bezeichnet, was nichts anderes heißt, als dass Systeme in ihrer fortlaufenden Entfaltung lernen, ihre Zwecke mit immer weniger spezifischem Aufwand zu erfüllen, sodass der Input-Output-Quotient abnimmt, also die Effizienz zunimmt. In den Phasen der Emergenz und frühen Entwicklung ist die Produktivität niedrig (eine sinnvolle Aussage gewiss nur in der Retrospektive oder im Vergleich mit anderen Systemen). Im weiteren Verlauf der strukturellen Entfaltung und des diffusionalen Take-Off nimmt die Produktivität zu durch sukzessive Entfaltungsinnovationen im pfadabhängig gewordenen Gang der Entwicklung. In der danach noch folgenden Reifungs- und dann Erhaltungsphase werden die Innovationen infolge der allmählichen Potenzialausschöpfung strukturell immer geringfügiger. Es handelt sich dann faktisch nurmehr um Statusmodifikationen, deren Zusatznutzen marginal geworden ist. Etwas umgangssprachlicher gesagt, bei alt-etablierten Technologie- oder Produktpfaden in ihrem Reife- und Erhaltungsstadium noch viel an Effizienzsteigerung zu arbeiten, kann in der Regel nicht mehr viel bringen, selbst bei unverhältnismäßigem Aufwand nicht.

Im Hinblick auf den Effizienz-Ansatz bedeutet das Lebenszyklus-Modell folgendes: Auch umweltspezifische Aufwandsminimierungen unterliegen dem lebenszyklischen Gesetz eines abnehmenden Grenznutzens. Es gibt davon nur wenige Ausnahmen bei recht komplexen Fällen wie dem Energiedesign von Bauten, wo durch geeignete Maßnahmen der Wärmedämmung, durch andere Baumaterialien und Bauprinzipien überdurchschnittliche Einsparungen realisiert werden können. In der Regel aber kann es bei Technologien oder Produkten im Entfaltungsstadium der Reife nicht mehr viel bringen, sich intensiv mit ihrer Optimierung zu beschäftigen. Wenn eine Entwicklung so weit fortgeschritten ist, dass sie ihren Take-Off längst hinter sich gelassen hat (wie heute zum Beispiel bei Otto- und Dieselmotoren und ähnlichen Antriebsaggregaten, oder bei thermischen Kraftwerken) dann ist der Grenznutzen nahe oder schon erreicht. Weitere Anstrengungen der Effizienzsteigerung sind dann nicht mehr „zukunftsorientiert", sondern konservativ i.S. der Strukturerhaltung bzw. der Nichtbeförderung von Strukturwandel. Dies gehört offensichtlich zu den Gründen dafür, dass nicht wenige Angehörige der Autoindustrie eine Zeit lang mit dem Drei-Liter-Motor geliebäugelt haben oder Kraftwerksbetreiber weiterhin auf immer effizientere Feuerungsanlagen setzen. Sie hoffen, damit ihre Bestände an Human-, Anlagen- und Finanzkapital vor der drohenden Entwertung durch systeminnovativen Strukturwandel zu retten, und verdrängen, dass wahrscheinlich doch die kohlenstoffhaltigen Brennstoffe als solche das ökologische Problem darstellen, gleich wie effizient der Kohlenstoff verbrannt wird.

2. 2 Rebound-Effekte

Es handelt sich hierbei um jenen lebenszyklischen Zusammenhang, der in der Biologie ebenso wie der Ökonomie geradezu eine Selbstverständlichkeit ist: Der systemimmanente Zweck der spezifischen Aufwandsminimierung liegt während der Wachstumsphase eines Systems in der Stabilisierung und Ausweitung des Systemwachstums, bzw. während der Erhaltungsphase eines Systems in der Stabilisierung des erreichten Volumenumsatzes. Effizienzsteigerungen dienen in natürlichen ebenso wie in menschlichen Haushalten nicht dem *absoluten* Einsparen zwecks Schrumpfen, sondern einem *spezifischen* Sparen zwecks Re-Investieren.

Das heißt, Rationalisierungserfolge setzen sich um in Rebound-Effekte. Ein typisches Beispiel dafür liefert der Autoverkehr. Der spezifische Treibstoffverbrauch der Automobile hat sich erheblich verringert, d.h. ihre Energie-Effizienz wurde erheblich gesteigert, was im Verkehrssystem umgesetzt wurde in noch mehr und noch größere Autos, die noch mehr Kilometer fahren und ihren Nutzern so einen noch weiteren räumlichen Aktionsradius bei erhöhtem Fahrkomfort erschließen. Auf diese Weise hat sich die Effizienzsteigerung umgesetzt in mehr absolutes Größenwachstum, sei dies, mit Schumpeter gesprochen, bloß quantitatives Wachstum des Typus „mehr vom Gleichen" oder strukturwandelinduziertes Wachstum des Typus „etwas Neues Zusätzliches". Lebende Systeme minimieren ihren *spezifischen* Aufwand zwecks „Anspruchs"-Ausweitung. Die „Ansprüche" begrenzen sich *absolut* lediglich nach Maßgabe der Nischengrenze des betreffenden Systemlebenszyklus.

2.3 Mangelhafte metabolische Spezifität, Fortschritt am falschen Objekt

Der Effizienz-Ansatz unterscheidet bisher nicht nach ökologischer Sensitivität, nach schädlichen und unschädlichen Stoffströmen und Stoffumwandlungen. So wird zum Beispiel pauschal „Dematerialisierung" angestrebt, nicht gezielt Dekarbonisierung der Energiebasis. Eine solche undifferenzierte „Dematerialisierungs"-Perspektive ist wenig anderes als eine Tonnenideologie mit umgekehrten Vorzeichen (weniger statt mehr Tonnen). Aber es geht heute nicht mehr darum, Benzinmotoren oder Kohlekraftwerke noch effizienter zu machen als sie es in fortgeschrittener Weise schon sind, sondern sie zu ersetzen zugunsten alternativer Antriebsaggregate und sauberer Verfahren der Stromerzeugung. Die Verminderung und Ausschleusung kohlenstoffhaltiger Energieträger stellt in der Tat eine große Gegenwartsaufgabe dar. Aber zum Beispiel an Steinen, Erden, Metallen, Glas u.ä. muss nicht in solcher Weise gespart werden, da derartige Materialien bei einer sauberen Energiebasis weitgehend im Kreislauf geführt werden können und ihre begrenzte Neugewinnung nicht unbedingt ein fundamentales Umweltproblem darstellt. Wasser ist in vielen Regionen der Erde ein ökologisch sensitives, kostbares Gut. Aber warum sollte man in wasserreichen Regionen mit Wasser geizen? Aus ökonomischen Gründen vielleicht, aus ökologischen Gründen nicht.

Nicht nur ist forcierte Effizienzsteigerung in bestimmten Fällen unnötig, sie ist möglicherweise auch kontraproduktiv im Hinblick auf Aspekte der Umwelt- und Produkt*qualität.* Wenn zum Beispiel Wasser als Lösungs- und Transportmedium allzu effizient im Kreislauf geführt wird, steigt die Schadstoffkonzentration und es ergeben sich Toxizitäts- und Produktqualitätsprobleme. Ähnlich bei Papierfasern oder Kunststoffketten, denen bei zu häufigem Recycling zu viele Chemikalien zugesetzt werden müssen. Man kann Downcycling-Probleme nicht per Upcycling-Dekret aus der Welt schaffen. Darüber hinaus kann grundsätzlich der Punkt eintreten, wo Effizienzsteigerung nurmehr vereinseitigtes Mengenwachstum mit erheblichen Qualitätsverlusten bedeutet. Die überintensivierte Landwirtschaft und Lebensmittelindustrie zeigen, wie Effizienzmaximierung auf Dauer zu „Masse statt Klasse" führt. *So* hat man die „Effizienzrevolution" sicherlich nicht gemeint; aber dies ist, was mit Sicherheit geschieht, wenn Effizienzsteigerung – ökonomisch gesprochen, Gewinnsteigerung durch spezifische Kostenminimierung – sich umweltqualitativ undifferenziert verselbständigt.

Ein erfolgreiches Unternehmen ebenso wie eine erfolgreiche Technologiegesellschaft werden mit ihren Ressourcen sicherlich sorgsam umgehen, aber sie haben es in der Regel nicht nötig, krampfhaft zu „sparen". Vielmehr investieren sie umfangreich in richtige Projekte, wie sie nachstehend als solche der ökologischen Konsistenz beschrieben werden, realisieren daraus entsprechend große Umsätze und Erlöse, wobei sie ihren Aufwand optimieren, d.h. effizient gestalten, relativ zum Umfang der zu realisierenden Vorhaben. In diesem Sinne kann man zugespitzt formulieren: Grüne Sparkommissare werden die ökologische Frage nicht lösen, wohl aber umweltbewusste Investoren.

3 Ökologische Konsistenz: eine metabolisch naturintegrierte industrielle Ökologie

Schon seit den 80er Jahren, ausdrücklicher werdend im Verlauf der 90er Jahre, hat es über bloße Effizienzsteigerung hinausgehende technologie- und produktbezogene Ansätze gegeben, zum Beispiel

- Clean Technology (Jackson 1993; Kemp u. Soete 1992; Kemp 1993)
- Constructive Technology Assessment (Rip u. Misa u. Schot 1995)
- Ökologische Modernisierung (Mol 1995; Spaargaren 1997; Huber 1982, 1995, 2001)
- Stoffstrom-Management (Enquete-Kommission 1994; Friege et al. 1998)
- Gestaltung des industriellen Metabolismus (Ayres 1993; Ayres u. Simonis 1994; Ayres u. Ayres 1996)
- Ökonomie der Reproduktion (Hofmeister 1998)
- Bionik (Nachtigall 1998; Rechenberg 1973; von Gleich 1998)
- Design for Environment (Paton 1994), umweltgerechte Konstruktion (Kreibich et al. 1991)
- Industrielle Ökologie (Socolow u. Andrews u.a. 1994; Graedel 1994. Ein „Journal of Industrial Ecology" erscheint seit 1997 bei MIT Press).

Diese weitergehenden Ansätze sind in die Nachhaltigkeitsdebatte zunächst nur zögerlich eingegangen. Sie sind allesamt auf technologische Umweltinnovationen gerichtet und beinhalten bereits wesentliche Elemente der hier nun unter der Bezeichnung *Konsistenz* dargelegten weiterführenden Nachhaltigkeits-Strategie.

Konsistenz ist keine „Variante" von Suffizienz und Effizienz, und auch kein „dritter Weg" dazwischen. Konsistenz ist ein *anderer, grundlegend weiterführender* Ansatz.

Innovationstheoretisch gesprochen, liegt die Stoßrichtung des Konsistenz-Ansatzes nicht darin, an der Verbesserung der Wirkungsgrade alter Technologien und Produktlinien zu arbeiten, als vielmehr, Strukturwandel (Pfadwechsel) zugunsten grundlegender Technik- und Produkt-Innovationen zu befördern, die darauf abzielen, die ökologische Qualität der industriegesellschaftlichen Stoffumsätze so zu verändern, dass sie sich in den Naturstoffwechsel wieder besser einfügen. Es geht in erster Linie nicht um weniger, als vielmehr um *andere Arten* der Ressourcen- und Senkennutzung, die auch in großen Volumina aufrechterhalten werden können. Das Erfordernis großer Volumina ergibt sich aus den großen Bevölkerungszahlen und eher höheren als geringeren Konsumanspruchsniveaus. Die Bezeichnung ökologische *Konsistenz* wurde aus zwei Gründen gewählt, zum einen in Anlehung an die Konsistenzforderung des Nachhaltigkeitsleitbildes („to achieve trade, capital and technology flows that are more equitable and *consistent* with environmental imperatives", wie es im Brundtland-Report heißt), zum anderen, um mit der Wortwahl den Diskurskontext mit Suffizienz und Effizienz zu verdeutlichen (Huber 1994, 1995). Konsistenz stellt die Frage nach der qualitativen Beschaffenheit des industriellen Metabolismus. Dem Konsistenz-Ansatz geht es nicht um weniger vom Gleichen, sondern um grundlegenden Strukturwandel im Rahmen einer ökologischen Modernisierung (Huber 2001, S 314–327).

Braungart u. McDonough (1999) ebenso wie Frei (1999) haben einen gleichen Ansatz vorgebracht unter dem Namen der Öko-Effektivität. Auch diese Wortwahl verdeutlicht, in Abgrenzung von bloßen Mengenaspekten der Effizienz, den qualitativen Aspekt der Zweckerfüllung, wobei es freilich nicht der eigentliche Zweck von Technologien ist, ökologische Kriterien zu erfüllen. Technologien sollen ihre operativen Zwecke erfüllen *und* dabei ökologischen Kriterien genügen. Der Zweck eines Fahrzeuges ist kein ökologischer, sondern liegt in der Mobilitätsdienstleistung, Personen oder Sachen zuverlässig, sicher und möglichst schnell von A nach B zu bringen. Ein Fahrzeug, das dieses leistet, ist effektiv. Was aber soll öko-effektiv sein? Von daher erscheint es doch passender, von der ökologischen bzw. metabolischen *Konsistenz* von Technologien oder Produkten und damit verbundener Stoffumsätze zu sprechen.

Man wird nach praktischen Beispielen fragen. Dies ist verständlich, aber auch problematisch. Die Geschichte der Futurologie zeigt, dass Yesterday's Tomorrows als konkretistische Szenarien meist schief liegen. Dagegen erweisen sich grundlegendere Trend- und Strukturerwartungen oftmals als zutreffend. Man tut seiner Sache wahrscheinlich keinen guten Dienst, wenn man sich zu sehr auf bestimmte Ausprägungen von „Zukunftstechnologien" festlegt. Andererseits fallen auch technologische System- oder Pfadwechsel nicht voraussetzungslos vom Himmel. Man muss bei der Suche nach geeigneten Umweltinnovationen nicht nach etwas völlig Ungesehenem Ausschau halten, sondern nach etwas, das bereits vorhanden ist und einen praxisbezogenen Forschungs- und Entwicklungsweg schon erfolgreich zurückgelegt hat. Das Hauptproblem im Innovationsprozess liegt ja weniger in der Erfindung und Frühentwicklung neuer Technologien, als mehr in der späteren Entwicklung zu Serienreife und der allgemeinen Verbreitung.

Umweltpolitisch bedeutend sind vor allem Innovationen in Industriezweigen, die heute große Umweltprobleme verursachen. Die umweltsensitivsten industriellen Komplexe sind der Energiekomplex (von der Energiegewinnung über Antriebsaggregate für Fahrzeuge bis zu Heizungsanlagen) und die Landwirtschaft sowie die chemische Industrie und weitere Grundstoffproduktionen.

Zu den offensichtlichen Kandidaten, die eine metabolisch besser naturintegrierte Ressourcen- und Senkennutzung zu gewährleisten vermögen, gehören heute im Energiebereich die Einführung von Wasserstoff anstelle der fossilen kohlenstoffhaltigen Brennstoffe, und, teils in Verbindung damit, die Verbreitung einer ausgefächerten Brennstoffzellen-Technologie (große vs. kleine, hoch- vs. niedertemperatur, stationär vs. mobil) anstelle herkömmlicher Hochöfen, Brennkammern, Explosionsmotoren usw. Selbst großvolumige anthropogene Wasserstoff-Umsätze auf Giga- und Tera-Niveau werden nur einen äußerst geringen Bruchteil des geo- und biogenen Wasserstoffkreislaufes darstellen. Über ökologisch nachteilige Wirkungen von Wasserstoff ist heute nichts bekannt.

Auch wenn ein erheblicher Teil des Klimawandels auf veränderte Sonnenaktivität zurückzuführen sein sollte, so bleibt der anthropogene Beitrag doch erheblich und macht die schnellstmögliche Umstellung der gesamten Energiebasis zum vordringlichen Umweltinnovations-Projekt (Wernick et al. 1996; Nakićenović 1996). Ohne umweltverträgliche Energiebasis sind letztlich alle Vorstellungen einer umfassenden Stoffkreislaufführung hinfällig. Aber mit metabolismuskonsistenter Energie ist für viele Milliarden Menschen vieles darstellbar.

Dazu gehören weiterhin auch brennstoff-freie Energietechnologien, insb. Solarenergie, u.a. in Verbindung mit der Entwicklung eines Solar-Wasserstoff-Komplexes, daneben noch gewisse größere Nischen für Wind-, Wasser- und evtl. auch Geothermalenergie. Nachwachsende Bio-Brennstoffe dagegen erscheinen nicht als ein besonders intelligenter Pfad, wertvolle Biomasse zu gebrauchen (weil es heißt, die Photosyntheseleistung der Natur zu zerstören statt sie in chemischer Materialweiterverarbeitung zu nutzen), außer vielleicht in gewissen agrarischen Nischenanwendungen. Auch wird immer wieder „saubere Kohle“ ins Spiel gebracht, und damit eine weitere Epoche der Fossilien-Nutzung. „Sauber“ würde Kohlenstoff als Brennstoff jedoch nur, wenn auch eine CO_2-Fixierung damit verbunden wäre. Aus heutiger Sicht bleibt dies auch in Zukunft äußerst aufwendig, sodass die wirtschaftliche Gangbarkeit wie auch die technologische Sinnhaftigkeit dieses Weges bis auf Weiteres zweifelhaft erscheint – zumal, wenn auch der Naturschutz zu seinem Recht kommen soll (Landschafts- und Ökozönosenzerstörung durch Bergbau, Tagebau, Unterwasserabbau, Forstraubbau). Buchstäblich alles im Universum repräsentiert Energie, besitzt Energie, und ist daher auch eine potenzielle Quelle von technisch nutzbarer Energie. Muss eine hochstehende Technologiegesellschaft der Zukunft weiterhin die Erde umwühlen und Landschaften großflächig denaturieren, um Energie zu gewinnen? Eher wird dies ein Zeichen von Rückständigkeit sein.

Im Agro-Bio-Chemo-Bereich dürften biotechnische Produktionsverfahren sowie transgene Pflanzen anstelle von herkömmlichen Zuchtsaaten und Agrarchemikalien eine Rolle spielen. Enzyme sind die biokatalytischen Stoffwechselwerkzeuge der Natur. Die moderne Produktion kann sich Enzyme, Viren, Bakterien, Pilze, Algen und andere Mikroorganismen zur Arbeit an organischem und anorganischem Material zunutze machen, ähnlich wie die traditionale Produktion Esel und Ochsen für sich arbeiten ließ. Herkömmliche Produktionsverfahren arbeiten mit hohen Drücken und Temperaturen. Dies geht mit hohen Störfallrisiken, schlechten Wirkungsgraden und erheblichem Ressourcen- und Senkenverschleiß einher. Bio- und Gentechnik arbeiten ohne hohe Drücke und Temperaturen effektiv und umweltschonend, effizienter ohnedies. Im Vergleich zu heute können sie den Ressourcen-Input und den Emissionen-Output von chemischen Produktionen in vielen Fällen um einen Faktor 10–100 verringern. Solche Leistungen allerdings erbringen weniger die natürlich vorkommenden Enzyme und Mikroorganismen, die ihre erdgeschichtliche „Umweltverträglichkeitsprüfung" lange hinter sich haben, als vielmehr die neuen transgenen Artefakte. Nötige Erfahrungen damit sammeln kann man jedoch nur im Prozess der Anwendung.

In der Landwirtschaft bedeutet die Gentechnik vor allem einen Sprung in der Entwicklung der Pflanzen- und Tierzucht. Sorten mit höheren Absorptions-, Speicher- und Wachstumsfähigkeiten können selektiert werden, oder Sorten mit größeren Resistenzen gegen bestimmte Krankheiten und krasse Umweltbedingungen wie Salz, Hitze, Trockenheit, Kälte, Frost. Eine eventuelle Verwilderung von transgenen Sorten, oder unkontrollierte Auskreuzungen etwa durch Vermischung von transgenen und natürlichen Sorten im Umkreis von Feldern, und daraus möglicherweise resultierende Besiedlungs-Wettbewerbe, verdienen Aufmerksamkeit. Sie sind andererseits auch Teil der natürlichen Sukzession. Solche Prozesse brauchen mit der Gentechnik nicht virulenter zu werden als sie es schon immer gewesen sind. Der Tourismus und der Welthandel verursachen heute sehr viel mehr invasive Übertragungen von Arten sozusagen auf natürlichem Weg. Was die Bekömmlichkeit von gentechnisch modifizierten Lebensmitteln angeht, so unterscheiden sie sich im Prinzip nicht von herkömmlichen Lebensmitteln.

Was mit der Gentechnik bewerkstelligt wird, ist weniger eine wissenschaftlich-technische Frage als viel mehr eine politische Führungsfrage in der Verantwortung von Regierungen und Konzernleitungen, somit auch, über das Bewusstsein und die Wertorientierung der Akteure hinaus, eine Frage ordinativer und ökonomischer Steuerung. Zum Beispiel Baumwolle, Reis, Mais und Getreidesorten, die Herbizide besser vertragen, liegen zwar im Interesse der agrochemischen Industrie, nicht aber der Ökologie, auch dann nicht, wenn sie zu einem geringeren Einsatz von Herbiziden führen. Verringerte aber fortgesetzte Umweltvergiftung ist kein Beitrag zu nachhaltiger Entwicklung. Transgene Saaten sollten den Ausstieg aus den Agrargiften, nicht ihre Beibehaltung ermöglichen. Ebenso mögen Kühe mit Turbo-Euter im Interesse der Milchwirtschaft liegen, oder Schafe mit Turbo-Leber im Interesse der pharmazeutischen Industrie. Dem Geist von Tierschutz und Artgerechtigkeit laufen sie ab gewissen Grenzen zuwider. Indem Tiere nunmehr auch gentechnisch genutzt werden, müssen dementsprechende Regelungen fortentwickelt werden.

Man kann sagen, dass die Gentechnik eine ökologische Frage höherer Ordnung konstituiert. Statt grober Makro-Eingriffe in die Geo- und Biosphärendynamik erhöht sich die Eingriffstiefe in der biosphärischen Mikrostruktur. Dies birgt neben den Chancen sicherlich auch Risiken. Zudem wird die Agrobioindustrie, so lange sie zugleich Agrarchemikalienindustrie bleibt, der Entwicklung nicht von sich aus die erwünschte Stoßrichtung geben. Auch müssen auf diesem Gebiet gewisse Eigentums- und Vertragsrechte erst noch gegen Beherrschungsabsichten der Konzerne gesichert werden. Es besteht hier in den USA ein weitgehendes Regulierungsdefizit, und in Europa ein bestimmtes Regulierungsdefizit in dem Sinne, dass bisherige Regulierungen, teils disfunktional, vor allem auf eine prozedurale bürokratische Behinderung der Gentechnik abzielen anstatt erwünschte Formen ihrer Nutzung promotorisch zu regulieren und unerwünschte zu verbieten. Gerade die Gentechnik kann wesentliche Beiträge zur Umwelt- und Entwicklungspolitik im Sinne der UNCED-Agenda 21 leisten.

Andere Konsistenz-Pfade im Agrarbereich sind der ökologische Landbau und die ökologische Tierhaltung, zum anderen eine ökologische Modernisierung der herkömmlichen Landwirtschaft als sog. Präzisionslandwirtschaft. Diese ist erheblich weniger umweltintensiv, besonders auch in geschlossenen Systemen wie Treibhäusern oder „Agrarfabriken" – eine Bezeichnung, die von Kritikern als Schmähwort gemeint ist. Es würde der Sache jedoch gerechter, sich einen neutralen Begriff von Agrarfabrik zu machen, denn die mehrstöckig integrierte Pflanzen- und Tierwirtschaft mit Auslauf stellt lediglich eine räumliche Rekombination längst üblicher Praktiken dar, mit dem Unterschied einer erheblich verbesserten Umweltperformance infolge geschlossener Stoffkreisläufe. Nicht nur lassen sich in Agrarfabriken der Gebrauch von Wasser und Agrarchemikalien oder die Verwertung von Abwasser, Abfällen und Exkrementen transparenter und effektiver kontrollieren, sondern auch die vollwertige Konsistenz der Böden oder Nährsubstrate und die Praktiken einer artgerechten Tierhaltung. Was eine Agrarfabrik faktisch leistet, ist kaum eine Frage der Technologie, die diesbezüglich alles Nötige zu leisten vermag, sondern eine Frage der rechtlichen Regulierung, der Ökonomie sowie der gesellschaftlichen Einstellungen und Praktiken.

Der ökologische Landbau wird sich mit Präzisionslandwirtschaft und transgenen Saaten sicherlich nicht anfreunden, schon im Interesse seiner lukrativen Nischenmärkte, die gehobene Kaufkraft abschöpfen. Umgekehrt jedoch können und werden wahrscheinlich im Verlauf von ein oder zwei Generationen wichtige Elemente des ökologischen Landbaus in die herkömmliche Landwirtschaft Eingang finden – wenn nicht freiwillig, dann auf gesetzlicher Grundlage, insbesondere im Hinblick auf Besatzdichte und Tiermedikation – und sich verbinden mit Präzisionslandwirtschaft und biotechnischer Agroindustrie.

Die Liste von Beispielen für technologische Umweltinnovationen, die darauf abstellen, die ökologische Konsistenz des industriellen Metabolismus zu verbessern und dabei außerdem auch bisherige Effizienzen steigern, wäre noch recht lang. Eine von mir erstellte Taxonomie technologischer Umweltinnovationen der Konsistenz (ohne bloße Effizienzsteigerung) enthält inzwischen rund 350 Datensätze, vom Energiebereich und dem Agro-Bio-Chemo-Komplex über sonstige Rohstoffgewinnung und -verarbeitung, zu Maschinen, Materialien und Gebrauchsgütern, bis zur Abfallwirtschaft als „Grundstoffindustrie rückwärts" sowie Technologien des Umweltmonitoring und der umweltrelevanten Mess- und Regeltechnik in der Produktion.

Der Zielhorizont ökologischer Konsistenz geht dahin, den industriegesellschaftlichen Metabolismus wieder besser einzubetten in den Gesamtmetabolismus der Geo- und Biosphäre, und zwar weniger durch bloße Mengenänderungen, als vielmehr durch Änderung der Stoffstrom-Qualitäten. Es geht nicht darum, eine Mengenanpassung auf dem gegenwärtigen Entwicklungsniveau der technologischen Strukturen herbeizuführen, sondern diese Strukturen so fortzuentwickeln, dass damit eine naturkreislauf-integrierte industrielle Ökologie geschaffen wird.

Dies impliziert in gewissem Ausmaß die absichtliche Gestaltung von Mensch-Natur-Systemen. Ein Konzept wie Earth Systems Engineering geht in diese Richtung (Allenby 1999). Der Ausdruck klingt allerdings recht utopisch, denn worum es zunächst einmal geht, ist ein Management der Schnittstellen, an denen anthropogene Stoffströme in Form von Ressourcen-Entnahmen und Senken-Emissionen in geogenen Stoffströmen intervenieren. In eine gleiche Richtung gehen von Schellnhuber (2000, 1998) diskutierte Denkansätze wie ein Globales Umwelt- und Entwicklungsmanagement, Geo-Engineering oder geokybernetisches Management. Darin kommt nicht neuerliche Hybris zum Ausdruck. Es wäre im Gegenteil unverantwortlich, sich dieser unausweichlich gewordenen Herausforderung nicht zu stellen und dem bisherigen „spontan"-unintendierten Katastrophenkurs weiter seinen Lauf zu lassen.

Man hat den Ansatz der ökologischen Konsistenz durch technologische Umweltinnovationen gelegentlich als „technokratisch" missdeutet. Solcherart Missdeutung kann sich nur auflösen bei Einsicht in den Sachverhalt, dass jede nachhaltige Lösung ökologischer Probleme letztes Endes in der Tat auf technologischem Weg erfolgt. Auch der Suffizienz-Ansatz kommt mit bestimmten technologischen Implikationen, nämlich denen der entspezialisierenden und entdifferenzierenden Produktions-Entflechtung und Entschleunigung, des industriellen Kapazitäts-Abbaus und der technologischen Regression in vormoderne Verhältnisse. Ökologische Probleme sind Störungen des Metabolismus von Populationen oder von Biozönosen in ihrem Lebensraum; Umweltprobleme der Industriegesellschaft sind Störungen des industriellen Metabolismus. Der industrielle Metabolismus wird kaum mehr durch traditionale körperliche Arbeit, umso mehr und fast vollständig durch technisch überformte und maschinelle Arbeit sowie Energietechnik bewerkstelligt, wobei dies zunehmend auf wissenschaftlicher Grundlage geschieht. Ökologische Anpassung der Industriegesellschaft kann somit überhaupt nichts anderes bedeuten als Strukturwandel durch wissenschaftlich-technische Innovation.

Technologie, allerdings, als instrumentelles Medium, gehört zum *operativen System* von Produktion und Konsum als einem von drei effektuativen Subsystemen der Gesellschaft; die beiden anderen sind das *ökonomische System* von preisregulierten Märkten und Geld- und Finanzwesen, sowie das *ordinative System* von rechtsbasierter öffentlicher Verwaltung und privatem Management. Im Hinblick auf das operative System kann man sagen, dass es, außer durch seine endogenen Bedingungen, durch die preisvermittelten Impulse des ökonomischen Systems und die rechtsvermittelten Impulse des ordinativen Systems gesteuert wird. Alle drei effektuativen Systeme werden außerdem unmittelbar kontrolliert durch formative

Einflüsse aus kulturellen und politischen Subsystemen, insbesondere von der Wissensbasis (Kognition), der Wertebasis (Evaluation), und Prozessen der Willensbildung und Entscheidungsfindung (Konation). Technik ist damit per se ein *gesellschaftlicher* Sachverhalt, etwas menschlich und gesellschaftlich Eingebettetes. Technologische Innovationsprozesse können überhaupt nur stattfinden in Verbindung mit kodirektionalen Entwicklungen in anderen gesellschaftlichen Subsystemen. Für neue Technologien muss es Wissens- und Einstellungsvoraussetzungen geben, Promotoren, institutionelle Träger, Rechtsvoraussetzungen und adäquate Regulierung, Investoren und Märkte mit kaufkräftiger Nachfrage. Technik kann ohne ihre soziale Einbettung, ihre gesellschaftlichen Funktionsbestimmungen nicht verstanden werden; und es kann auch die moderne Technik nicht verstanden werden, ohne nicht ihre Bedeutung für Mensch und Gesellschaft zu verstehen.

4 Der Stellenwert von Suffizienz, Effizienz und Konsistenz im Rahmen einer nachhaltigen industriellen Ökologie

Die drei Nachhaltigkeits-Strategien der Suffizienz, Effizienz und Konsistenz schließen einander nicht unbedingt aus, sondern sie können in gewissem Ausmaß pragmatisch miteinander verbunden werden. Konsistenz und Effizienz sind im Verlauf eines technologischen Lebenszyklus ohnedies aneinander gekoppelt, wobei in dessen frühen Stadien die metabolische Konsistenz einer Technologie oder eines Produktes bleibend konzipiert und konstituiert wird, während sukzessive Effizienzsteigerungen mehr im weiteren Verlauf der Lernkurve zum Tragen kommen. Demgegenüber besteht zwischen Suffizienz und Konsistenz in der Sache zwar ein Gegensatz (es handelt sich um den „Zwei-Kulturen"-Gegensatz zwischen pro- und anamodalen Ausrichtungen der Gesellschaft), aber alltagspraktisch gibt es, neben auftretenden Unverträglichkeiten, auch mannigfaltige Möglichkeiten, Elemente beider Ansätze zu verbinden. So vertragen sich zum Beispiel eine traditionsverbundene Belebung regionalen Landbaus und Gewerbes mit dem globalen Fortschritt durch Multinationale und Welthandel in den meisten Fällen durchaus. Freilich ergibt sich schon alleine durch das Ausmaß des möglichen Beitrages der drei Nachhaltigkeits-Strategien zur Lösung von Umweltproblemen eine klare Rangfolge: Konsistenz vor Effizienz vor Suffizienz.

Es gibt neuerdings verwirrende „Fortentwicklungen" des Nachhaltigkeitsdiskurses. Bei diesen wird der Ansatz der Suffizienz umgedeutet in etwas, das vielfach einer innovativen Konsistenz-Strategie, teilweise auch der Effizienz-Strategie entspricht (z.B. EU-Commission Community Research 2001). Der Hintergrund dafür mag auch darin liegen, dass frühere Verfechter des Suffizienz-Standpunktes ihre Felle allmählich haben davonschwimmen sehen, während das Thema der Umweltinnovationen in den letzten Jahren zunehmend Aufwind bekommen hat (zu Letzterem Klemmer et al. 1999; Klemmer 1999; Hemmelskamp 1999; Hemmelskamp u. Rennings u.a. 2000). So werden in dem zitierten EU-Papier nun kurzerhand etwa auch Solarwasserstoff oder andere neue Technologien als Elemente einer „Suffizienz“-Strategie ausgegeben, ebenso Marketing- und Verbrauchspraktiken wie zum Beispiel Car-Sharing, Textil-Leasing etc., die, genau genommen, der Effizienz-Strategie zugehören, da sie die Auslastung betreffender Nutzungskapazitäten und die Umlauf-Effizienz steigern. Ein solcher Diskurs kann nur noch Konfusion stiften. „Suffizienz“ wird dabei ein Synonym für begriffsschludrig entdifferenzierte „Nachhaltigkeit“ an und für sich. Man sollte deshalb unbedingt an dem ursprünglichen Verständnis festhalten, wonach Suffizienz sich auf die Begrenzung der Verbrauchs-Ansprüche, die Genügsamkeit und konsumtive Begrenzung der Lebensweise bezieht, während technische Effizienz auf den quantitativen Aspekt von Input-Output-Relationen abstellt, und Konsistenz auf die metabolische Qualität und Naturkreislauf-Integrität betreffender Technologien und Stoffumsätze.

Die Vorrangigkeit des Konsistenz-Ansatzes beruht nicht auf einer ideellen Präferenz, sondern sie ergibt sich aus der Realität von Technologie- und Produkt-Lebenszyklen selbst. Umweltwirkungen von Technologien werden überwiegend und dauerhaft bereits in den frühen Stadien der Labor-, Technikums- und Industrie-Entwicklung festgelegt, bis etwa zum Erreichen der seriellen Produktionsreife. Je mehr etwas der Konzeption nachfolgend bereits auf seinen industriellen Entfaltungs- und Verbreitungspfad gebracht ist, desto strukturell begrenzter und quantitativ geringer werden die Möglichkeiten, durch Entfaltungsinnovationen und schließlich Statusmodifikationen an den Umweltwirkungen des betreffenden Technologie- oder Produktpfades noch viel zu ändern.

Dies gilt, davon abgeleitet, in gleicher Weise für den ökobilanziellen Lebensweg eines Produktes entlang der vertikalen Produktionskette von der Rohstoffgewinnung bis zum Recycling und zur Entsorgung. Auch hier ist durch die Konzeption und Konstitution einer Technologie oder eines Produktes alles Wesentliche bereits vorfestgelegt. Im laufenden Prozess der Produktion und des Gebrauchs bleiben weniger Freiheitsgrade, die Umweltwirkungen zu kontrollieren. Produktbezogene Öko-Bilanzen haben ein Wissen geschaffen, auf welchen Stufen der vertikalen Produktionskette welche Umweltwirkungen in welchem Ausmaß entstehen oder induziert werden. Zwar wird man konkreten Messzahlen mit der gebotenen Zurückhaltung begegnen, zumal hoch aggregierten Kennziffern, hinter denen Äpfel wie Birnen verschwinden. Dennoch hat sich eine Expertenmeinung dahingehend herausgebildet, dass etwa 60–80 % der Umweltwirkungen einer Sache durch ihre basale Konstitution festgelegt werden, evtl. auch mit späteren strukturelle Neukonzeptionen (re-inventing, re-engineering, next generation product). Im Produktionsprozess selbst lassen sich eventuell 10–30 %, im Endverbrauch gegebenenfalls weitere 10–20 % kontrollieren.

Zum Beispiel kann man beim Heizen mit einer Variation von 1°C im Bereich von um 20°C Raumtemperatur 3–6 % Energieverbrauch beeinflussen, oder beim Autofahren durch ruppiges oder sanftes Fahren 10–15 % des Spritverbrauchs kontrollieren. Dies sind jedoch seltene Beispiele für einen erheblichen *direkten* Umweltwirkungs-Einfluss der Nutzer. Die Möglichkeiten der Produzenten, Umweltwirkungen entlang der Produktlinie zu kontrollieren, gehen zwar meist weiter als die der Endnutzer, sollten aber auch nicht überschätzt werden. Der Vorteil in der Produktion im Vergleich zu privaten Haushalten pflegt zu sein, dass Rationalisierungspotenziale systematischer und vollständiger ausgeschöpft werden. Aber wenn im günstigen Fall die betreffenden 10–30 Prozent erreicht sein sollten, dann hilft nur eine Strukturveränderung weiter, das heißt, von Grund auf veränderte oder gar völlig neue Produktionsverfahren, Produkte, Bauweisen o.ä. müssen eingeführt werden, und eben darin liegt der Ansatzpunkt der Konsistenz-Strategie.

Die Strategiewahl zwischen Effizienz und Konsistenz ist nicht beliebig. Entweder wir arbeiten effizienzsteigernd an verbleibenden Freiheitsgraden von alten Technologie- und Produktpfaden bei abnehmendem Grenznutzen, oder aber wir arbeiten konsistenzverändernd an den Freiheitsgraden bei der innovativen Konzeption und Entwicklung von neuen Technologien und technologischen Pfadwechseln. Sofern man hypothetisch ohne Einschränkung beides tun könnte, würde sich beides gut ergänzen. In Wirklichkeit besteht hier vielfach eine Interessens- und Mittelkonkurrenz. Was in die nachrangige Effizienzsteigerung fließt, dient kurz- und mittelfristig der Perpetuierung des Status quo und verhindert insoweit das Aufkommen der vorrangigen Neukonzeption und Neukonstitution von Technologiepfaden. Was umgekehrt der Konsistenz-Strategie zufließt, verkürzt das Fortbestehen der industrietraditionalen Strukturen indem es ihre Ablösung beschleunigt.

Inkrementale Effizienzsteigerung kann relativ rasch umgesetzt werden, führt aber nicht sehr weit. Demgegenüber erfolgen innovative Systemwechsel, grundlegender Strukturwandel, naturgemäß längerfristig (Grübler 1994, 1996) – wegen des erforderlichen wissenschaftlich-technologischen Vorlaufes, wegen der nur langfristig erfolgenden Erneuerung oder Abschreibung von Kapitalstöcken, der Trägheit von Paradigmenwechseln ebenso wie Personalstrukturen, den Interessenkonflikten zwischen Platzhaltern und Innovatoren, den Notwendigkeiten gesellschaftlicher Bewertung und alltagspraktischer Assimilation, auch den Notwendigkeiten rechtlicher Regelungen u.a.m. Dafür handelt es sich um den Ansatz, der eine breite gesellschaftliche Trägerschaft impliziert, und der das höchste Maß an nachhaltiger Problemlösung bringen kann.

Literatur

Allenby B (1999) Earth Systems Engineering. The Role of Industrial Ecology in an Engineered World, Journal of Industrial Ecology, Vol 2, No 3: 73–93

Ayres RU, Ayres LW (1996) Industrial Ecology. Towards Closing the Materials Cycle. Edward Elgar, Cheltenham

Ayres RU (1993) Industrial Metabolism. Closing the Materials Cycle. In: Jackson T (ed) Clean Production Strategies. Developing Preventive Environmental Management in the Industrial Economy. Lewis Publishers, pp 165–188

Ayres RU, Simonis UE (eds) (1994) Industrial Metabolism. Restructuring for Sustainable Development, Tokyo: United Nations University Press

Braungart M, McDonough WA (1999) Von der Öko-Effizienz zur Öko-Effektivität. Die nächste industrielle Revolution, Politische Ökologie, 17.Jg., Heft 62: 18–22.

Bringezu S (1997) Umweltpolitik. Grundlagen, Strategien und Ansätze ökologisch zukunftsfähigen Wirtschaftens. Oldenbourg., München

Enquete-Kommission „Schutz des Menschen und der Umwelt" des Deutschen Bundestages 1994. Die Industriegesellschaft gestalten.Perspektiven für einen nachhaltigen Umgang mit Stoff- und Materialströmen. Economica, Bonn

EU-Commission Community Research 2001. Sustainable Production. Challenges & Objectives for EU Research Policy, publ. by the European Commission

Frei M (1999) Öko-effektive Produktentwicklung. Grundlagen – Innovationsprozess – Umsetzung. Gabler, Wiesbaden

Friege H, Engelhardt C, Henseling KO (Hrsg) (1998) Das Management von Stoffströmen. Springer, Berlin

Fussler CR (1994) The Sustainability Revolution and the Eco-Efficiency Imperative, Dow Europe. Geneva

Graedel T (1994) Industrial Ecology. Definition and Implementation. In: Socolow et al. (eds) Industrial Ecology and Global Change. University Press, Cambridge. pp 23–42

Grübler A (1994) Industrialization as a Historical Phenomenon. In: Socolow et al. (1994) Industrial Ecology and Global Change. University Press, Cambridge pp 43–68

Grübler A (1996) Time for a Change. On the Patterns of Diffusion of Innovation, Daedalus, Vol 125, No 3. The Liberation of the Environment: 19–42

Hemmelskamp J (1999) Umweltpolitik und technischer Fortschritt. Eine theoretische und empirische Untersuchung der Determinanten von Umweltinnovationen. Physica, Heidelberg

Hemmelskamp J, Rennings K, Leone F (eds) (2000) Innovation-Oriented Environmental Regulation. Physica Verlag, Heidelberg

Hofmeister S (1998) Von der Abfallwirtschaft zur ökologischen Stoffwirtschaft. Wege zu einer Ökonomie der Reproduktion. Westdeutscher Verlag, Opladen

Huber J (1994) Nachhaltige Entwicklung durch Suffizienz, Effizienz und Konsistenz. In: Fritz P, Huber J, Levi HW (Hrsg) Nachhaltigkeit in naturwissenschaftlicher und sozialwissenschaftlicher Perspektive. Hirzel Wissenschaftliche Verlagsgesellschaft, Stuttgart, S 31–46

Huber J (1995) Nachhaltige Entwicklung. Edition Sigma, Berlin

Huber J (2000) Towards Industrial Ecology. Sustainable Development as a Concept of Ecological Modernization, Journal of Environmental Policy and Planning, Vol 2, No 4: 269–285

Huber J (2001) Allgemeine Umweltsoziologie. Westdeutscher Verlag, Opladen

Jackson T (ed) (1993): Clean Production Strategies. Developing Preventive Environmental Management in the Industrial Economy. Lewis Publishers

Kemp R (1993) An Economic Analysis of Cleaner Technology. Theory and Evidence. In: Fischer K, Schot J (eds) (1993) Environmental Strategies for Industry. International Perspectives. Island Press, Washington/Covelo, pp 79–116

Kemp R, Soete L (1992) The Greening of Technological Progress. Futures

Klemmer P, Lehr U, Löbbe K (1999) Umweltinnovationen. Anreize und Hemmnisse. Analytica, Berlin

Klemmer P (Hrsg) (1999) Innovationen und Umwelt. Analytica; Berlin

Kreibich R, Rogall H, Boes H (Hrsg) (1991) Ökologisch produzieren. Beltz, Weinheim

Linz M (1998) Spannungsbogen. „Zukunftsfähiges Deutschland" in der Kritik. Birkhäuser, Berlin

Meadows D and D, Randers J (1992) Die neuen Grenzen des Wachstums. rowohlt, Reinbek

Milieudefensie (Friends of the Earth Netherlands) (1992) Action Plan Sustainable Netherlands – A perspective for changing northern lifestyles, publ. by FoEN, Amsterdam

Mol APJ (1995) The Refinement of Production. Ecological Modernization Theory and the Chemical Industry. van Arkel, Utrecht

Nachtigall W (1998) Bionik. Grundlagen und Beispiele für Ingenieure und Naturwissenschaftler. Springer, Berlin

Nakićenović N (1996) Freeing Energy from Carbon, Daedalus, Vol 125, No 3, The Liberation of the Environment: 95–112

Paton B (1994) Design for Environment. A Management Perspective. In: Socolow et al. (Eds) Industrial Ecology and Global Change. Cambridge University Press, pp 349–358

Rechenberg I (1973) Evolutionsstrategie. Optimierung technischer Systeme nach Prinzipien der biologischen Evolution. Frommann, Sturrgart

Rees WE, Wackernagel M (1994) Ecological Footprints and Appropriated Carrying Capacity. Measuring the Natural Capital Requirements of the Human Economy. In: Jansson A, Hammer M, Folke C, Costanza R (eds.) (1994) Investing in Natural Capital. The Ecological Economics Approach to Sustainability. Island Press, Washington/Covelo 362–391. Dt. als Monographie (1997). Unser ökologischer Fußabdruck. Birkhäuser, Basel

Rip A, Misa TJ, Schot J (eds) (1995) Managing Technology in Society. The Approach of Constructive Technology Assessment. Pinter, London New-York

Schellnhuber H-J (2000) Globales Umweltmanagement. In: Kreibich R, Simonis (Hrsg), Global Change. Nomos, Baden-Baden. Während Drucklegung dieses Artikels im Erscheinen

Schellnhuber H-J, Wenzel V (Hrsg) (1998) Earth System Analysis. Springer, Berlin

Scherhorn G (1997) Revision des Gebrauchs. In: Schmidt-Bleek F et al (Hrsg) Öko-intelligentes Produzieren und Konsumieren. Birkhäuser, Basel , S 25–55

Scherhorn G (1997b) Das Ganze der Güter. In Meyer-Abich KM. (Hrsg) (1997) Vom Baum der Erkenntnis zum Baum des Lebens. Ganzheitliches Denken der Natur in Wissenschaft und Wirtschaft. Beck, München, S 162–253

Schmidheiny S (1992a) Changing Course. A Global Business Perspective an Development and the Environment. MIT Press, Cambridge/Mass

Schmidheiny S (1992b) The Business Logic of Sustainable Development, The Columbia Journal of World Business. Vol 27, No 314:18–24

Schmidt-Bleek F (1994) Wieviel Umwelt braucht der Mensch? MIPS, das Maß für ökologisches Wirtschaften. Birkhäuser, Berlin

Socolow R, Andrews C, Berkhout F, Thomas V (eds) (1994) Industrial Ecology and Global Change. Cambridge University Press.

Spaargaren G (1997) The Ecological Modernization of Production and Consumption. Essays in environmental sociology, Thesis Landbouw Universiteit Wageningen

Von Gleich A (Hrsg) (1998) Bionik. Ökologische Technik nach dem Vorbild der Natur? Teubner, Stuttgart

Weizsäcker EU von, Lovins A u. H (1995) Faktor Vier. Doppelter Wohlstand, halbierter Naturverbrauch. Droemer Knaur, München

Wernick I , Herman R, Govind S, Ausubel J (1996) Materialization and Dematerialization. Measures and Trends, Daedalus, Vol 125, No 3. The Liberation of the Environment, pp 171–197

Wuppertal Institut (Hrsg) (1996) Zukunftsfähiges Deutschland. Ein Beitrag zu einer global nachhaltigen Entwicklung, Studie im Auftrag von BUND und Misereor. Birkhäuser, Basel

Technikgestaltung für nachhaltige Entwicklung – Anforderungen und Orientierungen

Armin Grunwald

Der Technik kommt in wohl allen Konzeptionen zur nachhaltigen Entwicklung eine Schlüsselrolle zu. Zentrale Nachhaltigkeitsprobleme stehen mit Technik bzw. ihrer Nutzung in Zusammenhang, vor allem im Hinblick auf einen nicht langfristig durchhaltbaren Rohstoffbedarf und umweltschädliche Emissionen. Daraus werden allerdings teils konträre Schlussfolgerungen gezogen. Nachhaltige Entwicklung durch weniger Technik oder durch andere, „nachhaltigere" Technik? In diesem Beitrag werden einige notwendige Bedingungen angesprochen, die für eine Technikgestaltung unter Nachhaltigkeitsaspekten erfüllt sein müssten.[1] Hierfür ist es zunächst erforderlich, das Verhältnis von Nachhaltigkeitsverständnis und Technik kurz darzustellen, um dann auf die Anforderungen der Systemperspektive, der Lebenszyklusbetrachtung, der Reversibilität, der Lernfähigkeit und der Vermeidung technikbedingter Risiken einzugehen.

1 Technik und das integrative Nachhaltigkeitskonzept

Nachhaltige Entwicklung lässt sich sowohl aus (gerechtigkeits-)theoretischen Gründen als auch aus Gründen vieler systemischer Vernetzungen nicht auf die Umweltdimension beschränken, sondern weist auch soziale, ökonomische und politische Aspekte auf. Aus diesem Grund wurde im Verbundprojekt der Helmholtz-Gemeinschaft „Global zukunftsfähige Entwicklung – Perspektiven für Deutschland" (Grunwald et al. 2001) ein integratives Konzept nachhaltiger Entwicklung erarbeitet, das die Grundlage der weiteren Ausführungen bildet (ausführlich dazu Kopfmüller et al. 2001).

Die bekannte Definition der Brundtland-Kommission, nach der die Entwicklung dann nachhaltig ist, wenn sie ‚die Bedürfnisse der heutigen Generation befriedigt, ohne zu riskieren, dass künftige Generationen ihre eigenen Bedürfnisse nicht befriedigen können' (Hauff 1987, S 46), die erläuternden Texte der Kommission und weitere zentrale Dokumente der Nachhaltigkeitsdiskussion wie die Rio-Deklaration erlauben es, folgende konstitutive Elemente für Nachhaltigkeit zu bestimmen:

- *Gerechtigkeit*: Nachhaltigkeit und Gerechtigkeit stehen in einem untrennbaren Verhältnis. Insbesondere sind inter- und intragenerative Gerechtigkeit gleichermaßen konstitutiv für Nachhaltigkeit.

---

[1] Die folgende Darstellung stellt in Teilen eine Kurzfassung des Beitrages von Fleischer u. Grunwald 2002 dar und bezieht sich darüber hinaus auf Ergebnisse des Projektes „Global zukunftsfähige Entwicklung – Perspektiven für Deutschland" (Grunwald et al. 2001).

- *Globalität*: Die globale Perspektive und globale Problemlagen sind Ausgangspunkt für die Gewinnung von Kriterien für Nachhaltigkeit.
- *Anthropozentrik*: Anthropozentrische Prämissen sind der Nachhaltigkeitsdiskussion von Anfang an inhärent, da es um *menschliche Bedürfnisse* geht.

Diese Ziele werden durch Mindestanforderungen, die in Form von Regeln formuliert sind, näher konkretisiert (Tab.1, vgl. nächste Seite). Die ,Was-Regeln' stellen inhaltliche Mindestanforderungen für eine Erreichung dieser generellen Ziele dar. Die ökologische, die ökonomische, die soziale und die politisch-institutionelle Dimension der Nachhaltigkeit werden *gleichrangig und integriert* behandelt. Die Regeln sollen sowohl als Leitorientierung für die weitere Operatinalisierung des Konzepts dienen als auch die Funktion von Prüfkriterien haben, mit deren Hilfe Zustände oder Entwicklungen auf Nachhaltigkeit bewertet werden können.

Darüber hinaus betreffen die instrumentellen ,Wie-Regeln' den Weg zur Erfüllung dieser Mindestanforderungen betreffen. Bei den letzteren geht es um die Frage, welche institutionellen, politischen und ökonomischen Rahmenbedingungen gegeben sein müssten, um eine nachhaltige Entwicklung in die Praxis umzusetzen bzw. ihre Umsetzung zu fördern. Sie umfassen die Stichworte Internalisierung der ökologischen und sozialen Folgekosten, angemessene Diskontierung, Begrenzung der Verschuldung, faire weltwirtschaftliche Rahmenbedingungen, Förderung der internationalen Zusammenarbeit, Resonanzfähigkeit der Gesellschaft, Reflexivität, Steuerungsfähigkeit, Selbstorganisation und Machtausgleich.

Was diese Nachhaltigkeitsregeln für Technikgestaltung heißen, ist nicht so ohne weiteres zu beantworten. Auf keinen Fall lassen sich die Nachhaltigkeitsregeln direkt in Vorgaben für Technikgestaltung oder gar in Leistungsmerkmale für Technik übersetzen. Nachhaltigkeitsregeln beziehen sich nicht auf technische Anforderungen, sondern auf Aspekte der gesellschaftlichen Wirtschaftsweise, in der die Technik nur eine Rolle neben anderen Aspekten spielt. Wenn es um Konsequenzen für Technik geht, ist jeweils *kontextspezifisch* vorzugehen: Welche sind die nachhaltigkeitsrelevanten Probleme in dem betreffenden Bereich, welche technischen und welche sozialen Bedingungen liegen vor, wie hängen sie zusammen, und wie verhält sich dieses gesamte (zumeist recht komplexe) Gefüge zu dem Anspruch des Systems der substanziellen Nachhaltigkeitsregeln? Zur weiteren Klärung sei zwischen zwei nachhaltigkeitsförderlichen Entwicklungsrichtungen für Technik unterschieden, (1) der *funktionsäquivalenten Ersetzung* vorhandener durch innovative Technik einerseits und (2) der *Ermöglichung* von Nachhaltigkeitsforderungen durch Technik andererseits.

(1) Die funktionsäquivalente Ersetzung vorhandener Technik durch innovative Technik (,Substitution') erlaubt eine direkte Übersetzung der Nachhaltigkeitsforderungen in technische Leistungsmerkmale wenigstens zum Teil. Als Beispiel: ein funktionsäquivalenter Ottomotor, der mit höherem Wirkungsgrad und weniger schädlichen Emissionen arbeitet, ist – ceteris paribus bei der Funktionsäquivalenz – nachhaltiger als das Vorgängermodell. Dass eine so eindeutige Aussage möglich ist, ist jedoch hauptsächlich dem Kunstgriff der Forderung nach Funktionsäquivalenz zu verdanken – in der Regel aufgrund der steigenden Ansprüche der Konsu-

menten und des technischen Fortschritts keine sehr realistische Annahme. Und selbst in diesem methodisch günstigsten aller Fälle muss es keineswegs so einfach sein, wie das Beispiel suggeriert. Vielleicht ist die Produktion des neuen Motors mit ökonomischen oder sozialen Belastungen verbunden, die die ökologischen Gewinne unter einer Gesamt-Nachhaltigkeitsbilanzierung in Frage stellen würden.

Tabelle 1. : Die drei generellen Ziele und die ihnen zugeordneten substanziellen Mindestanforderungen im integrativen Nachhaltigkeitskonzept (Kopfmüller et al. 2001, S 172)

Ziele / Regeln	1. Sicherung der menschlichen Existenz	2. Erhaltung des gesellschaftlichen Produktiv-potenzials	3. Bewahrung der Entwicklungs- und Handlungsmög-lichkeiten
	1.1 Schutz der menschlichen Gesundheit	2.1 Nachhaltige Nutzung erneuerbarer Ressourcen	3.1 Chancengleichheit im Hinblick auf Bildung, Beruf, Information
	1.2 Gewährleistung der Grundversorgung	2.2 Nachhaltige Nutzung nicht-erneuerbarer Ressourcen	3.2 Partizipation an gesellschaftlichen Entscheidungsprozessen
	1.3 Selbständige Existenzsicherung	2.3 Nachhaltige Nutzung der Umwelt als Senke	3.3 Erhaltung des kulturellen Erbes und der kulturellen Vielfalt
	1.4 Gerechte Verteilung der Umweltnutzungsmöglichkeiten	2.4 Vermeidung unvertretbarer technischer Risiken	3.4 Erhaltung der kulturellen Funktion der Natur
	1.5 Ausgleich extremer Einkommens- und Vermögensunterschiede	2.5 Nachhaltige Entwicklung des Sach-, Human- und Wissenskapitals	3.5 Erhaltung der sozialen Ressourcen

Vielleicht führen sparsamere Motoren zu verändertem Nutzerverhalten: Es wird mehr gefahren, weil es spezifisch billiger ist. Vielleicht bleiben die Effizienzsteigerungen in der Praxis nicht im Rahmen einer Funktionsäquivalenz, sondern führen zu neuen Funktionsanforderungen, welche die angestrebten Vorteile in Bezug auf Nachhaltigkeit zunichte machen können („rebound"-Effekt). Technische Leistungsmerkmale können nur *Potenziale* für Nachhaltigkeitsziele bereitstellen, über deren Realisierung erst in der gesellschaftlichen Nutzung entschieden wird.

(2) In der Ermöglichung von Nachhaltigkeitsforderungen durch Technik geht es darum, bislang nicht vorhandene technische Möglichkeiten im Sinne der Nachhaltigkeit zu nutzen. Ein Beispiel, das einerseits die Möglichkeiten, andererseits aber auch die Bewertungsschwierigkeiten zeigt, ist der Einsatz elektronischer Technologien zur Realisierung der Nachhaltigkeitsforderungen nach Partizipation und Chancengleichheit Betroffener, Interessierter und der Gesamtbevölkerung (e-governance). Sicher wird die kostengünstige, rasche und problemlose Bereitstellung (und Verfügbarkeit) von Informationen erheblich durch elektronische Technologien erleichtert. Ob aber das sich darin zeigende Potenzial zur Realisierung der genannten Nachhaltigkeitsforderungen wirklich realisiert wird, kann an den Leistungsmerkmalen der Technik nicht abgelesen und durch die direkte Technikgestaltung wohl auch nur teilweise beeinflusst werden. Dies wird vielmehr an gesellschaftlichen, insbesondere institutionellen Rahmenbedingungen liegen, durch welche z.B. der allgemeine Zugang zu den digitalen Technologien und Netzwerken gesichert werden kann. Technik eröffnet auch hier Potenziale zur Realisierung von Nachhaltigkeitszielen, entscheidet aber nicht allein über ihre Realisierung. Innovative Technik ist notwendige, aber keine hinreichende Bedingung für Nachhaltigkeit.

Die Nachhaltigkeitsregeln haben also keineswegs rezepthaften Charakter für die Technikgestaltung. Es sind eine Reihe von Übersetzungs- und Vermittlungsschritten auf dem Weg von der normativen Orientierung bis hin zur konkreten Technikgestaltung zu leisten. Diese Übersetzungsarbeit ist selbst nicht wertneutral; gesellschaftliche Prioritätensetzungen und Relevanzentscheidungen gehen ein. Dabei kann es nicht allein Aufgabe der an der Technikentwicklung Beteiligten sein, diese Arbeit zu leisten. Hier sind im Einzelfall auch gesellschaftliche Dialoge und ggf. politische ‚Weichenstellungen' erforderlich. Aber genau diese Situation, dass das System der Nachhaltigkeitsregeln Orientierung bietet, ohne im Detail die Technik zu determinieren, stärkt die These der Eignung des Nachhaltigkeitspostulates als Leitbild für Technikgestaltung. Denn auch Leitbilder determinieren nicht die Technik, sondern lassen Freiräume für die konkrete Ausgestaltung.

2 Invention und Innovation – die Notwendigkeit der Systembetrachtung

Die Gesellschaft wird *nicht direkt* durch Technik verändert, sondern durch Innovationen, welche auf Technik aufbauen. Damit Innovationen zustande kommen, bedarf es mindestens zweier Anteile. Erstens müssen wissenschaftlich-technische Inventionen, der Gesellschaft „angeboten" werden, basierend auf

Inventionen, der Gesellschaft „angeboten“ werden, basierend auf neuem technischem Wissen, das durch technische Produkte oder Systeme verfügbar gemacht wird. Dies ist jedoch nicht hinreichend, denn zweitens bedürfen gesellschaftsverändernde Innovationen einer erfolgreichen Einbettung von technischen Neuerungen in die Gesellschaft, die in der Regel auf einer Berücksichtigung entsprechender sozialer und ökonomischer Verhältnisse beruht. Das technische „Angebot“ muss auf eine „Nachfrage“ stoßen oder sie selbst erzeugen.

Technik kann *direkt innovativ* sein, wenn etwa durch das Angebot der mobilen Telefone und eine entsprechende Nachfrage sich gesellschaftliche Kommunikationsgewohnheiten verändern. Technik kann auch *indirekt innovativ* sein, indem sie z.B. als Anlass für neue Dienstleistungen dient (etwa im Internet-Bereich). In diesem Fall wäre eher von einer sozialen Innovation, die auf neuer Technik aufbaut, als von einer technischen Innovation zu sprechen.

Die Unterscheidung von *Inventionen* als neuem verfügbarem Wissen und *Innovationen* als neuen Elementen des Wirtschaftsprozesses reflektiert den Unterschied zwischen Wissenschaft und Wirtschaft: zwischen Invention und Innovation steht die ‚Einbettung‘ von Technik in die Gesellschaft (Majer 2002). In der Frage, wie denn neues Wissen bzw. Können in neue marktfähige Produkte überführt werden kann, liegt ein Kern der gegenwärtigen Innovationsdebatte.

In Nachhaltigkeitsbewertungen von Technik ist die Ebene der Inventionen von der Ebene der Innovationen zunächst analytisch zu trennen, weil sich Fragen nach Nachhaltigkeitseffekten jeweils anders stellen. Für eine umfassende Nachhaltigkeitsbewertung ist die Ebene der Innovation entscheidend. Erst durch die *Anwendung* einer Technik wird über ihre faktische Nachhaltigkeitswirkung entschieden. Ob z.B. technische Effizienzgewinne in der Antriebstechnik für Automobile dazu genutzt werden, den Verbrauch an fossilen Energieträgern und die CO2-Emissionen zu senken, oder ob sie bei gleich bleibendem Verbrauch an fossilen Energieträgern und gleich bleibenden CO2-Emissionen zu einer Leistungssteigerung genutzt werden, ist den *Inventionen* nicht anzusehen – hier kommt es auf die *Innovationen* an.

Allerdings sind in den Innovationen die technischen Leistungsmerkmale bereits fixiert, die schließlich über den Beitrag zu Nachhaltigkeit wesentlich mitbestimmen (Huber 1995). Genau diese Situation ist es, die die Frage nach einer Implementation von positiven Nachhaltigkeitswirkungen bereits auf der Ebene der Inventionen aufwirft. Die Frage ist dann, wie viel an positiver Nachhaltigkeitswirkung bereits im wissenschaftlich-technischen Wissen und Können implementiert werden kann. Nachhaltigkeitsbewertungen von Technik *allein* auf der Ebene der Inventionen sind aber nicht möglich, weil dafür die Nutzungsphase mit berücksichtigt werden muss.

Es lassen sich verschiedene Techniken (Inventionen) unter Nachhaltigkeitsaspekten durchaus vergleichen, indem z.B. gezielt bestimmte technische Leistungsmerkmale in den Blick genommen werden (Emissionsverhalten, Ressourcenproduktivität etc.). Unter bestimmten ceteris paribus-Annahmen können dann konditionale und komparative Nachhaltigkeitsbewertungen angeschlossen werden. Als Beispiel: Ein technisches Verfahren, das energieeffizienter arbeitet als funktional vergleichbare, ist immer in dieser Hinsicht ‚nachhaltiger‘ – ceteris paribus zu den Anforderungen aus anderen Nachhaltigkeitsdimensionen. Daraus ist aber nicht zu schließen, dass die erhofften Nachhaltigkeitspotenziale auch Realität werden – denn hierzu muss auf der Ebene der Innovationen analysiert und z.B. der Nutzungskontext betrachtet werden. Die Sprachregelung könnte dementsprechend so lauten: Inventionen haben Nachhaltigkeits*potenziale*, über deren *Realisierung* in Innovationsprozessen entschieden wird. Zwischen Inventionen und Innovationen steht, so sei noch einmal hervorgehoben, die Art und Weise der gesellschaftlichen Einbettung von Technik.

Besondere Bedeutung in diesem Zusammenhang haben die so genannten Bumerang-Effekte (Rebound-Effekte). Gemeint ist, dass technische Effizienzgewinne auf der Ebene der Inventionen nicht automatisch zu Nachhaltigkeitsgewinnen auf der Ebene der Innovationen führen, sondern dass Veränderungen der Konsumgewohnheiten und der Kundenansprüche die Effizienzgewinne kompensieren oder sogar überkompensieren können (wie dies im Bereich der automobilen Mobilität sogar die Regel zu sein scheint, vgl. Halbritter u. Fleischer 2002. Effizienzgewinne ermöglichen dann mehr Komfort und höhere Leistung statt den Ressourcenverbrauch zu senken. Der Faktor 4 (Weizsäcker et al. 1995) stellt dann keine Reduktion des Ressourcenverbrauchs um den Faktor 4 bei gleich bleibendem Wohlstand dar, auch keine Reduktion des Ressourcenverbrauchs um den Faktor 2 bei verdoppeltem Wohlstand, wie es die amerikanische Übersetzung verspricht, sondern eine Vervierfachung des Wohlstands bei gleich bleibendem Ressourcenverbrauch dar. Das ist sicher erheblich besser als eine Vervierfachung des Ressourcenverbrauchs für eine Vervierfachung des Wohlstands – für die Ziele nachhaltiger Entwicklung ist dann aber noch nichts gewonnen.

Es folgt also daraus, dass man, um Nachhaltigkeitseffekte von technischen Neuerungen (vor allem im Hinblick auf Substitutionen herkömmlicher Technik) zu erfassen und zu bewerten, die Veränderungen auf der Seite der Inventionen verbinden muss mit (antizipierten) Veränderungen auf der Seite der Innovationen. Es sind Systembetrachtungen erforderlich, welche die technischen Elemente mit den gesellschaftlichen Konsummustern verbinden. Kurz gesagt: nachhaltige Entwicklung bedarf der Betrachtung von Innovationssystemen, welche gleichermaßen die technischen Leistungsmerkmale der Inventionen wie auch die gesellschaftlichen Aspekte der Nutzung berücksichtigen. Nachhaltigkeit ist kein technisches Leistungsmerkmal, das gleichsam „ontologisch" an technischen Produkten oder Systemen wie ein Etikett zu befestigen wäre,[2] sondern über Nachhaltigkeit technischer Inventionen wird erst in der gesellschaftlichen Innovationsphase entschieden.

[2] Dies hat auch Folgen für die Sprachregelung: man sollte nicht von „nachhaltiger Technik" sprechen, sondern von Beiträgen der Technik zur nachhaltigen Entwicklung (Fleischer u. Grunwald 2002).

3 Die Notwendigkeit der Lebenszyklusbetrachtung

Während die obige Betrachtung davor warnte, eine Nachhaltigkeitsbewertung von Technik auf die Leistungsmerkmale von Produkten zu beschränken, steht nun die Gefahr einer umgekehrten Einseitigkeit im Blickpunkt. Denn für eine Nachhaltigkeitsbewertung von Technik kommt es nicht nur auf die Nutzungsphase, sondern auch auf die „Biographie" der Produkte und Systeme an, nämlich auf ihre Vorleistungsketten.

In Bezug auf das Verhältnis von Technik und Gesellschaft stellen sich – auf einer sehr allgemeinen Ebene – folgende Fragen: (a) Wie kommt der Mensch zu den technischen Artefakten, (b) wie verhält er sich zu ihnen und (c) wie wird er sie wieder los. Diese Dreiteilung gibt Anlass für eine verbreitete Definition von Technik über die mit ihr zusammenhängenden gesellschaftlichen Praktiken (Grunwald 1998): Technik als Oberbegriff für

- Praktiken der Technikentwicklung und -herstellung,
- Praktiken, in denen Technik genutzt/verwendet wird, und für
- Praktiken, in denen Technik aus dem Verwendungszusammenhang entfernt wird (z.B. Entsorgung, Rezyklierung, Deponierung).

Aus dieser Definition heraus führt ein direkter Weg hin zu der Notwendigkeit von Lebenszyklusbetrachtungen in Nachhaltigkeitsbewertungen von Technik. Es darf nicht nur das fertige technische Produkt mit seinen Auswirkungen betrachtet werden, vielmehr sind auch seine Geschichte und seine Entwicklung mit einzubeziehen. In vielen Fällen ist eine ausschließliche Berücksichtigung der Nutzungsphase bei der Beurteilung von technischen Produkten im Hinblick auf Nachhaltigkeit nicht hinreichend oder sogar irreführend. Denn wenn ein Produkt, z.B. ein Autoreifen, verwendet werden soll, muss er zuvor hergestellt worden sein. Dafür ist ein entsprechender Energie- sowie Materialaufwand erforderlich, genauso wie es einer entsprechenden Produktionsanlage und der Menschen bedarf, die sie bedienen können. Weiter in der Kette rückwärts gefragt, muss die benötigte Energie bereitgestellt und zum Produktionsort der Autoreifen transportiert worden sein, was wiederum den Einsatz von Technik (z.B. in Form von Kraftwerken und Überlandleitungen) und menschlichem Know-how erfordert. Die Bereitstellung der Rohstoffe muss ebenfalls durch Technik geleistet werden, z.B. durch Gewinnung, Transport und Behandlung von Erdöl. Es zeigt sich also, dass für eine belastbare Bewertung auch die gesamte Kette aller Vorgänge von den Lagerstätten der Erstrohstoffe und der Bereitstellung der Energie bis hin zur Nutzung berücksichtigt werden muss. Jedes technische Produkt führt die positiven und negativen Nachhaltigkeitsbeiträge („Rucksäcke") mit sich, die auf dem gesamten Weg seiner Herstellung und Verarbeitung angefallen sind.

Auch in der „anderen Richtung" muss eine entsprechende Bilanz gezogen werden: *Nach* der Nutzung fallen wichtige nachhaltigkeitsrelevante Entscheidungen (Entsorgung in Form von Stoffrückgewinnung, Deponierung etc.). Nur durch eine Lebenszyklusanalyse können die vollständigen nachhaltigkeitsrelevanten Wirkungen eines technischen Produkts erfasst werden. In Bezug auf Ökobilanzen ist dieses Prinzip längst etabliert. Es betrifft aber auch soziale Aspekte einer Technikbewertung, wenn sich z.B. auf dem Lebensweg eines technischen Produkts und seiner Vorprodukte in sozialer Hinsicht nicht hinnehmbare Prozesse wie Kinderarbeit, unzumutbare Zustände im Rohstoffabbau oder nicht sachgerechte Entsorgung aufweisen lassen. Technische Produkte tragen nicht nur ökologische ‚Rucksäcke', sondern auch ökonomische und soziale, insofern im Prozess der Herstellung entsprechende Nachhaltigkeitsregeln (vgl. Tab. 1) verletzt worden sind.

4 Reversibilität und Robustheit

Technikgestaltung erfolgt für zukünftige Märkte und für zukünftige Nutzungen und ist daher mit den Bedingungen des Wissens unter *Unvollständigkeit* und *Ungewissheit* konfrontiert (Funtowicz u. Ravetz 1993). Die ökologischen, ökonomischen und sozialen „Rucksäcke" müssten für eine Nachhaltigkeitsbewertung in der Phase der Technikgestaltung antizipiert werden (z.B. durch Technikfolgenabschätzung, vgl. Grunwald 2002b). Eine ‚Vollständigkeit' in der Erfassung von Technikfolgen ist dabei – trotz aller Lebenszyklusanalysen und Technikfolgenabschätzung – genauso uneinlösbar wie eine Bereitstellung garantiert sicheren Wissens:

- Es können in der Technikfolgenanalyse Effekte (z.B. gegenläufige, rückkoppelnde, synergetische ...) übersehen werden mit der Folge, dass die Konsequenzen für Nachhaltigkeit falsch eingeschätzt werden.
- Es können bei der – faktisch immer notwendigen – Abgrenzung des untersuchten Systems wesentliche Aspekte ausgeschlossen werden, so dass bestimmte Nachhaltigkeitsaspekte gar nicht mehr erfasst werden können (so müssen z.B. in jeder Ökobilanz Relevanzentscheidungen getroffen und Prozesskettenbetrachtungen an bestimmten Stellen „abgeschnitten" werden).
- Das Abschneiden oder Vernachlässigen von Ursache/Wirkungs-Ketten aus Relevanzgründen birgt die Gefahr, dass statt des Bezuges auf die „wirklichen" Ursachen eine ‚end-of-pipe'-Philosophie nahe gelegt wird.

Die Notwendigkeit der Nachhaltigkeitsbewertung von technischen Optionen, Technikfolgen oder Innovationspotenzialen führt auf weitere Probleme, die sich in der Nachhaltigkeitsdiskussion und der entsprechenden Forschung an verschiedenen Stellen zeigen. Insbesondere erfolgen auch Bewertungen *unter Unsicherheit*. Dies betrifft zum einen die Bewertungskriterien, die selbst einem zeitlichen Wandel unterworfen sein können (man denke z.B. an das Aufkommen des Umweltbewusstseins in den siebziger Jahren und seine Folgen für Bewertungsprozesse). Auch erfolgen Bewertungen relativ zum *Stand des Wissens* und sind damit von der Ungewissheit, Unvollständigkeit und Vorläufigkeit dieses Wissens abhängig. Die Wissensproblematik (s.o.) hat daher unmittelbare Auswirkungen auf die Bewertungsfrage. Die Bewertung von Asbest z.B. änderte sich schlagartig, als die kanzerogene Wirkung erkannt wurde; analog änderte sich die Bewertung der Fluorchlorkohlenwasserstoffe mit der Entdeckung des zum Ozonloch führenden

Mechanismus. Daraus ergibt sich eine weitere Verkomplizierung zeitübergreifender Analysen und Bewertungen.

Als Essenz aus den genannten Relativierungen der Erkenntnismöglichkeiten von Technikfolgen und der Möglichkeiten ihrer Bewertung folgt, dass *Gestaltung* unter Hilfestellung von Technikfolgenabschätzung nicht als ein Planen auf ein festgelegtes Ziel hin, sondern nur als ein ständiger *Prozess* unter Einsatz von gesellschaftlichen Dialogen und Lernprozessen verstanden werden kann (Grin u. Grunwald 2000). Die *Wissensfrage* und die *Bewertungsfrage* machen *abschließende* Nachhaltigkeitsbewertungen von Technik unmöglich. Diese sind stattdessen kontextabhängig, vorläufig und der Weiterentwicklung durch gesellschaftliche Lernprozesse gegenüber offen: Schritte in einer Koevolution von Gesellschaft und Technik auf dem „nachhaltigen" Weg in die Zukunft.

Auf der anderen Seite müssen in der Technikgestaltung und -entwicklung ständig Entscheidungen getroffen werden. Entscheidungen über die angestrebten Leistungsmerkmale, über den Entwurf und die Ausführung, über das Aussehen eines Prototyps oder Demonstrators oder über das fertige Produkt sind zu treffen. Diese Entscheidungen bilden jeweils die Basis für darauf aufbauende Prozesse der weiteren Entwicklung und sind daher in einem gewissen Rahmen „einzufrieren". Hierbei entsteht das Problem, dass die Fixierung von Entscheidungen häufig in späteren Entwicklungsstadien kaum noch oder gar nicht zu revidieren ist, auf jeden Fall aber hohe Kosten bedeutet. An dieser Stelle kollidieren also das unvermeidliche Maß an Nichtwissen und die Vorläufigkeit von Bewertungen mit der Notwendigkeit, Entscheidungen zu treffen, die nur begrenzt an neues Wissen oder veränderte Bewertungsmaßstäbe angepasst werden könnten.

Aus dieser Konfliktsituation heraus resultieren Anforderungen an den Prozess der Technikentwicklung im Sinne einer weitestgehenden Ermöglichung von *Adaptabilität* von Technik (Anpassungsfähigkeit) an neue Erkenntnisse und Probleme und der *Reversibilität* einmal getroffener Entscheidungen, wenn neues Wissen dies erfordert. Das Leitbild einer „reversiblen Technik" kollidiert zwar unversöhnlich mit der Realität der Technikentwicklung; die Hoffnung ist aber, dass es dennoch Annäherungen im Einzelnen geben kann. Angesichts der Forderung nach einer stark adaptiven und möglichst reversiblen Technik, um in der Entwicklung, Produktion und Nutzung von Technik auf das jeweils beste Folgenwissen und entsprechende Nachhaltigkeitsbewertungen reagieren zu können, stellt sich auch das bekannte Kontroll- oder Steuerungsdilemma (Collingridge 1980). Besonders deutlich wird dies z.B. beim Gedanken an große Infrastrukturprojekte wie Autobahnen oder Flughäfen, die eben nicht oder kaum adaptiv und schon gar nicht reversibel sind. Zwar kann theoretisch eine Autobahn zurückgebaut werden; praktisch und ökonomisch ist dies allerdings meist eine Illusion. Dieses Problem verweist darauf, dass die Herausforderungen an eine nachhaltige Technikgestaltung nicht nur an Ingenieure gerichtet werden dürfen, sondern dass auch andere gesellschaftliche Bereiche betroffen sind, bis hin zu den institutionellen Bedingungen für Nachhaltigkeit. Ist schon die „klassische" Technikfolgenabschätzung keine primär technische Aufgabe, so bedürfen Nachhaltigkeitsbewertungen einer noch weitergehenderen Einbeziehung gesellschaftlicher Rahmenbedingungen und Entwicklungen.

In wirtschaftlicher Hinsicht wäre diese utopisch anmutende Forderung nach einem „reversiblen“ Prozess der Technikentwicklung möglicherweise in einer anderen Lesart reizvoll. Statt die Technik möglichst anpassungsfähig zu gestalten, wäre die komplementäre Herangehensweise, Technik für nachhaltige Entwicklung so zu gestalten, dass eine Anpassung *gar nicht erforderlich würde.* Eine gegenüber neuem Wissen und veränderten Bewertungen „robuste“ Technik würde den Zielen der Nachhaltigkeit entsprechen invariant relativ zu neuem Wissen – jedenfalls innerhalb bestimmter Grenzen neuen Wissens.

Robustheit gegenüber neu eintretenden Entwicklungen und unvorhergesehenen Anforderungen als Alternative zur Reversibilität ist mit anderen technischen Anforderungen und mit einem höheren Maß an antizipativer Leistung im Hinblick auf mögliche neue Anforderungen konfrontiert. Dass eine abstrakte Robustheit nicht möglich ist, folgt aus dem obigen Ergebnis, dass nämlich das Attribut „nachhaltig“ nicht einer Technik als solcher zukommen kann, sondern immer ihren Nutzungskontext berücksichtigen muss. Wenn es „nachhaltige Technik“ gäbe, wäre sie per definitionem robust gegenüber Änderungen in Wissen und Bewertungen. Und obwohl Robustheit streng genommen nicht erreichbar ist, lohnt sich das weitere Nachdenken darüber, wie Technik *möglichst robust* gestaltet werden kann.

5 Reflexivität

Mit Technik verfolgte Ziele und die späteren realen Folgen ihres Einsatzes sind nicht immer identisch (Grunwald 2002b). Technik ist auf Zukunft angelegt. Sie wird relativ zu Zielen und Zwecken entwickelt und soll bestimmte technische Funktionen und Leistungsmerkmale realisieren, die gegenwärtig noch nicht erreichbar sind. Ein weit verbreitetes Instrumentarium innerhalb der Technikentwicklung ist das Lastenheft. Dieses beschreibt – in der Regel aus Anwendersicht, in frühen Phasen der Technikentwicklung aber auch aus Entwicklersicht, die dann einer Art antizipierter Anwendersicht gleichkommt – die zentralen Anforderungen an eine technische Entwicklung und enthält die Summe aller Leistungsmerkmale, die die zu entwickelnde Technik aufweisen soll. Dieses Lastenheft bezieht sich nicht auf die *Gegenwart* der Technikentwicklung, sondern zielt auf einen zukünftigen Techniknutzer, dessen Intentionen und Bedarfe antizipiert werden, um Akzeptanz für die in Entwicklung befindliche Technik zu finden. Auch Erforschung und Bewertung von Technikfolgen sind auf die Folgen von Entwicklung, Produktion, Verwendung oder Entsorgung von Technik bezogen und erstrecken sich damit immer auf *zukünftige* Zeithorizonte. Technikentwicklung beinhaltet damit immer auch *antizipative* Momente.

Wenn die Technikentwicklung abgeschlossen ist und die betreffende Technik eingesetzt oder genutzt wird, ändert sich das Verhältnis zur Zukunft. Dann hat Technik nicht mehr nur antizipierte, sondern auch *reale* Folgen. Die Technik – wenn sie denn gesellschaftlich „eingebettet“ wird – kann Gewohnheiten, Lebensstile, ökonomische Verhältnisse, soziale Zusammenhänge bis hin zu konstitutiven kulturellen Elementen verändern. Diese realen Folgen sind in der Regel nicht identisch mit den im Vorhinein angenommenen Folgen. Mit Technik verfolgte Ziele werden vielleicht nur teilweise erreicht, es werden möglicherweise auch Ziele übererfüllt. Es erweisen sich wirtschaftliche Hoffnungsträger als kommerziell erfolglos und eher als ‚Beiprodukt' entwickelte Funktionalitäten als große Gewinner (erinnert sei hier nur an den Markterfolg der mobilen Kommunikation über SMS). Befürchtete – oder erhoffte – Folgen der Nutzung von bestimmten Techniken treten nicht oder nicht im erwarteten Umfang ein, andererseits gibt es Nebenfolgen, an die vorher niemand gedacht hat.

Wenn es um Technikgestaltung für Nachhaltigkeit geht, ist diese Befürchtung natürlich ernsthaft zu prüfen, um nicht naiv Gestaltungsoptionen nachzulaufen, die vielleicht gar nicht existieren. Angesichts der weitgehenden gesellschaftlichen Folgen von Technik fordern die instrumentellen Nachhaltigkeitsregeln zur *Reflexivität* und *Resonanzfähigkeit* dazu auf, das Folgenbewusstsein zu stärken und die gesellschaftlichen Teilsysteme (insbesondere Politik, Wirtschaft und Wissenschaft) hierfür zu sensibilisieren (vgl. Armin Grunwald im Teil 1 dieses Bandes). Transparente Technikfolgenabschätzung als begleitender Prozess der Technikentwicklung kann dazu dienen, dies zu erreichen.

6 Vermeidung katastrophaler Technikrisiken

Unfälle in technischen Anlagen stellen Störungen des Normalbetriebs dar. Sie sind damit grundsätzlich unerwünschte Nebenfolgen von Technisierung. Vor allem die Störfälle in Kernkraftwerken (Three Miles Island 1979 und, viel stärker noch, Tschernobyl 1986) erschütterten nachhaltig das Vertrauen in diese Form der Energiegewinnung, aber auch grundsätzlich das Vertrauen in Technik und die damit befassten Experten und Politiker. Die Giftgasunglücke von Seveso und Bhopal wiesen auf das außerordentlich hohe Gefahrenpotential bestimmter chemischer Anlagen hin. Für bio- und gentechnische Anlagen wird ein solches Risiko zwar immer wieder befürchtet, es ist aber bislang kein Schadensfall eingetreten. In großtechnischen Anlagen besteht trotz aller Sicherheitsmaßnahmen ein gewisses Risiko (häufig als „Restrisiko" bezeichnet). Perrow (1987) zeigte anhand der empirischen Untersuchung von Unfällen in großtechnischen Systemen, dass es umso häufiger zu unvorhergesehenen Störungen kommt, je komplexer ein System aufgebaut ist. Wenn darüber hinaus noch die technischen und organisatorischen Abläufe (Bedienung, Wartung, Kontrolle) starr miteinander verknüpft sind, können sich leicht kleine lokale Störungen zu umfassenden Katastrophen ausweiten. Eine Gesellschaft, die auf Technik setzt, macht sich dadurch auch verwundbar und wird anfällig gegenüber Störfällen.

Vor diesem Hintergrund wurde im integrativen Nachhaltigkeitskonzept (s.o.) eine eigene Risikoregel formuliert: *Technische Risiken mit möglicherweise katastrophalen Auswirkungen für Mensch und Umwelt sind zu vermeiden.* Diese Regel betrifft den Umgang mit dem Risikopotential von Technologien. Sie ist erforderlich, weil der Umgang mit katastrophalen technischen Risiken der genannten Art in den drei „ökologischen Managementregeln“ nur unzureichend erfasst ist. Denn diese Regeln orientieren sich an einem „störungsfreien Normalbetrieb“ und lassen die Möglichkeit von Störfällen und Unfällen sowie unbeabsichtigten „spontanen Nebenwirkungen weitgehend außer Betracht. Sie sind vielmehr auf längerfristige und „schleichende“ Prozesse ausgelegt wie etwa die allmähliche Erschöpfung natürlicher Ressourcen oder die allmähliche „Vergiftung“ von Umweltkompartimenten. Die Risikoregel bezieht sich auf drei verschiedene Kategorien technischer Risiken (Kopfmüller et al. 2001, Kap. 5.2.4): (1) Risiken mit verhältnismäßig hoher Eintrittswahrscheinlichkeit, bei den jedoch das Ausmaß der potentiellen Schäden lokal oder regional begrenzt ist (2) Risiken mit geringer Eintrittswahrscheinlichkeit, aber hohem Schadenspotential für Mensch und Umwelt, (3) Risiken, die mit großer Ungewissheit behaftet sind, da weder Eintrittswahrscheinlichkeit noch Schadensausmaß derzeit hinreichend genau abgeschätzt werden können.

7 Fazit

Die Diskussion um eine Gestaltung von Technik unter Nachhaltigkeitsaspekten knüpft an das „social shaping of technology“ an (Yutaka Yoshinaka et al. in diesem Band): können wir Technik so gestalten, dass sie Beiträge zur Nachhaltigkeit liefern kann, und wie können wir das erreichen?

Technikfolgenabschätzung als Beitrag zu einer gesellschaftlichen Technikgestaltung hat zwei Seiten: Wissensbereitstellung durch Forschung über Technik und Technikfolgen einerseits und gesellschaftliche Kommunikation über Bewertungsfragen und Prioritätensetzungen andererseits. Für die Gestaltung von Technik unter Nachhaltigkeitsaspekten sind beide Aspekte unverzichtbar: es gilt sowohl das beste verfügbare Wissen zu berücksichtigen, das die verschiedenen wissenschaftlichen Disziplinen bereitstellen können, als auch über die Ziele der Gestaltung, über Visionen einer zukünftigen Gesellschaft, über Wünschbarkeit, Akzeptabilität und Zumutbarkeit technischer Entwicklungen einen breiten gesellschaftlichen Dialog zu führen.

Zu berücksichtigen sind hierbei, dass Technik und Gesellschaft sich nicht isoliert voneinander entwickeln, sondern in vielfältiger Weise miteinander verbunden sind. Es gibt keine nachhaltige Technik für sich genommen, sondern über Nachhaltigkeit wird entschieden in der Art und Weise, wie Technik in Gesellschaft eingesetzt wird: in einer Kombination aus Technik, Lebensstil und Konsum (s.o.). Weiterhin gibt es keinen Grund zu einer Planungseuphorie: auch Technikgestaltung unter Nachhaltigkeitsaspekten hat, wie jede Technisierung, trotz aller Technikfolgenüberlegungen ex ante immer experimentelle Züge, die den unabdingbaren Anteilen des Nichtwissens und des Wissens unter Unsicherheit geschuldet sind (s.o.).

- Daraus folgt, dass die Gestaltung von Technik unter Nachhaltigkeitsaspekten nicht als ein Planen auf ein festgelegtes Ziel hin und mit Erfolgsgarantie erfolgen kann. Es ist nicht möglich, das Zielkriterium „Nachhaltigkeit“ in das Lastenheft für eine Technikentwicklung wie ein anderes technisches oder ökonomisches Leistungsmerkmal aufzunehmen. So würde eine Zertifizierung von technischen Produkten in Form eines Prüfsiegels für Nachhaltigkeit an dieser Problematik scheitern und uneinlösbare Erwartungen wecken. Technische Produkte oder Systeme sind nicht entweder nachhaltig oder nicht nachhaltig. Die Entscheidung, ob Nachhaltigkeit erreicht wird, stellt sich erst im Zusammenhang mit der Nutzung und der Einbettung der Technik in die Gesellschaft heraus. Technik kann mehr oder weniger große Beiträge zu einer nachhaltigen Entwicklung leisten, nicht aber allein über Nachhaltigkeit entscheiden.

- Es gibt aber vielfältige Möglichkeiten, die Gestaltung von Technik unter Nachhaltigkeitsaspekten als einen ständigen *Lernprozess* zu verstehen: als einen durch das normative Leitbild der Nachhaltigkeit orientierten gesellschaftlichen Prozess,[3] in dem über Gestaltungsziele und Realisierungsoptionen diskutiert wird, in den wissenschaftliches Wissen und ethische Orientierungen eingehen, und in dem sich das Bild einer „nachhaltigen" Technik allmählich, Schritt für Schritt, herausbildet. Die Gestaltung von Technik unter Nachhaltigkeitsaspekten im Sinne eines dauernden Lernprozesses erlaubt, auch aus praktischen Erfahrungen zu lernen und diese Erfahrungen dann für Modifikationen der Praxis zu nutzen.

Literatur

Collingridge D (1980) The Social Control of Technology. New York

Fleischer T, Grunwald A (2002) Technikgestaltung für mehr Nachhaltigkeit – Anforderungen an die Technikfolgenabschätzung. In: Grunwald A (Hrsg) Technikgestaltung für eine nachhaltige Entwicklung. Von der Konzeption zur Umsetzung. Edition Sigma, Berlin, S 95–146

Funtowicz S, Ravetz J (1993) The Emergence of Post-Normal Science. In: R. von Schomberg (Hrsg) Science, Politics and Morality. London

Grin J, Grunwald A (2000) (Hrsg) Vision assessment. Shaping technology in 21st century society. Towards a repertoire for technology assessment. Heidelberg et al.

Grunwald A (1998) Technisches Handeln und seine Resultate. Prolegomena zu einer kulturalistischen Technikphilosophie. In: Hartmann D, Janich P (Hrsg) Die kulturalistische Wende. Frankfurt, S 178–224

Grunwald A (2000) Technik für die Gesellschaft von morgen. Möglichkeiten und Grenzen gesellschaftlicher Technikgestaltung. Frankfurt

Grunwald A (2002a) (Hrsg) Technikgestaltung für eine nachhaltige Entwicklung. Von der Konzeption zur Umsetzung. Edition Sigma, Berlin

Grunwald A (2002b) Technikfolgenabschätzung – eine Einführung. Berlin

Grunwald A, Coenen R, Nitsch J, Sydow A, Wiedemann P (2001) (Hrsg) Forschungswerkstatt Nachhaltigkeit. Auf dem Weg von der Diagnose zur Therapie. Berlin

[3] Planungstheoretisch entspricht dieser Vorstellung das Modell des „zielorientierten Inkrementalismus" (Grunwald 2000, Kap. 2.4).

Grunwald A, Langenbach C (1999) Die Prognose von Technikfolgen. Methodische Grundlagen und Verfahren. In: Grunwald A (Hrsg) Rationale Technikfolgenbeurteilung. Konzeption und methodische Grundlagen. Berlin, S 93–131

Halbritter G, Fleischer T (2002) Nachhaltige Entwicklung im Verkehr. In: Grunwald A (2002a) (Hrsg) Technikgestaltung für eine nachhaltige Entwicklung. Von der Konzeption zur Umsetzung. Edition Sigma, Berlin, S 179–208

Hauff V (1987) (Hrsg) Unsere gemeinsame Zukunft. Greven

Huber J (1995) Nachhaltige Entwicklung. Strategien für eine ökologische und soziale Erdpolitik. Berlin

Kopfmüller J, Brandl V, Jörissen J, Paetau M, Banse G, Coenen R, Grunwald A (2001) Nachhaltige Entwicklung integrativ betrachtet. Konstitutive Elemente, Regeln, Indikatoren. Berlin

Majer H (2002) Eingebettete Technik – die Perspektive der ökologischen Ökonomik. In: Grunwald A (2002) (Hrsg) Technikgestaltung für eine nachhaltige Entwicklung. Von der Konzeption zur Umsetzung. Edition Sigma, Berlin, S 37–64

Perrow C (1987) Normale Katastrophen. Die unvermeidbaren Risiken der Großtechnik. Campus, Frankfurt/M

Von Weizsäcker EU, Lovins AB, Lovins LH (1995) Faktor vier. Doppelter Wohlstand – halbierter Naturverbrauch. München

Autorenverzeichnis

Clausen, Christian, Associate professor, M.Sci. (Eng.) with a specialisation in production management. Consultant and contract researcher at the Danish Technological Institute, Dep. for Industrial Psychology (1978-86), associate professor at the Technical University of Denmark (DTU), Unit of Technology Assessment (1987-94), Department of Technology and Social Sciences (1995-2000). Since 2001 associate professor at the Department of Manufacturing Engineering and Management (2001), head of section for Innovation and Sustainability (since 2002). Current teaching and research include social shaping of technology, technology management and socio-technical dimensions of design and innovation.

Banse, Gerhard, Prof. Dr.,Studium der Chemie, Biologie und Pädagogik; 1974 Promotion, 1981 Habilitation, 1988 Ernennung zum Professor für Philosophie; Tätigkeit an der Akademie der Wissenschaften der DDR, der Brandenburgischen Technischen Universität Cottbus (BTUC) und der Universität Potsdam. Seit 1999 Wissenschaftlicher Mitarbeiter am Institut für Technikfolgenabschätzung und Systemanalyse (ITAS) des Forschungszentrums Karlsruhe (FZK). Honorarprofessor an der BTUC, Gastprofessor der Humanwissenschaftlichen Fakultät der Mathias Belius-Universität Banska Bystrica (Slowakische Republik).

Hansen, Annegrethe, Assisstant professor, M.Sc. (econ) from Copenhagen Business School (1986), on regional economics. Ph.D. (1996) in economics of innovation, from the Department of Social Sciences, Technical University of Denmark (DTU). Since 1987, research within technology assessment of biotechnology, economics of innovation and the role of 'new' actors and environmental issues in technology development and technology policy. Department of Manufacturing Engineering and Management at DTU.

Fürstenwerth, Hauke, Dr.,Studium der Chemie in Kiel und Heidelberg, post-doc Tätigkeit in Honolullu, Hawaii, langjährige Tätigkeit im Bayer Konzern in verschiedenen Managementfunktionen, seit 2002 selbständiger Unternehmensberater mit Schwerpunkt junge Technologieunternehmen.

Grunwald, Armin, Prof. Dr., Studium von Physik, Mathematik und Philosophie. Berufstätigkeiten in der Industrie (1987–1991), im Deutschen Zentrum für Luft- und Raumfahrt (1991–1995) und als stellvertretender Direktor der Europäischen Akademie Bad Neuenahr-Ahrweiler (1996–1999). Seit 1999 Leiter des Instituts für Technikfolgenabschätzung und Systemanalyse des Forschungszentrums Karlsruhe (ITAS) und Professor an der Universität Freiburg. Seit 2002 auch Leiter des Büros für Technikfolgen-Abschätzung beim Deutschen Bundestag (TAB). 2002 SEL-Stiftungsprofessor an der TU Darmstadt.

Gutmann, Matthias, Dr. Dr., Studium der Philosophie, Geschichte, Zoologie, Biophysik und Botanik an den Universitäten Frankfurt und Marburg. Promotion 1995 in Philosophie sowie 1998 in Biologie. Mitarbeiter der Arbeitsgruppe Kritische Evolutionstheorie seit 1987, der Arbeitsgruppe Methodischer Kulturalismus in Marburg 1993. Wissenschaftlicher Mitarbeiter der Senckenbergischen Naturforschenden Gesellschaft 1996. Wissenschaftlicher Mitarbeiter der Europäischen Akademie Bad Neuenahr 1996 – 1999. Hochschulassistent am Institut für Philosophie der Philipps-Universität Marburg 1999 – 2002. Seit 2002 Juniorprofessur für Anthropologie zwischen Biowissenschaften und Kulturforschung. Hauptarbeitsgebiete: Wissenschaftstheorie der Biologie, Genetik und Evolutionstheorie, Kulturphilosophie, Anthropologie.

Hård, Mikael, Prof. Dr., Studium der Mathematik und Physik sowie Ideen- und Wissenschaftsgeschichte. Master of Arts (Princeton, NJ, USA) und Dr. phil. (Göteborg, Schweden). Forschungsaufenthalte am Swedish Collegium for Advanced Studies of the Social Science (1989/1990) und Wissenschaftszentrum Berlin für Sozialforschung (1991/92). Professor für Technikgeschichte seit 1994 – erst an der Norwegischen Technisch- Naturwissenschaftlichen Universität in Trondheim und anschließend an der Technischen Universität Darmstadt.

Huber, Joseph, Prof. Dr., Inhaber des Lehrstuhls fürWirtschafts- und Umweltsoziologie an der Martin-Luther-Universität Halle. Forschungsschwerpunkt Industrielle Ökologie und Umweltinnovationen. Letzte Publikationen u.a. Allgemeine Umweltsoziologie, Opladen: Westdeutscher Verlag 2001; Towards Industrial Ecology, Journal of Environmental Policy & Planning, 4 (2000).

Janich, Peter, Prof. Dr., Studium von Physik, Philosophie und Psychologie. Promotion in Philosophie in 1969. 1969/70 Gastdozent an der Universität von Texas in Austin; 1971-73 Wissenschaftlicher Rat; 1973-80 Professor für Wissenschaftstheorie der exakten Wissenschaften an der Universität Konstanz; seit 1980 Professor für Philosophie an der Philipps-Universität Marburg; Gastprofessuren oder Forschungsaufenthalte in USA, Norwegen, Österreich, Italien. Arbeitsgebiete: Philosophie der Naturwissenschaften und der Psychologie, Technik- und Sprachphilosophie, Handlungstheorie, Erkenntnistheorie. Ordentliches Mitglied der Wissenschaftlichen Gesellschaft an der Universität Frankfurt; Wissenschaftlicher Beirat der Stiftung „Chemie und Geisteswissenschaften“, der „Hugo-Dingler-Stiftung“.

Jischa, Michael, F. Prof. (em.) Dr.-Ing., Forschte und lehrte an den Universitäten Karlsruhe, Berlin (TU), Bochum, Essen und Clausthal (TU) in den Bereichen Strömungsmechanik, Thermodynamik, Technische Mechanik, Systemtheorie sowie Technikbewertung. Gastprofessuren an Universitäten in Haifa (Technion), Marseille und Shanghai; Präsident der Deutschen Gesellschaft Club of Rome.

Kloepfer, Michael, Professor Dr., Studium der Rechtswissenschaften. Professor an der Freien Universität Berlin 1974-1976, Universität Trier 1976-1992. Seit 1992 Professor an der Humboldt-Universität zu Berlin, dort Leiter des Forschungszentrums Umweltrecht und des Forschungszentrums Technikrecht. Gastprofessuren in Sendai (1982), Lausanne (bis 1992), Kobe (1996) und Stanford (1999). Direktor des Walter Hallstein Instituts für Europäisches Verfassungsrecht (seit 1997), Geschäftsführender Direktor am Europäischen Zentrum für Staatswissenschaft und Staatspraxis (seit 2001). Vorsitzender und stellvertretender Vorsitzender verschiedener Kommissionen zum Umweltgesetzbuch. Mitglied einer Arbeitsgruppe zur Vorbereitung eines Informationsgesetzbuches.

Knie, Andreas, Prof. Dr., Studium der Politischen Wissenschaften in Marburg und Berlin; Wissenschaftlicher Mitarbeiter an der FU Berlin (1986–1987); Wissenschaftlicher Angestellter am Wissenschaftszentrum Berlin für Sozialforschung (WZB) (seit 1987); Geschäftsführerer der choice GmbH (1996–2001); Bereichsleiter für Intermodale Angebote der DB Rent GmbH (seit 2001), seit 1996 apl. Professur an der TU Berlin

Nordmann, Alfred, Prof. Dr., ist Professor für Philosophie an der Technischen Universität Darmstadt und Adjunct Professor of Philosophy an der University of South Carolina. Seine Arbeitsschwerpunkte sind Wissenschaftsgeschichte und -philosophie mit besonderem Gewicht auf die Entstehung und den Erhalt disziplinärer, „normalwissenschaftlicher" Zusammenhänge. Die Beschäftigung mit der Nanoforschung steht am Anfang eines größeren Forschungsprojekts zu Erkenntnisbedingungen und Wissensbegriff der sogenannten Technosciences.

Yoshinaka, Yutaka, Assisstant professor, A.B. from Cornell University (1988), physics major; M.Sci. (Eng.) from Technical University of Denmark (DTU) with specialisation in planning and technology management (1998). Work-experience in the health services sector in Japan (1988-1993), both in industry and academic research (instructor, Nippon Medical School, Tokyo). Research assistant (1998) and Ph.D. scholar (1999-2002) at DTU's Department of Manufacturing Engineering and Management. Ph.D. topic: A social shaping study of interdisciplinary knowledge-practices in clinical Magnetic Resonance Imaging (dissertation underway). Current teaching and research at DTU include socio-technical dimensions of innovation and product design.